比识花APP更权威精准

U0644523

*500*种
常见野花野草识别图鉴

王艳丽 等 编著

·彩图典藏版·

中国农业出版社

北京

图书在版编目（CIP）数据

500种常见野花野草识别图鉴：彩图典藏版/王艳丽等编著. -- 北京：中国农业出版社，2025.4.
ISBN 978-7-109-32454-1

Ⅰ. Q948.52-64

中国国家版本馆CIP数据核字第202470F93N号

500种常见野花野草
识别图鉴

500 Zhong Changjian Yehua Yecao
Shibie Tujian

中国农业出版社出版

地址：北京市朝阳区麦子店街18号楼
邮编：100125
责任编辑：郭晨茜　任安琦　国　圆
版式设计：刘亚宁　责任校对：吴丽婷　责任印制：王　宏
印刷：北京中科印刷有限公司
版次：2025年4月第1版
印次：2025年4月北京第1次印刷
发行：新华书店北京发行所
开本：880mm×1230mm　1/32
印张：16.625
字数：450千字
定价：68.00元

作者名单

王艳丽　朱小佩　米兆荣　贾文庆　何松林　吴海洋

　　野花野草是指那些在自然环境下生长，未经人工栽种的花草，从农田到路旁，从河边到山坡，都能见到它们的身影，这些植物并不只限于草本植物，还包括一些亚灌木、灌木和小乔木。具体来讲，野花通常指在路边、田里、山野或林间等地方生长的未知名的花，而野草则是指在旷野、草坪或农田等土地上不需栽种而能够自行大量繁殖的植物。两者相比较而言，野花的观赏价值更高，主要表现在花的形态多样、颜色丰富，有些种类还具有芬芳的味道。它们适应性强、生命力旺盛、耐涝抗旱，能够自行繁殖，在各种环境中广泛分布。

　　野花野草不仅在生态系统中发挥着重要作用，而且具有丰富的文化内涵。野花野草是自然环境不可或缺的重要组成部分，在生态层面上，提供了丰富的植物物种多样性，为众多昆虫、鸟类等动物提供食物和栖息地，维护着生态平衡；在观赏层面上，野花野草以其独特的形态、色彩和芳香，形成自然、质朴与和谐的自然景观，为人们带来视觉上的享受和美感；在食用及药用价值方面，有些种类不仅具有较高的营养价值，其本身还是重要的中草药，在一些治疗中发挥着独特的优势；在文化层面上，很多种类被用来表达自由、浪漫和自然的美，成为文化表达的重要元素；除此之外，野花野草还承载了许多人的童年记忆，同时为身在异乡的游子解了乡愁。因此，野花野草世界的美丽和多样性值得我们深入探索和认识。

　　野花野草的种类识别，有助于了解野花野草的种类和特点，从而方便我们研究和认识野花野草，为保护和利用野花野草资源提供依据，这对于生物多样性保护、药物研发、农业生产和生态环境管理等方面都具有重要意义。我国幅员辽阔，野花野草种类丰富多样，一直以来，野花野草种类识别是困扰人们的一大难题。目前，关于野花野草的介绍常见于一些科普网站，存在介绍的内容不够全面、系统，个别种类介绍有误等问题，而相关正式出版的书籍则主要偏向于青少年科普，介绍的种类不全，尤其是野草的介绍更是少之又少。因此，本书的出版很大程度上为人们认识更多的野花野草提供了新的途径与工具。

本书介绍了 500 种常见的野花野草，其分布地域涉及河南、河北、内蒙古、宁夏、四川、广东、云南、西藏等多个省份，基本涵盖了中国的大部分生态区域。本书根据花期将野花野草分别归属于春季开花植物、夏季开花植物、秋冬季开花植物和多季节开花植物（花期长达 5 个月及以上的跨季节开花植物归于此类）四大部分，以便读者能按季节变化，轻松识别并欣赏到不同时间绽放的自然之美。每种野花野草都配有 1~3 张精美的高清照片和详细的文字描述，包括中文名、学名、识别特征、产地与生境、趣味文化、用途等信息，既科学严谨又生动有趣。

此书的完成是河南科技学院园艺园林学院《园林植物学》课程组成员通力合作的成果，以下是每位作者负责书稿字数分工：王艳丽 15 万字、朱小佩 12 万字、米兆荣 10 万字、吴海洋 3 万字、贾文庆 3 万字、何松林 2 万字。此外，感谢帮助提供植物照片和整理资料的家人、朋友及同学们，尤其需要感谢的是我的母亲马玉芹，尽管文化程度不高，为了此书的编写，认真学习手机拍照、三番五次去深山密林寻找素材，为本书的顺利出版花费了大量的时间和精力，在此表示深深的感谢与缅怀！

"智者千虑必有一失"，书中难免存在疏漏，敬希前贤后学赐教，以俟来日再版时修订。

王艳丽

2024 年 8 月 7 日

基本知识

　　植物一般由根、茎、叶、花、果和种子六部分组成，其中叶、花、果是植物的三个重要鉴别器官。为了方便读者识别和欣赏植物，这里先简要介绍一些叶、花、果的基本知识。

叶的组成　叶一般由叶片、叶柄和托叶组成。

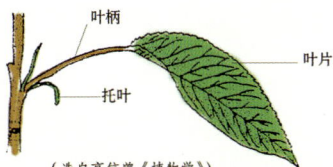

叶柄

叶片

托叶

（选自高信曾《植物学》）

叶形　是指叶片的形状。常见叶形如下：

椭圆形　卵形　心形　圆形

菱形　针形　披针形　匙形　三角形

（选自陆时万《植物学》）

叶缘　是指叶片边缘的形状。常见叶缘类型如下：

全缘　波状　皱状　圆齿状　圆缺　牙齿状　锯齿　重锯齿　细锯齿

（选自陆时万《植物学》）

叶序　是指叶片在茎枝上的排列方式。常见叶序类型如下：

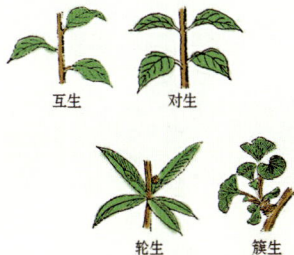

互生　对生

轮生　簇生

（选自陆时万《植物学》）

复叶　一个叶柄上有两个或两个以上叶片的称复叶。常见复叶类型如下：

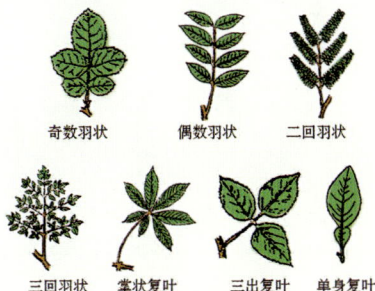

奇数羽状　偶数羽状　二回羽状

三回羽状　掌状复叶　三出复叶　单身复叶

（选自曹慧娟《植物学》）

花的组成 花一般由花柄、花托、花被（花萼、花冠）、雄蕊群和雌蕊群组成。

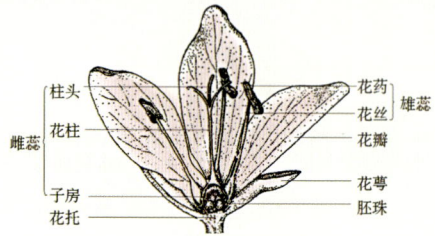

| 雌蕊 { 柱头 | 花柱 | | 花药 | 雄蕊 |
| 花瓣 |

柱头
花柱
子房
花托

花药 } 雄蕊
花丝
花瓣
花萼
胚珠

（选自曹慧娟《植物学》）

花冠 是由一朵花中的若干枚花瓣组成。常见花冠类型如下：

| 十字形 | 蝶形 | 漏斗状 | 轮状 | 唇形 | 管状 | 舌状 | 钟状 |

（选自滕崇德《植物学》）

花序

| 头状花序 | 伞形花序 | 伞房花序 | 轮伞花序 | 聚伞花序 | 聚伞圆锥花序 |

| 蝎尾状聚伞花序 | 柔荑花序 | 穗状花序 | 总状花序 | 圆锥花序 | 肉穗花序 |

花

肉质果

核果

浆果

梨果　柑果

瓠果

干果

荚果

蓇葖果

角果

蒴果

瘦果

颖果

翅果

坚果

双悬果

胞果

聚合果、聚花果

聚合果

聚花果

果

目录
Contents

PART 3
秋冬季开花植物

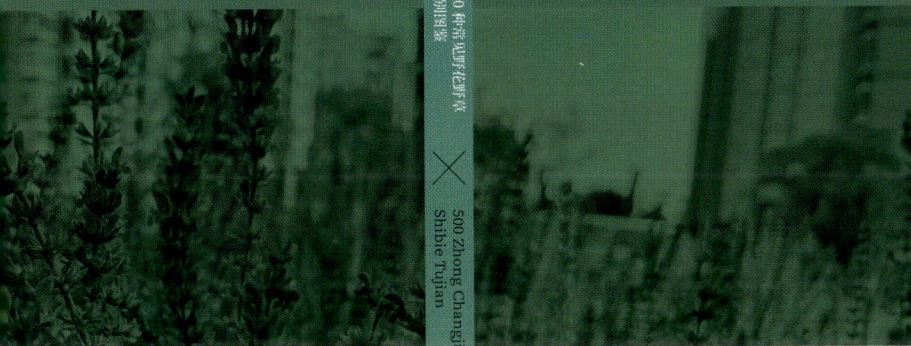

PART 1
春季开花
植物

阿尔泰郁金香

Tulipa altaica

⚠ 枝叶以及香气中有毒　🖊 株高 10~35 厘米

🌱 花期 5 月　　🌰 果期 6~7 月

● 百合科郁金香属　别名 / 光慈姑

识别特征 具鳞茎的多年生草本。鳞茎较大，鳞茎皮纸质。叶灰绿色。花单朵顶生，黄色，外花被片背面绿紫红色，内花被片有时也带淡红色彩，萎凋时花色变深，6 枚雄蕊等长，花丝无毛，从基部向上逐渐变窄，几乎无花柱。蒴果。

产地与生境 分布于我国新疆西北部，俄罗斯、哈萨克斯坦、乌兹别克斯坦、吉尔吉斯斯坦、塔吉克斯坦、土库曼斯坦也有分布。生于海拔 1 300~2 600 米的阳坡和灌丛下。

用途 含秋水仙碱等 4 种生物碱，有清热解毒、散结、化瘀等功效。主要用于治疗咽喉肿痛、疮肿、产后淤滞等。

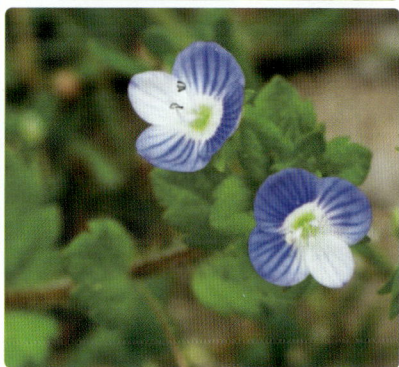

阿拉伯婆婆纳

Veronica persica

🌿 无毒　📏 株高 10~50 厘米　🌱 花期 3~5 月　🌼 果期 4~5 月

● 车前科婆婆纳属　别名 / 波斯婆婆纳、肾子草、灯笼草

识别特征 铺散多分枝草本。茎密生两列柔毛。叶 2~4 对，具短柄，边缘具钝齿，两面疏生柔毛。总状花序很长，苞片互生，花冠蓝色、紫色或蓝紫色，裂片卵形或圆形，雄蕊短于花冠。蒴果肾形，宿存的花柱超出凹口。种子背面具较深的横纹。

产地与生境 产于亚洲西部及欧洲。分布于华东、华中地区，贵州、云南、西藏东部、新疆，为归化的路边及荒野杂草。

趣味文化 传说一名叫阿拉的老伯躺在野外思念离世的老伴，凡是他躺过的土地就会长出蓝色小花，果实像婆婆纳鞋底用的顶针，故而得名。

用途 具多种药用功效，能祛风除湿、壮腰、截疟。

矮牡丹

Paeonia jishanensis

🌿 无毒　💧 株高 200 厘米　🌱 花期 4~5 月　🍂 果期 8~9 月

● 芍药科芍药属　别名 / 稷山牡丹

识别特征 落叶灌木。老茎皮褐灰色，有纵纹。二年生枝灰色，皮孔黑色。叶为二回三出复叶，小叶圆形或卵圆形，下面疏被长柔毛，通常 3 裂至近中部，稀全缘。花单生枝顶，花瓣白色，花丝紫红色或下部紫红色、上部白色，花盘紫红色。蓇葖果圆柱状。种子黑色，有光泽。

产地与生境 产自陕西延安，生于山坡疏林中。

趣味文化 "一种芳菲出后庭，却输桃李得佳名。谁能为向天人说，从此移根近太清。"这首诗词感叹牡丹的超凡脱俗，虽然晚于桃李开花，然而却天下闻名，希望能够向天帝诉说，将牡丹移栽到天庭。所谓的天庭太清就是回归大自然，希望牡丹能够在大自然的环境里永远展露芳华。

用途 根皮具有较高药用价值。花朵硕大，花色洁白或粉红，倩丽清雅，芳香怡人，具有较高的观赏价值。

菝葜

Smilax china

⚠ 根茎微毒　🌿 株高 100~300 厘米　🌱 花期 2~5 月　🌞 果期 9~11 月

● 菝葜科菝葜属　别名／金刚藤、红灯果、马加勒

识别特征 攀缘灌木。根状茎粗厚，呈不规则的块状。茎长 1~3 米，少数可达 5 米，疏生刺。叶互生，革质或坚纸质，干后通常为红褐色或近古铜色，常见圆形、卵形。伞形花序，常呈球形，花绿黄色，内花被片稍狭。浆果直径 6~15 毫米，熟时红色，有粉霜。

产地与生境 产于江苏、浙江、福建、台湾、江西、安徽、河南、湖北、四川等地。生于海拔 2 000 米以下的林下、灌丛中、路旁、河谷或山坡上。

趣味文化 《名医别录》："菝葜，生山野，二月、八月采根，暴干。"陶弘景云："此有三种，大略根苗并相类，菝葜茎紫短小，多细刺，小减萆薢而色深，人用作饮。"

用途 根状茎可以提取淀粉和栲胶，也可用来酿酒。具有祛风除湿，解毒散结的功效。多做地栽，可在棚架、山石旁进行种植，亦可作为绿篱使用。

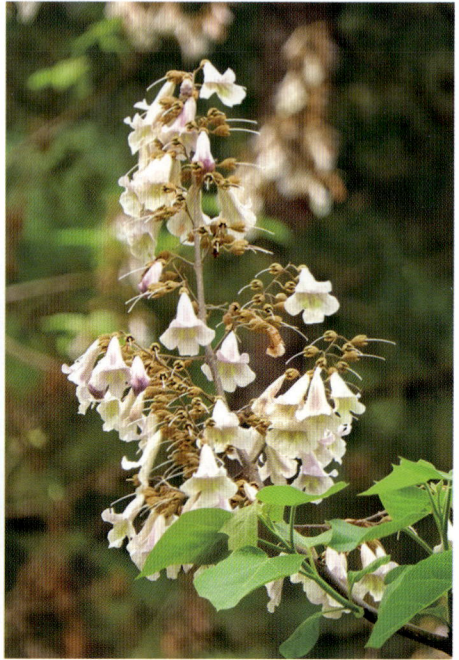

白花泡桐

Paulownia fortunei

🛡 无毒　📏 株高可达 30 米　🌱 花期 3~4 月　🍂 果期 7~8 月

● 泡桐科泡桐属　别名/通心条、饭桐子、笛螺木

识别特征 乔木，树冠圆锥形。叶片长卵状心脏形，有时为卵状心脏形。花序狭长，几成圆柱形，长约 25 厘米，聚伞花序有小花 3~8 朵，总花梗几乎与花梗等长。花冠管状漏斗形，白色仅背面稍带紫色或浅紫色，长 8~12 厘米，管部在基部以上不突然膨大，而逐渐向上扩大，稍稍向前曲，外面有星状毛，腹部无明显纵褶，内部密布紫色细斑块。蒴果。

产地与生境 分布于安徽、浙江、福建、台湾、江西、湖北、湖南、四川、云南、贵州、广东、广西、山东、河北、河南、陕西等地近年有引种。生于低海拔的山坡、林中、山谷及荒地，越向西南则分布越高，海拔可达 2 000 米。

用途 生长迅速，适应性强，观赏价值高，适合作绿化树种栽培。可抗大气污染，是城市和工矿区的优良树种。经济价值高，材质优良、耐酸耐腐、不容易脱胶，可用来制作家具、手工艺品、乐器、隔热板材、建筑内饰、优质纸张等。

白头翁

Pulsatilla chinensis

⚠ 全株有毒　🍃 株高 15~35 厘米　🌸 花期 4~5 月　🍂 果期 5~6 月

● 毛茛科白头翁属　别名 / 老公花、羊胡子花、将军草

识别特征 多年生草本。基生叶 4~5 枚，通常在开花时刚刚生出，有长柄。叶片宽卵形，3 全裂，中深裂片楔状倒卵形，全缘或有齿，表面变无毛，背面有长柔毛。叶柄有密长柔毛，花葶 1~2 个，有柔毛。花直立，萼片蓝紫色，长圆状卵形，背面有密柔毛。聚合瘦果，纺锤形。

产地与生境 分布于四川、江苏、安徽、河南、陕西、山东、河北、内蒙古、辽宁等地。生于平原和山坡草地、林边或干旱多石的坡地。

趣味文化 叶大似芍药，抽一茎，茎头一花，紫色，似木槿花。形态似白头老翁，故得名白头翁。白头翁是智力的象征，人们往往认为聪明会让人掉头发或者白头，白头翁也蕴藏了这样的含义。

用途 根状茎药用，治热毒血痢、温疟等。根状茎水浸液可作土农药，能防治地老虎、蚜虫、蝇蛆、孑孓，以及小麦锈病、马铃薯晚疫病等。

斑种草

Bothriospermum chinense

🛡 无毒　🌱 株高 20~30 厘米　🌼 花期 4~6 月　🍂 果期 4~6 月

● 紫草科斑种草属　别名 / 细茎斑种草、蛤蟆草、毛罗菜

识别特征 一年生草本。密生开展或向上的硬毛。根为直根，细长，不分枝，茎数条丛生。基生叶及茎下部叶具长柄，匙形或倒披针形，边缘皱波状或近全缘。花序长 5~15 厘米，具苞片，苞片卵形或狭卵形。花梗短，花冠淡蓝色，裂片圆形，花药卵圆形或长圆形，花柱短。小坚果肾形，有网状皱褶及稠密的粒状突起，腹面有椭圆形的横凹陷。

产地与生境 产于甘肃、山东、河北及辽宁等地。生于海拔 100~1 600 米荒野路边、山坡草丛及竹林下。

用途 全草可入药，性微苦，凉。解毒消肿，利湿止痒，可用于治疗痔疮、湿疹等。

宝盖草

Lamium amplexicaule

⊘ 无毒　🌿 株高 10~30 厘米　🌱 花期 3~5 月　🌾 果期 7~8 月

● 唇形科野芝麻属　别名 / 莲台夏枯草、接骨草、珍珠莲

识别特征 一年生或二年生草本。基部多分枝，常为深蓝色。茎下部叶具长柄，柄与叶片等长或超过之，叶片圆形或肾形，基部截形或截状阔楔形，半抱茎，边缘具极深的圆齿。

产地与生境 产于江苏、安徽、浙江、福建、湖南、湖北、河南等地。生于路旁、林缘、沼泽草地及宅旁等地，或为田间杂草，海拔可高达 4 000 米。

趣味文化 花语是害羞。宝盖草的喉部膨大，有点像鹈鹕，上唇像盖子一样，好似一个害羞的少女。

用途 具有清热利湿、活血祛风、消肿解毒之效。

报春花

Primula malacoides

🍃 无毒　🌿 株高 15~40 厘米　🌱 花期 2~5 月　🌼 果期 3~6 月

● 报春花科报春花属　别名 / 年景花、樱草、四季报春

识别特征 二年生草本。叶丛生，叶柄长 2~15 厘米，具窄翅，被柔毛，叶卵形、椭圆形或长圆形，长 3~10 厘米，先端圆，基部心形或平截。花葶高 10~40 厘米，被柔毛或无毛，无粉或微被粉。花冠粉红、淡蓝紫或近白色。蒴果。

产地与生境 产于我国云南、贵阳和广西西部（隆林），缅甸北部亦有分布，生长于潮湿旷地、沟边和林缘。

趣味文化 报春花被人们誉为春天的信使，拉丁文 *Primula*，亦为早春开花之意，因而起名报春花名副其实。

用途 具有观赏价值，常用来美化家居环境。也可药用，有利水消肿、止血之功效。

北京堇菜

Viola pekinensis

🌿 无毒　🌱 株高 6~8 厘米　🌼 花期 4~5 月　🌞 果期 5~7 月

● 堇菜科堇菜属　别名 / 长距堇菜

识别特征 多年生草本。根状茎粗短。叶基生，莲座状。叶片圆形或卵状心形，边缘具钝锯齿，两面无毛或沿叶脉被疏柔毛。外侧托叶较宽，白色，膜质；内部托叶较窄，绿色。花淡紫色，有时近白色。花梗细弱，萼片披针形或卵状披针形，花瓣宽倒卵形，距圆筒状，稍粗壮，子房无毛，花柱棍棒状。蒴果无毛。

产地与生境 产于河北、陕西（太白山）。生于海拔 500~1 500 米的阔叶林下或林缘草地。是我国特有植物，在北京门头沟的东灵山比较常见。

趣味文化 在我国古代文学中，"堇色"常用来形容淡紫色或浅蓝色。

用途 全草可供药用，清热解毒、除脓消炎，捣烂外敷可排脓、消炎、生肌。花形较大，色艳丽，是一种美丽的早春开花植物。

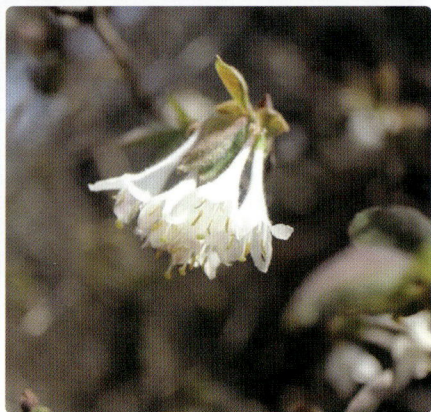

北京忍冬

Lonicera elisae

🚫 无毒　　🌿 株高 3 米　　🌸 花期 4~5 月　　🍂 果期 5~6 月

● 忍冬科忍冬属　　别名 / 毛母娘、狗骨头、四月红

识别特征 落叶灌木。叶纸质，卵状椭圆形、卵状披针形或椭圆状矩圆形，两面被短硬伏毛。花与叶同时开放，花冠白色或带粉红色，长漏斗状。果实红色，椭圆形。种子淡黄褐色。

产地与生境 产于河北、山西南部、陕西南部、甘肃南部等地。生长在海拔 500~1 600 米（陕西和甘肃海拔可达 2 300 米）的沟谷或山坡丛林或灌丛中。

用途 可观赏，浆果可食用。是城镇园林绿化广泛栽植树种，有一定的开发利用价值。

笔龙胆

Gentiana zollingeri

🌿 无毒　🌱 株高 3~6 厘米　🌼 花期 4~6 月　🍂 果期 4~6 月

● 龙胆科龙胆属　别名 / 绍氏龙胆、卓氏龙胆、鳞叶龙胆

识别特征 一年生矮小草本。茎直立，紫红色，光滑。叶卵圆形或卵圆状匙形，具小尖头，边缘软骨质。茎生叶常密集，覆瓦状排列。花多数，单生于小枝顶端，小枝密集呈伞房状。花梗紫色，具短小尖头，边缘膜质，平滑。花冠漏斗形，淡蓝色，外面具黄绿色宽条纹，花柱线形。花茎 2~3 厘米，蒴果倒卵状矩圆形，顶端具宽翅，两侧边缘有狭翅。

产地与生境 产于东北、陕西、浙江等地。生于草甸、灌丛中、林下，海拔 500~1 650 米。

趣味文化 因其花闭合时，形似笔尖，故而得名"笔龙胆"。因其春天开花，只有在晴天才会开放，阴天和雨天就自动闭合，所以深受人们喜爱。

用途 花色艳丽，色彩丰富，有紫、白、蓝、黄等多种颜色，适用于花坛、花境或盆花。根还可以药用。

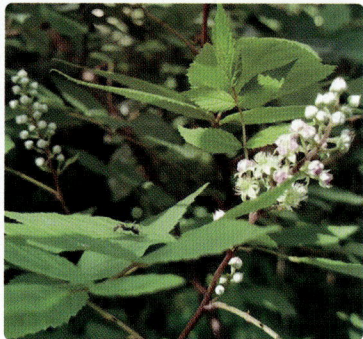

插田藨

Rubus coreanus

🍃 无毒　🌱 株高 100~300 厘米　🌼 花期 4~6 月　🍂 果期 6~8 月

● 蔷薇科悬钩子属　别名 / 乌沙莓、回头龙、插田泡

识别特征 落叶灌木。枝粗壮，红褐色，被白粉，具近直立或钩状扁平皮刺。小叶通常 5 枚，顶端急尖，基部楔形至近圆形，顶生小叶柄长 1~2 厘米，侧生小叶近无柄，与叶轴均被短柔毛和疏生钩状小皮刺。花瓣倒卵形，淡红色至深红色，与萼片近等长或稍短。雄蕊比花瓣短或近等长，花丝带粉红色。

产地与生境 产于陕西、甘肃、河南、江西、湖北、湖南、江苏、浙江、福建、安徽、四川等地。生于海拔 100~1 700 米的山坡灌丛或山谷、河边、路旁。朝鲜和日本也有分布。

趣味文化 它的果实味道酸甜，以前在农村很受欢迎，直接食用口感好，汁水饱满，洗干净后一口能够吃好几个，令人非常满足，也是不少人的儿时回忆。

用途 果实味酸甜可生食、熬糖及酿酒。又可入药，根有止血、止痛之效，叶能明目。

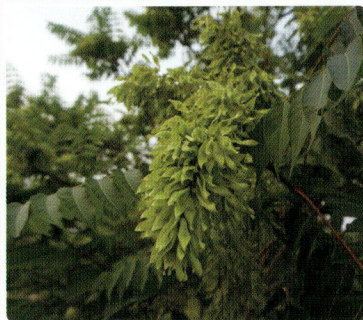

臭椿

Ailanthus altissima

⚠ 全株微毒　🖊 株高 20 米　🌼 花期 4~5 月　🍂 果期 8~10 月

● 苦木科臭椿属　别名 / 樗、黑皮樗、椿树

识别特征　落叶乔木，成年树冠幅 3 米左右。嫩枝被黄或黄褐色柔毛，后脱落。奇数羽状复叶，小叶 13~27 枚，对生或近对生，纸质，卵状披针形，先端长渐尖，基部平截或稍圆，全缘，具 1~3 对粗齿，齿背有腺体，可散发臭气。圆锥花序。翅果长椭圆形。

产地与生境　我国除黑龙江、吉林、新疆、青海、宁夏、甘肃和海南外，各地均有分布，世界各地广为栽培。喜光，不耐阴。适应性强，除黏土外，各种土壤都能生长，耐寒，耐旱，不耐水湿。

趣味文化　《庄子·逍遥游》里，惠子对庄子说："吾有大树，人谓之樗。其大本拥肿而不中绳墨，其小枝卷曲而不中规矩，立之涂，匠者不顾。"这里提到的樗即臭椿。于是后人称臭椿为无用之材，并且产生了"樗栎庸材"的成语和"樗栎""樗散"等词汇。

用途　在石灰岩地区生长良好，可作石灰岩地区的造林树种，也可作园林风景树和行道树。叶可饲椿蚕（天蚕）；树皮、根皮、果实均可入药。

垂蕾郁金香

Tulipa patens

⚠ 球茎有毒　　🌿 株高 10~25 厘米　　🌱 花期 4~5 月　　🌰 果期 5 月

● 百合科郁金香属　别名 / 光慈姑

识别特征 鳞茎皮纸质，茎无毛。叶彼此疏离，条状披针形或披针形。花单朵顶生，在花蕾期和凋萎时下垂，花被片白色，干后乳白色或淡黄色，据文献记载还有玫瑰红色，基部黄色或淡黄色（干后），外花被片背面紫绿色或淡绿色，内花被片有柔毛，背面中央有紫绿色或淡绿色纵条纹。蒴果。

产地与生境 产于我国新疆西北部（塔城、温泉、霍城），以及俄罗斯欧洲部分、西伯利亚和中亚地区。生于海拔 1 400~2 000 米的阴坡或灌丛下。

用途 鳞茎可药用，含四种生物碱，有秋水仙碱等。

刺槐

Robinia pseudoacacia

⚠️ 树皮、种子有毒　🔵 株高 10~25 米　🌱 花期 4~6 月　🌸 果期 8~9 月

● 豆科刺槐属　别名 / 洋槐

识别特征 落叶乔木。树皮灰褐色至黑褐色，浅裂至深纵裂，稀光滑。小枝灰褐色，幼时有棱脊，微被毛，后无毛，具托叶刺。小叶 2~12 对，常对生，椭圆形、长椭圆形或卵形。花多数，芳香，苞片早落。

产地与生境 产于美国东部，17 世纪传入欧洲及非洲。我国于 18 世纪末从欧洲引入青岛栽培，现全国各地广泛栽植。华北平原的黄淮流域，刺槐被大量用于造林。

趣味文化 《淮南子·时则训》记载："正月，官司空，其树杨……九月官候，其树槐"。槐树被奉为"神树"，产生了许多流传至今的神话传说。

用途 宜作枕木、车辆、建筑等多种用材，生长快、萌芽力强，是速生林树种，又是优良的蜜源植物。

大花葱

Allium giganteum

⚠ 全株微毒　💧 株高 30~60 厘米　🌱 花期 5~6 月　🍂 果期 6~7 月

● 石蒜科葱属　别名 / 巨韭、硕葱、大绒球

识别特征　多年生常绿草本。根具鳞茎，圆形，直径 7~10 厘米。叶宽线形至披针形，绿色。花葶高大，伞形花序球状，直径达 20 厘米，有小花数百朵，紫红色。

产地与生境　产于亚洲中部和地中海地区，喜凉爽、阳光充足的环境，忌湿热多雨。

趣味文化　花序硕大而奇特，似葱而得名大花葱。

用途　花序球状，十分奇特，小花呈星状开展，观赏性极高，我国常见栽培。可丛植于林缘、草地中或园路边观赏，也常用于花境配植或岩石园点缀。

大花三色堇

Viola × wittrockiana

🌿 无毒　🔵 株高 15~24 厘米　🌱 花期 4~6 月　🍂 果期 5~7 月

● 堇菜科堇菜属　别名 / 小蝴蝶花、猫脸花、杂种堇菜

识别特征 全株光滑，分枝多。叶互生，基生叶卵圆形，有叶柄；茎生叶披针形。花顶生或腋生，挺立于叶丛之上，花瓣 5 枚，上面的花瓣先端短钝，下面的花瓣有腺形附属体，并向后伸展，状似蝴蝶，花色绚丽，每朵花有黄、白、蓝（或紫色）三色，花瓣中央还有一个深色的眼状斑纹。目前，栽培种颜色丰富，除了基本三色组合外，还有单色、混合色，斑纹也有变化。蒴果椭圆形，呈三瓣裂。种子倒卵形。

产地与生境 产于西欧，世界各国栽培广泛。喜冷凉气候条件，较耐寒而不耐暑热。

趣味文化 因花朵像猫脸，所以俗称"猫脸花"。

用途 常用于花坛、花境及镶边，或用不同花色品种组成图案式花坛。可以和其他开花较晚的花卉间种套作，能提高绿化效果。也可盆栽及作切花。

大花溲疏

Deutzia grandiflora

⚠ 全株有毒　　🔵 株高 2 米　　🌿 花期 4~6 月　　🍂 果期 9~11 月

● 绣球科溲疏属　　别名 / 华北溲疏

识别特征　落叶灌木。老枝紫褐色或灰褐色，表皮片状脱落。叶纸质，卵状菱形或椭圆状卵形，边缘具长短相间或不整齐锯齿。聚伞花序，花瓣白色，长圆形或倒卵状长圆形，镊合状排列；外轮雄蕊长 6~7 毫米，花丝具 2 齿，齿平展或下弯成钩状，花药卵状长圆形，具短柄，内轮雄蕊较短，形状与外轮相同。蒴果半球形，被星状毛，具宿存萼裂片外弯。

产地与生境　产于辽宁、内蒙古、河北、山西、陕西、甘肃、山东、江苏、河南、湖北等地。生于海拔 800~1 600 米山坡、山谷和路旁灌丛中。

趣味文化　在古文里"溲疏"是利尿的意思。但如今"溲"已不是常用字了，科普作家刘夙在《植物名字的故事》中说："一旦沉淀为书面上半死不活的古词，'溲'就摇身一变，成为一个高雅词语了。"

用途　水土保持兼园林观赏树种，可植于草坪、路边、山坡及林缘，也可作花篱，花枝可瓶插观赏。根茎、叶片及果实均可作为药用，主治感冒发热、小便不利、疟疾、疥疮、骨折。

地黄

Rehmannia glutinosa

🌿 无毒　📏 株高 10~30 厘米　🌱 花期 4~7 月　🍂 果期 4~7 月

● 列当科地黄属　别名 / 生地、生地黄、怀庆地黄

识别特征　多年生草本。植株根状茎土黄色。叶基生，边缘有锯齿，叶脉凹陷，主脉明显。花紫红色，管状花冠，端部二唇形，雄蕊 4 枚内藏。蒴果。

产地与生境　分布于河南、河北、北京、内蒙古、辽宁、山东、广西、福建等地，常见于荒山坡、山脚、墙边、路旁。

趣味文化　根状茎黄白色故名地黄。地黄的花管基部具蜜，有甜味，或许因花冠似酒杯，蜜略有酒味，别称"蜜罐罐""老头喝酒"。在古代，穷苦人家经常采地黄卖给富户喂马，换取粮食充饥。

用途　地黄初夏开花，花大数朵，淡红紫色，具有较好的观赏性。鲜地黄为清热凉血药；熟地黄则为补益药。地黄是"四大怀药"之一，从周朝开始，"四大怀药"被历代列为皇封贡品，被海外人士誉为"华药"。

点地梅

Androsace umbellata

🛡 无毒　🌱 株高 15~30 厘米　🌿 花期 2~4 月　🍂 果期 5~6 月

● 报春花科点地梅属 别名 / 喉咙草、铜钱草、天星草

识别特征 一年生或二年生草本。叶全基生，叶柄长 1~4 厘米，被柔毛。叶近圆形或卵形。花葶高 4~15 厘米，被柔毛。伞形花序有 4~15 朵小花。蒴果近球形。

产地与生境 分布于东北、华北和秦岭以南各省区。生于林缘、草地、疏林下或路旁。喜温暖湿润、向阳环境和肥沃土壤。

趣味文化 点地梅被誉为动物的"救命药"，它可以救治一些动物，增强动物心脏血液循环和跳动。

用途 全草可入药，清热解毒，消肿止痛。也是制作压花作品的好原料。

丁座草

Xylanche himalaica

⚠ 全株微毒　　◉ 株高 15~45 厘米　　🌱 花期 4~6 月　　🍂 果期 6~9 月

● 列当科丁座草属　　别名 / 批杷芋、千斤坠、半夏

识别特征 多年生寄生草本。根状茎球形或近球形，茎 1 条，直立，不分枝，肉质。叶宽三角形、三角状卵形至卵形。总状花序，具密集的多数花。苞片 1 枚，着生于花梗基部，三角状卵形。花萼浅杯状，花冠黄褐或淡紫色，筒部稍膨大。蒴果近圆球形或卵状长圆形。

产地与生境 产于青海、云南和西藏等地。生于高山林下或灌丛中，海拔 2 500~4 400 米，常寄生于杜鹃花属植物的根上。

趣味文化 丁座草拥有厚实的茎和叶，犹如多肉植物，是一种寄生类植株。根部会刺入杜鹃花属植物的根上，然后偷偷吸取其养分，其更趋向于寄生共生的关系，而不是寄生直至杀死寄主。

用途 全草可入药，味涩，微苦性温，有理气止痛、止咳祛痰和消胀健胃之功效。

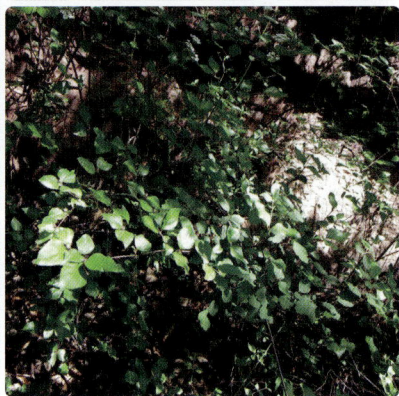

多花溲疏

Deutzia setchuenensis var. corymbiflora

⚠ 全株有毒　🌿 株高约 2 米　🌱 花期 5~6 月　🍂 果期 7~8 月

● 绣球科溲疏属　别名 / 空疏、巨骨、卵花

识别特征 落叶灌木。小枝被星状毛。叶纸质，卵形、卵状长圆形或卵状披针形，长 2~8 厘米，宽 1~5 厘米。聚伞花序长 4~6 厘米，径 5~8 厘米，有 20~50 朵花，花白色。叶下面被毛较密。

产地与生境 产于湖北、四川。生于海拔 800~1 500 米的密林中。

趣味文化 多花溲疏不仅具有观赏价值，还承载着丰富的象征与寓意。其花语为纯洁、自然和高雅，代表着纯真无邪的爱情和友谊，以及自然的力量。

用途 花朵紧凑，可作观赏。根、叶、果均可药用。民间用作退热药，但有毒，要慎用。

鹅耳枥

Carpinus turczaninowii

🚫 无毒　　💧 株高 5~10 米　　🌱 花期 4~5 月　　🍂 果期 8~9 月

● 桦木科鹅耳枥属　　别名 / 大穗鹅耳枥、牡岭鹅耳枥

识别特征 落叶乔木。树皮暗灰褐色，小枝被短柔毛。叶卵形、宽卵形、卵状椭圆形或卵菱形，基部近圆形或宽楔形，有时微心形或楔形，边缘具重锯齿，上面无毛或沿中脉疏生长柔毛，下面沿脉通常疏被长柔毛。果苞变异较大，半宽卵形、半卵形、半矩圆形至卵形。

产地与生境 产于辽宁南部、山西、河北、河南、山东、陕西、甘肃。生于海拔 500~2 000 米的山坡或山谷林中，山顶及贫瘠山坡亦能生长。朝鲜、日本也有分布。

趣味文化 鹅耳枥又称"铁木"，因其与桦木科铁木属植物有些相似，故而得名。

用途 木材坚韧，可制农具、家具、日用小器具等。种子含油，可供食用或工业用。

佛甲草

Sedum lineare

🛡 无毒　🌱 株高 10~20 厘米　🌸 花期 4~5 月　🍂 果期 6~7 月

● 景天科景天属　别名 / 指甲草、狗豆菜、珠芽佛甲草

识别特征 多年生草本。无毛，茎细长。具有绿色、肉厚的叶片，形状为线形或披针形。开出黄色的小型花朵，花伞状顶生，雄蕊 10 枚，较花瓣短。蓇葖果略叉开。

产地与生境 产于我国云南、四川、贵州、广东、湖南、湖北、甘肃、陕西、河南、安徽、江苏、浙江、福建、台湾、江西，日本也有分布。常见于低山或平地草坡上。

趣味文化 佛甲草因其叶片排列紧密，形似佛祖指甲而得名。

用途 佛甲草作为一种多肉植物有着诸多用途，有较高的观赏价值，可用作地被植物、蜜源植物。

附地菜

Trigonotis peduncularis

🍃 无毒　🌿 株高 30 厘米　🌱 花期 4~7 月　🍂 果期 4~7 月

● 紫草科附地菜属　别名 / 地胡椒、黄瓜香、鸡肠草

识别特征 二年生草本。茎常多条，直立或斜升，下部分枝密被短糙伏毛。基生叶卵状椭圆形或匙形，长 2~3 厘米，宽 0.5~1 厘米。花序顶生，长 5~20 厘米。无苞片或花序基部具 2~3 枚苞片。小坚果斜三棱锥状四面体形。

产地与生境 分布于西藏、云南、广西北部、江西、福建至新疆、甘肃、内蒙古、东北等地。生长于平原、丘陵草地、林缘、田间及荒地。

趣味文化 陶弘景曾说："人家园庭亦有此草。小儿取，汁以拃蜘蛛网，至粘，可掇蝉。"这里提到的草，指的就是附地菜。

用途 全草可入药，能温中健胃，消肿止痛，止血，嫩叶可供食用，花美观可用以点缀花园。

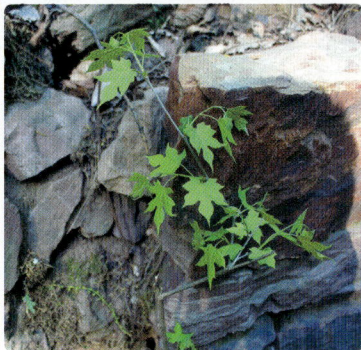

瓜木

Alangium platanifolium

⚠ 剧毒（果）　🌿 株高 5~7 米　🌱 花期 3~7 月　🍂 果期 3~7 月

● 山茱萸科八角枫属　别名 / 篠悬叶瓜木、八角枫

识别特征　落叶灌木或小乔木。小枝微呈"之"字形。叶呈近圆形或宽卵形，边缘波状，叶柄有短柔毛或无毛。聚伞花序腋生，小苞片呈线形，花萼呈近钟形，外侧有少许短柔毛，花瓣呈线形，紫红色，花柱粗壮，柱头扁平。

产地与生境　分布于我国吉林、辽宁、河北等地区，在朝鲜和日本也有分布。生长于海拔 2 000 米以下的向阳山坡或疏林中。

趣味文化　多本古籍中都提到了有关瓜木的文化与故事，其中《全国中草药汇编》中更是描写了瓜木的用途与来源。美妙绝伦的药用植物，因其幼时叶片外形酷似"八角枫"，又被称为"八角枫"。

用途　花、根和叶可入药，有祛风、通络、解毒消肿、化瘀止痛的功效，用于治疗麻木瘫痪、心力衰竭、劳伤腰痛等病症。

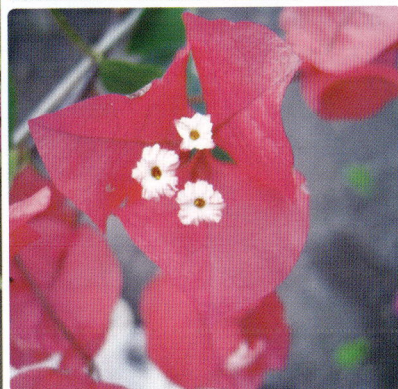

光叶子花

Bougainvillea glabra

⚠ 茎叶有毒　🌿 株高 80~150 厘米　🌸 花期 3~5 月　🌞 果期 5~7 月

● 紫茉莉科叶子花属　别名 / 三角梅、紫亚兰、紫三角

识别特征 藤状落叶灌木。茎干较粗壮，深褐色，呈小圆柱形，表面有茸毛。叶片对生，绿色，叶面光滑，呈卵形或圆形。苞片呈椭圆形或长椭圆形，常为紫红色。真正的花隐藏在苞片内部，花梗较粗，墙红色或紫色，呈椭圆形，花冠呈管状，淡绿色。

产地与生境 产于巴西，我国南方栽植于庭院、公园，北方栽植于温室。

趣味文化 光叶子花主要观赏部分为色彩鲜艳的花苞片，它又酷似变色的叶片，故得此名。

用途 叶可作药用，捣烂敷患处，有散瘀消肿的效果，花可以活血调经。具有一定的观赏价值，适合庭院、公园栽培，亦可制作盆景。

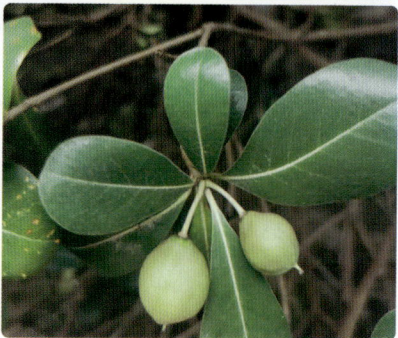

海桐

Pittosporum tobira

🚫 无毒　　🔵 株高 6 米　　🌱 花期 3~5 月　　🍂 果期 9~10 月

● 海桐科海桐属　别名 / 海桐花、山矾、七里香

识别特征 常绿灌木或小乔木。嫩枝被褐色柔毛，有皮孔。叶革质，倒卵形。伞形花序或伞房状伞形花序顶生或近顶生。蒴果圆球形，有棱或呈三角形。

产地与生境 主要分布在我国长江以南滨海各省，朝鲜、日本也有分布。长江流域及其以南各地庭院常栽培观赏。

趣味文化 海桐的寓意有很多种，但主要有三种。第一种：记住我，一般在与朋友和爱人分别的时候，会赠予这种花，以此来表达出自己的心声；第二种：自重，因此这种花会时刻提醒人们需要谨记这一点，不可以放弃做人的底线；第三种：感恩，因此这种花也比较适合送给家人和老师等。

用途 株型圆整，四季常青，花味芳香，种子红艳，为著名的观叶、观果植物。抗二氧化硫等有害气体的能力强，又为环保树种。

蔊菜

Rorippa indica

🌿 无毒　🌱 株高 20~40 厘米　🌸 花期 4~6 月　🌰 果期 6~8 月

（●十字花科蔊菜属　别名 / 辣米菜、塘葛菜、香芥菜）

识别特征 一二年生直立草本。植株较粗壮。茎单一或分枝，具纵沟。单叶互生，基生叶及茎下部叶具长柄。茎上部叶宽披针形或近匙形，疏生齿，具短柄或基部耳状抱茎。总状花序顶生或侧生，花小，多数，具细花梗。萼片 4 枚，花瓣 4 枚，黄色，匙形，基部渐狭成短爪，与萼片近等长。长角果。

产地与生境 产于我国山东、河南、江苏、浙江、福建、台湾、湖南、江西、广东等地，日本、朝鲜、菲律宾、印度尼西亚、印度等国也有分布。生于路旁、田边、园圃、河边、屋边墙脚及山坡路旁等较潮湿处，海拔 230~1 450 米。

趣味文化 《本草纲目》中进行了记载："蔊菜味辛辣，如火焊人，故名。"我国食用蔊菜的历史非常悠久，并且这种野菜自带辣味。

用途 全草可入药，内服有解表健胃、止咳化痰、平喘等效；外用治痈肿，疮毒及烫火伤。

荷包牡丹

Lamprocapnos spectabilis

⚠ 全株有毒　　💧 株高 30~60 厘米　　🌱 花期 4~6 月

● 罂粟科荷包牡丹属　别名 / 荷包花、兔儿牡丹、铃儿草

识别特征 多年生草本。具肉质根状茎，茎直立呈圆柱形。叶二回三出全裂。总状花序顶生，基部为心形，花瓣紫红色至粉红色，稀白色，花垂向花序轴一侧，形似荷包。

产地与生境 产于我国北部，分布于河北、甘肃、四川、云南等省份。喜温暖湿润的半阴环境，怕烈日暴晒，耐寒冷。

趣味文化 因叶子与牡丹相近，花呈心形，像古代荷包一样垂在花枝上，故而得名"荷包牡丹"。

用途 花型奇特美丽，观赏价值高，可用于园林绿化美化，也可用作切花。全草可入药，有镇痛、解痉、利尿、调经、散血、和血、除风、消疮毒等功效。

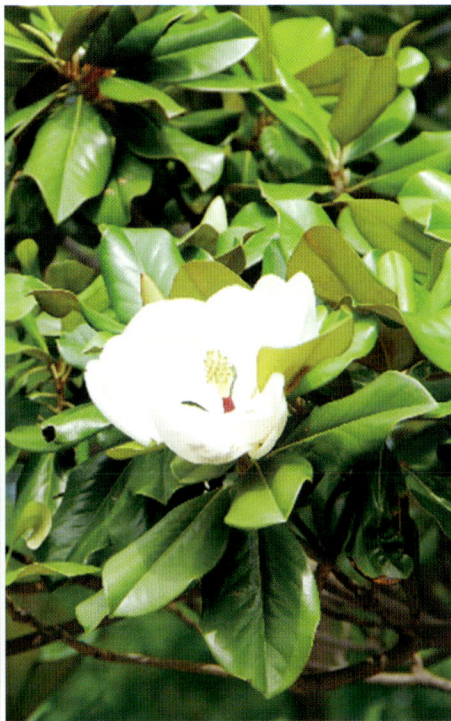

荷花木兰

Magnolia grandiflora

✔ 无毒　✔ 株高可达 30 米　✔ 花期 5~6 月　✔ 果期 9~10 月

● 木兰科北美木兰属　别名 \ 广玉兰、洋玉兰、荷花玉兰

识别特征　常绿乔木。树皮淡褐色或灰色，薄鳞片状开裂。小枝粗壮，具有横隔的髓心。小枝、芽、叶下面及叶柄均密被褐色或灰褐色短茸毛（幼树的叶下面无毛）。叶厚革质，椭圆形、长圆状椭圆形或倒卵状椭圆形，基部楔形，叶面深绿色，有光泽。花白色，有芳香，直径 15~20 厘米。聚合果，种子近卵圆形或卵形，外种皮红色。

产地与生境　产于北美洲东南部。我国长江流域以南各城市有栽培，兰州及北京公园也有栽培。本种广泛栽培，超过 150 个栽培品系。

用途　花大，白色，状如荷花，芳香，为美丽的庭院绿化观赏树种，对二氧化硫、氯气、氟化氢等有毒气体抗性较强，也耐烟尘。木材黄白色，材质坚硬，可作装饰用材。叶、幼枝和花可提取芳香油。花制浸膏用。叶可入药，治高血压。种子可榨油，含油率 42.5%。

荷青花

Hylomecon japonica

● 无毒   ● 株高 15~40 厘米   ● 花期 4~7 月   ● 果期 5~8 月

● 罂粟科荷青花属 别名 / 鸡蛋黄花，刀豆三七、水菖兰七

识别特征 多年生草本。根茎斜生，白色，果时橙黄色，肉质，盖以褐色、膜质的鳞片。基生叶少数，羽状全裂，边缘具不规则的圆齿状锯齿或重锯齿，表面深绿色，背面淡绿色，两面无毛，具长柄，茎生叶通常 2~3 枚。茎直立，不分枝，具条纹，无毛，草质，绿色转红色至紫色。花黄色。蒴果。

产地与生境 产于我国东北至华中、华东地区（南至安徽、浙江），朝鲜、日本及俄罗斯有分布。生于海拔 300~2 400 米的林下、林缘或沟边。

用途 根茎药用，具祛风湿、止血、止痛、舒筋活络、散瘀消肿等功效，治劳伤过度、风湿性关节炎、跌打损伤及经血不调。

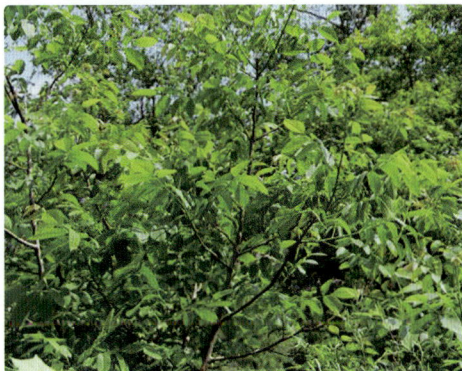

胡桃

⚠️ 根、树皮有毒　🌿 株高 20~25 米　🌸 花期 4~5 月　🍂 果期 9~10 月

Juglans regia

● 胡桃科胡桃属　别名 / 核桃、青龙衣、山核桃

识别特征 落叶乔木。小叶通常呈椭圆状卵形，雄性柔荑花序下垂，花的苞片、小苞片及花被片均被腺毛，雌花的总苞果序短。果序短，俯垂，果核稍具皱曲，顶端具短尖头。

产地与生境 产于我国华北、西北、西南、华中、华南和华东地区，分布于中亚、西亚、南亚和欧洲。生于山坡及丘陵地带，常见于山区河谷两旁土层深厚的地方。

趣味文化 清朝有一首民谣："核桃不离手，能活八十九，超过乾隆爷，阎王带不走。"

用途 种仁含油量高，可生食，亦可榨油食用。木材坚实，是很好的硬木材料。被广泛应用于保健食品、治病良药中。

胡桃楸

Juglans mandshurica

⚠ 青果有毒　💧 株高可达 20 米　🌱 花期 5 月　🌰 果期 8~9 月

● 胡桃科胡桃属　别名 / 山核桃、核桃楸、野核桃

识别特征 乔木。树皮灰色。奇数羽状复叶，小叶椭圆形、长椭圆形、卵状椭圆形或长椭圆状披针形，具细锯齿，上面初疏被短柔毛，后仅中脉被毛，下面被平伏柔毛及星状毛。雄柔荑花序轴被短柔毛，雌穗状花序轴被茸毛。果序俯垂，果球形、卵圆形或椭圆状卵圆形，顶端尖，密被腺毛，果核棱间具不规则皱曲及凹穴，顶端具尖头。种仁较小。

产地与生境 产于我国黑龙江、吉林、辽宁、山西、河北等地，朝鲜、俄罗斯、日本等国家亦有分布。生于山谷或山坡林中。

趣味文化 木材质地坚韧致密、细腻，享有"木王"和"黄金树"之美称。明清两代史料记载，胡桃楸木是当时器具的首选木材，是世人鉴赏之材。

用途 种仁可榨油，也可生食、炒食。树皮可编织背筐、篮筐、绳索和造纸。树皮、叶片和果皮可提制栲胶，还可作植物性杀虫剂。可用作园景树、行道树及庭荫树等。

Quercus dentata

槲树

🍃 叶、果实有毒 🌱 株高可达 25 米 🌸 花期 4~5 月 🍂 果期 9~10 月

● 壳斗科栎属 别名 / 波罗栎

识别特征 落叶乔木。树皮暗灰褐色，深纵裂。叶片倒卵形，叶面深绿色，基部耳形，叶缘波状裂片。雄花序生于新枝叶腋，花序轴密被淡褐色茸毛，雌花序壳斗杯形。坚果卵形至宽卵形，无毛。

产地与生境 产于我国黑龙江、吉林、辽宁、河北、山西、陕西、甘肃、山东、江苏、安徽、浙江、台湾、河南、湖北、湖南、四川、贵州、云南等省份。朝鲜、日本也有分布。生于海拔 50~2 700 米的杂木林或松林中。

趣味文化 《九章·怀沙》中提到："材朴委积兮，莫知余之所有。"意思是说槲树是栋梁之材，却被弃置在一旁堆着，常用槲树来比喻诗人空有才能没受到重视，怀有理想抱负而无法实现。

用途 材质坚硬，耐磨损，易翘裂，供坑木、地板等用材。叶含蛋白质可饲柞蚕。种子含淀粉可酿酒或作饲料。树皮、种子入药作收敛剂。树皮、壳斗可提取栲胶。

黄刺玫

Rosa xanthina

🌿 无毒　🌱 株高 2~3 米　🌸 花期 4~6 月　🍂 果期 7~8 月

● 蔷薇科蔷薇属　别名 / 黄刺莓、黄刺梅

识别特征　直立落叶灌木。枝粗壮，密集。小叶片呈宽卵形或近圆形，边缘有圆钝锯齿，上面无毛，叶轴、叶柄有稀疏柔毛和小皮刺。花单生于叶腋，重瓣或半重瓣，呈黄色，花梗长 1~1.5 厘米，无毛，无腺。果实呈近球形或倒卵圆形，熟时紫褐色或黑褐色。

产地与生境　产于我国北部，东北、华北各地，庭院常见栽培。常生长在向阳山坡或灌木丛中。

趣味文化　在东方文化中，黄刺玫常被用来象征友谊和欢乐，成为文人墨客笔下的常见题材。许多诗词歌赋中都有黄刺玫的身影，如清代汤右曾的"粲粲黄茶蘼，随风每低昂。似念攀折苦，棘刺以自防。"

用途　性味酸、甘、温，有活血舒筋、调经、健脾、祛湿利尿、消肿等效用，主治消化不良、胃痛、食管痉挛不畅、乳痛、月经不调、跌打损伤等。可作基础种植，也适合庭院观赏。花可提取芳香油，用作香料或泡茶。果实酸甜可口，含有多种维生素和矿物质，可以食用或用来酿酒、制果酱。

黄堇

Corydalis pallida

⚠ 全株有毒　💧 株高 20~60 厘米　🌱 花期 3~4 月　🍂 果期 6 月

● 罂粟科紫堇属　别名／山黄堇、断肠草

识别特征 灰绿色丛生的一年生草本，具恶息气味。具主根，少数侧根发达，呈须根状。茎 1 条至多条，发自基生叶腋，具棱，常上部分枝。基生叶多数，莲座状，花期枯萎；茎生叶稍密集，下部叶具柄，上部叶近无柄。总状花序顶生和腋生。苞片披针形至长圆形，具短尖。花黄色至淡黄色，较粗大，平展。萼片近圆形，中央着生，边缘具齿。蒴果线形，念珠状。

产地与生境 在我国分布广泛，朝鲜北部、日本及俄罗斯远东地区也有分布。常见于林间空地、火烧迹地、林缘、河岸或多石坡地。

趣味文化 黄堇也叫断肠草，虽然看着不起眼，却有毒，千万别当野菜误食了！

用途 全草可入药，服后能使人畜中毒，但亦有清热解毒和杀菌虫的功能。

黄芦木

Berberis amurensis

🌿 无毒　　🌱 株高 2~3.5 米　　🌼 花期 4~5 月　　🍂 果期 8~9 月

● 小檗科小檗属　别名 / 大叶小檗、三棵针、狗奶子

识别特征 落叶灌木。老枝淡黄色或灰色。叶纸质，倒卵状椭圆形、椭圆形或卵形。总状花序，花黄色。浆果长圆形，红色。

产地与生境 产于黑龙江、吉林、辽宁、河北、内蒙古、山东、河南、山西、陕西、甘肃。生于海拔 1 100 ~ 2 850 米的山地灌丛中、沟谷、林缘、疏林中、溪旁或岩石旁。

趣味文化 花语代表着"善与恶"。这种植物由于叶片在某些情况下可能会危害农作物的生长，因此不受农民的喜爱。然而，它也是一种美味可口的果冻材料，并且可以从根部提炼出色素制成黄色染料。这种利害共存的特性使得黄芦木的花语具有了"善与恶"的双重寓意。

用途 根及茎枝均可入药，用于清热燥湿、解毒。观赏价值很高，可植于草坪角隅、树丛边缘、路边、石旁、池畔，也可作花篱、盆景和切花。种子还可榨油供工业使用，亦可保持水土。

火棘

Pyracantha fortuneana

● 无毒　● 株高 3 米　● 花期 3~5 月　● 果期 8~11 月

● 蔷薇科火棘属　别名 / 赤阳子、红子、救命粮

识别特征 常绿灌木。叶片倒卵形或倒卵状长圆形。叶柄短，无毛或嫩时有柔毛。花集成复伞房花序，花梗和总花梗近于无毛。萼筒钟状，无毛。萼片三角卵形，先端钝。花瓣白色，近圆形。子房上部密生白色柔毛。果实近球形，橘红色或深红色。

产地与生境 产于陕西、河南、江苏、浙江、福建、湖北、湖南、广西、贵州、云南、四川、西藏。生于山地、丘陵地阳坡灌丛草地及河沟路。

趣味文化 火棘也叫"救兵粮"，相传古代土家族一支军队战败后弹尽粮绝，士兵只得吃树上野果与追兵展开决战并取胜，为了感激野果的救难之恩，土家族人便把这种野果尊奉为"救兵粮"。

用途 我国西南各省区田边常见栽培作绿篱，果实磨粉可作代食品。

鸡麻

Rhodotypos scandens

🌿 无毒　💧 株高 0.5~2 米　🌸 花期 4~5 月　🍊 果期 6~9 月

● 蔷薇科鸡麻属　别名 / 白棣棠、三角草、山葫芦子

识别特征 落叶灌木。叶对生，卵形，叶柄被疏柔毛。单花顶生于新梢上，萼片大，卵状椭圆形，花瓣白色，倒卵形。核果。

产地与生境 产于辽宁、陕西、甘肃、山东、河南、江苏、安徽等地。生长于海拔 100~800 米的山坡疏林中及山谷林下。

用途 花叶清秀美丽，繁殖容易，观赏价值高，被广泛应用于园林绿化。根和果可入药，可用于治疗肾亏、血虚。

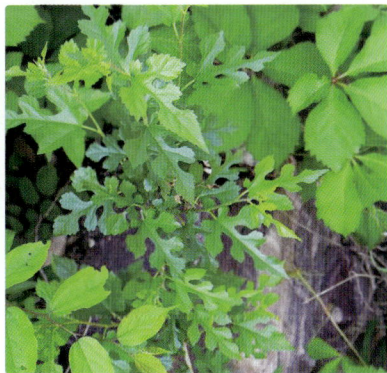

鸡桑

Morus australis

🌿 无毒　💧 株高可达 15 米　🌱 花期 3~4 月　🌰 果期 4~5 月

● 桑科桑属　别名 / 山桑、壓桑、小叶桑

识别特征 落叶灌木或小乔木。树皮灰褐色，冬芽大，圆锥状卵圆形。叶卵形，先端急尖或尾状，基部楔形或心形，边缘具粗锯齿，表面粗糙，密生短刺毛，背面疏被粗毛。穗状花序，花绿色。

产地与生境 产于辽宁以南，我国大部分湿润半湿润地区，东亚及南亚有分布。常生于海拔 500~1 000 米的石灰岩山地或林缘及荒地。

趣味文化 叶片与鸡爪的形状非常相似，故得名鸡桑。

用途 韧皮纤维可以造纸，果实成熟时味甜可食。

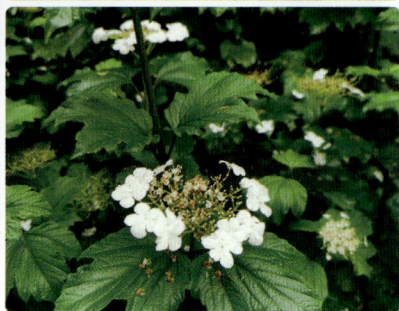

鸡树条

Viburnum opulus subsp. *calvescens*

🍃 无毒　🌿 株高 4 米　🌱 花期 5~6 月　🍂 果期 9~10 月

● 荚蒾科荚蒾属　别名 / 老鸦眼、天目琼花、鸡树条荚蒾

识别特征　落叶灌木。冬芽卵圆形，有柄，无毛。叶片轮廓圆卵形至广卵形或倒卵形，通常 3 裂，掌状，无毛，裂片顶端渐尖，边缘具不整齐粗锯齿。复伞形式聚伞花序，周围有大型的不孕花，总花梗粗壮，无毛，花生于第二至三级辐射枝上，花梗极短。花冠白色，辐状，花药黄白色，不孕花白色。果实红色，近圆形。

产地与生境　分布于黑龙江、吉林、辽宁、河北北部、山西、陕西南部、甘肃南部、河南西部、山东等地。生于溪谷边疏林下或灌丛中，海拔 1 000~1 650 米。

趣味文化　传说隋炀帝想看琼花，因而下令开凿运河。宋仁宗将琼花移至汴京御花园栽种，结果活不成，只好送回去。宋孝宗将琼花移栽至临安，也不成功，也送回扬州。这里的琼花指的就是鸡树条。

用途　枝叶可通经活络，解毒止痒。枝可用于风湿性关节炎，腰酸腿痛，跌打损伤；叶可外用治疮疖、癣、皮肤瘙痒；果能够止咳。

荠

Capsella bursa-pastoris

🚫 无毒　🌿 株高 10~50 厘米　🌸 花期 4~6 月　🔆 果期 4~6 月

● 十字花科荠属　别名 / 荠菜、菱角菜、地米菜

识别特征 一年或二年生草本。茎呈直立状态。基部叶丛生呈莲座状，基部小叶呈较长的羽毛状。总状花序顶生及腋生，小花的花柄等长，花瓣呈白色的卵形。果实呈倒三角形或倒心状三角形。

产地与生境 产于我国，全国各地均有分布或栽培。生长于田野、路边及庭院。

趣味文化 中国两部最古老的诗歌集《诗经·谷风》和《楚辞·悲回风》中都有荠的身影，以荠喻君子，表明君子志向高洁。荠象征着不畏严寒、隐忍低调不张扬。民间还一直流传着农历三月三吃荠菜花煮鸡蛋的习俗。

用途 药用价值很高，被誉为"菜中甘草"，《名医别录》中记载荠有和脾、利水、止血、明目的功效，常用于治疗产后出血、月经过多。

尖裂假还阳参

Crepidiastrum sonchifolium

🛡 无毒　🌱 株高 20~100 厘米　🌼 花期 3~5 月　🍂 果期 3~5 月

● 菊科假还阳参属　别名 / 苦蝶子、苦荬菜、抱茎苦荬菜

识别特征 二年生草本，第一年先长出茎叶，第二年长出茎枝、花序等。根状茎极短，茎单生，直立。基生叶呈莲座状，边缘有锯齿，中下部茎生叶呈长椭圆形。花序排成伞房或伞房圆锥花序，总苞圆柱形，舌状小花黄色。瘦果黑色。

产地与生境 分布于我国东北、华北，华东和华南等地区。通常生长于海拔 100~2 700 米的山坡或平原路旁。

趣味文化 黄色的花朵就如同天上的阳光，总给人一种光明和希望，而且黄色还是一种非常温暖的颜色，可以驱走寒冷和阴霾，代表的是强盛的生命力和不被困难所打倒的勇气，即使未来有困难和坎坷，我们依然勇往直前，笑对人生。

用途 全草可入药。除了能镇痛消炎、清热解毒外，还有活血、凉血的功效。同时它具有较强的抗肿瘤活性成分，被广泛应用于冠心病和心脑血管病的临床治疗。

接骨木

Sambucus williamsii

🌱 无毒　🌿 株高 5~6 米　🌼 花期 4~5 月　🍂 果期 9~10 月

● 荚蒾科接骨木属　别名 / 公道老、扦扦活、大接骨丹

识别特征 落叶灌木。茎无棱，多分枝，灰褐色，无毛。叶对生，单数羽状复叶。圆锥形聚伞花序顶生，边缘有较粗锯齿，两面无毛，花萼钟形，5 裂，裂片舌状；花冠辐射状，淡黄色。果实红色，极少蓝紫黑色，卵圆形或近圆形。

产地与生境 产于黑龙江、吉林、辽宁、河北、山西等地。生于海拔 540~1 600 米的山坡、灌丛、沟边、路旁、宅边等地。

趣味文化 接骨木首次出现在我国唐代《新修本草》记载中，《本草图经》中首次解释"接骨木"名称的由来，即"接骨以功而名"。

用途 茎枝可祛风、利湿、活血、止痛；根或根皮可用于治疗风湿关节痛、痰饮、水肿、泄泻、黄疸、跌打损伤、烫伤；叶可活血、行瘀、止痛，用于跌打骨折、风湿痹痛、筋骨疼痛；花可发汗、利尿。

芥叶蒲公英

Taraxacum brassicaefolium

🌱 无毒　　💧 株高 30~50 厘米　　🌿 花期 4~6 月　　🌰 果期 4~6 月

● 菊科蒲公英属　　别名 / 大叶蒲公英

识别特征 多年生草本。叶宽倒披针形或宽线形，似芥叶，羽状深裂或大头羽裂半裂。花葶数个，疏被蛛丝状柔毛，常为紫褐色。头状花序，总苞宽钟状。花序托有小卵形膜质托片。舌状花黄色，边缘花舌片背面具紫色条纹。瘦果倒卵状长圆形，淡绿褐色，冠毛白色。

产地与生境 产于黑龙江、吉林、辽宁、内蒙古东部、河北东部等地。生于河边、林缘及路旁。

用途 富含胡萝卜素、维生素 A、钙、铁、磷。全草可入药，可清热解毒、除湿利尿，用于治疗咽喉痛、痈肿、疔毒、乳痈、肺痈、肠痈、大头瘟等热毒壅盛者。嫩茎叶可以食用。经过洗净后可生食或炒食，做汤、凉拌均可。

金钟花

Forsythia viridissima

🌿 无毒　💧 株高 1~3 米　🌱 花期 3~4 月　🔆 果期 8~11 月

● 木犀科连翘属　别名 / 黄金条、单叶连翘、狭叶连翘

识别特征 落叶灌木。全株除花萼裂片边缘具睫毛外，其余均无毛。小枝具片状髓。叶片长椭圆形至披针形，稀近全缘，上面深绿色，下面淡绿色，两面无毛。花 1~4 朵着生于叶腋，先叶开放；花冠黄色。果卵形或宽卵形，基部稍圆，先端喙状渐尖，具皮孔。

产地与生境 产于江苏、安徽、浙江、江西、福建、湖北、湖南、云南西北部。除华南地区外，全国各地均有栽培。生于山地、谷地或河谷边林缘，溪沟边或山坡路旁灌木丛中，海拔 300~2 600 米。

趣味文化 花语代表着埋藏的爱。花朵先于叶开放，而生长在灌木丛中的金钟花，如果不开花，就很难寻觅到它的踪迹，就好像是被隐藏的爱一样，由此而衍生出了这个花语。

用途 可丛植于草坪、墙隅、路边、树缘、院内庭前等处，是春季良好的观花植物。

锦带花

Weigela florida

无毒　株高 1~3 米　花期 4~6 月

● 忍冬科锦带花属　别名 / 五色海棠、山脂麻、海仙花

识别特征 落叶灌木。树皮灰色。叶矩圆形、椭圆形至倒卵状椭圆形，长 5~10 厘米，边缘有锯齿，脉上毛较密。花紫红色或玫瑰红色，花冠漏斗状钟形。蒴果。

产地与生境 产于我国黑龙江、吉林、辽宁、内蒙古、山西、陕西、河南、山东北部、江苏北部等地，俄罗斯、朝鲜和日本也有分布。生丁海拔 100~1 450 米的杂木林下或山顶灌木丛中。

趣味文化 宋代范成大的《锦带花》中描述："妍红棠棣妆，弱绿蔷薇枝。小风一再来，飘飘随舞衣。吴下妖芳槛，峡中满荒陂。佳人堕空谷，皎皎白驹诗。"

用途 锦带花是东北、华北地区重要的观花灌木之一，其枝叶茂密，花色艳丽，花期可长达两个多月。

锦绣杜鹃

Rhododendron × pulchrum

🌿 无毒　💧 株高 1.5~2 米　🌱 花期 4~5 月　🍂 果期 9~10 月

（● 杜鹃花科杜鹃花属　别名 / 紫鹃、西洋鹃、皋月杜鹃）

识别特征 半常绿灌木。枝开展，淡灰褐色，被淡棕色糙伏毛。叶薄革质，椭圆状长圆形至椭圆状披针形或长圆状倒披针形。花芽卵球形，鳞片外面沿中部具淡黄褐色毛，内有黏质，花冠漏斗形，紫红色。

产地与生境 分布于我国江苏、浙江、江西、福建、湖北、湖南、广东和广西。

用途 成片栽植，开花时浪漫似锦、万紫千红，可增添园林的自然景观效果。也可在岩石旁、池畔、草坪边缘丛栽，增添气氛。盆栽摆放于宾馆、居室和公共场所，绚丽夺目。

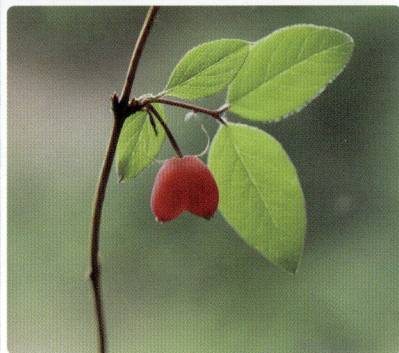

苦糖果

Lonicera fragrantissima var. lancifolia

🍃 无毒　🌱 株高 1~2 米　🌸 花期 1 月中旬至 4 月　🍂 果期 5~6 月

● 忍冬科忍冬属　别名 / 裤裆果、权八果、权权果

识别特征 半常绿或有时落叶灌木。叶厚纸质或带革质，卵形、椭圆形或卵状披针形，叶柄长 2~5 毫米，有刚毛。花先于叶或与叶同时开放，芳香，生于幼枝基部苞腋，苞片披针形至近条形，花冠白色或淡红色，唇形。果实鲜红色，矩圆形，部分连合。种子褐色，稍扁，矩圆形，有细凹点。

产地与生境 分布于山东和华南、华北地区。生于海拔 200~700 米的山坡灌丛中。

趣味文化 苦糖果两朵并蒂的花在结果时，形如短裤，故此果被戏称为裤裆果。文人因觉不雅，取其谐音，称其为"苦糖果"。

用途 果汁用于美容、美发，效果颇佳。茎叶及根可入药，可祛风除湿，清热止痛。苦糖果是很好的庭院美化观赏树种和蜜源植物，具有良好的观赏价值。

连翘

Forsythia suspensa

🛡 无毒　💧 株高 3 米　🌱 花期 3~4 月　☀ 果期 7~9 月

● 木樨科连翘属　别名 / 黄花杆、黄寿丹、青翘

识别特征 落叶灌木。枝开展或下垂，棕色、棕褐色或淡黄褐色，小枝土黄色或灰褐色，略呈四棱形，疏生皮孔，节间中空，节部具实心髓。果卵球形、卵状椭圆形或长椭圆形。

产地与生境 产于河北、山西、陕西、山东、安徽西部、河南、湖北、四川。生于山坡灌丛、林下或草丛中或山谷、山沟疏林中，海拔 250~2 200 米。

趣味文化 传说，岐伯和孙女在山上采药时中了毒，孙女连翘捋了身边的绿叶，在手里揉碎后塞进爷爷的嘴里，把绿叶咽下肚后岐伯逐渐恢复意识。岐伯研究发现这绿叶有清热解毒的作用，便将绿叶记入他的中药名录，取名为"连翘"。

用途 果实可入药，具清热解毒、消结排脓的功效，叶对治疗高血压、痢疾、咽喉痛等有疗效。适宜丛植、群植。

卵叶牡丹

Paeonia qiui

🚫 无毒　💧 株高 0.6~0.8 米　🌱 花期 4~5 月　☀️ 果期 7~8 月

● 芍药科芍药属

识别特征 落叶灌木。具地下茎，可进行营养繁殖。二回三出复叶，互生，小叶 9 枚。花单瓣，单生枝顶，粉色至粉红色。蓇葖果。种子黑色，有光泽。

产地与生境 分布于河南、湖北。生于海拔 1 000~2 000 米的崖壁上。

趣味文化 大多数牡丹都是繁密重叠的花瓣累累，相比起来，卵叶牡丹更显得清丽秀气。丰富了牡丹的表现形式，对于植物学考古有着非常高的价值意义。目前，卵叶牡丹最大的居群在陕西旬阳，且多限于悬崖上，是过度采挖的剩余个体。

用途 国家一级保护植物，多用于园林绿化。

麻叶绣线菊

Spiraea cantoniensis

🍃 无毒　💧 株高 1.5 米　🌸 花期 4~5 月　🍂 果期 7~9 月

● 蔷薇科绣线菊属　别名 / 石棒子、麻毯、麻叶绣球

识别特征　落叶灌木。小枝细瘦，圆柱形，呈拱形弯曲，幼时暗红褐色，无毛。冬芽小，卵形，先端尖，无毛，有数枚外露鳞片。叶片菱状披针形至菱状长圆形。伞形花序，花瓣白色。花柱顶生，常倾斜开展，具直立开张萼片。蓇葖果直立开张，无毛。

产地与生境　产于我国广东、广西、福建、浙江、江西，在河北、河南、山东、陕西、安徽、江苏、四川均有栽培，日本也有分布。喜温暖、阳光充足的环境，稍耐寒，较耐干旱，忌湿热。

趣味文化　耐寒、抗旱性较强，如果对其进行修剪，那么它又会很努力地长出新的枝叶来，依靠这种努力、顽强，它让美丽的花朵永存人间。

用途　庭院栽培供观赏，花序密集，花色洁白，早春盛开如积雪，甚是美丽。

马蔺

Iris lactea

🌿 无毒　📏 株高 10~30 厘米　🌱 花期 5~6 月　🍂 果期 6~9 月

● 鸢尾科鸢尾属　别名 / 马连、马兰花、旱蒲

识别特征 多年生草本。根状茎粗壮，茎光滑，草质，绿色。叶片基生，坚韧，灰绿色，条形或狭剑形，基部鞘状。苞片 3~5 枚，内包含有 2~4 朵花，花蓝色，花被上有较深色的条纹。蒴果。

产地与生境 产于我国吉林、内蒙古、青海、新疆、西藏，朝鲜、俄罗斯及印度等国家亦有分布。常生于荒地、路旁山坡草丛中。

趣味文化 蔺指茎中有髓的小草，因此得名"马蔺"。中国栽培马蔺已有 2 000 多年的历史，它代表着生机盎然、坚韧不拔和温馨浪漫。

用途 花淡雅美丽，开花时散发清香味，花期长，具有较高的观赏性。根系发达，是水土保持的理想材料。此外，马蔺还具有重要的药用、饲用和工业价值。叶是编制工艺品的原料，根可以制作刷子。

麦李

Prunus glandulosa

⊘ 无毒　🌱 株高 1.5~2 米　🌸 花期 3~4 月　🍂 果期 5~8 月

● 蔷薇科李属　别名 / 粉花麦李、白花重瓣麦李、粉花重瓣麦李

识别特征 落叶灌木。小枝灰棕色或棕褐色。叶片长圆披针形或椭圆披针形，边有细钝重锯齿，上面绿色，下面淡绿色，托叶线形。花单生或 2 朵簇生，花叶同开或近同开。花瓣白色或粉红色，倒卵形。雄蕊 30 枚，花柱稍比雄蕊长，无毛或基部有疏柔毛。核果。

产地与生境 产于我国陕西、河南、山东、江苏、安徽、浙江、福建、广东、广西、湖南、湖北、四川、贵州、云南，日本也有分布。生于山坡、沟边或灌丛中，也有庭院栽培，海拔800~2 300 米。

趣味文化 花语代表纯真、烂漫。白色花朵代表着对纯真、幸福美好生活的向往和追求；粉色花朵代表天真、烂漫、甜美、温柔，给人一种舒适的感觉。

用途 宜于草坪、路边、假山旁及林缘丛栽，也可作基础栽植、盆栽或切花材料。春季开花，秋季叶又变红，是很好的庭院观赏树。

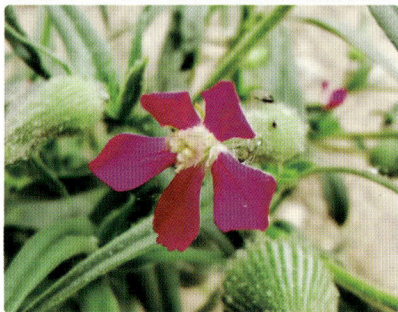

麦瓶草

Silene conoidea

🌿 无毒   📏 株高 25~60 厘米   🌱 花期 5~6 月   🍂 果期 6~7 月

● 石竹科蝇子草属   别名 / 米瓦罐、净瓶、面条菜

识别特征 一年生草本。茎丛生。基生叶匙形，茎生叶长圆形或披针形，基部楔形，两面被短柔毛，具缘毛。二歧聚伞花序具数花，花直立；花瓣粉红色至花红色，爪不伸出花萼，窄披针形。蒴果梨状。

产地与生境 国内产于黄河流域和长汀流域各省区，西至新疆和西藏；国外广布亚洲、欧洲和非洲。常生于麦田中或荒地草坡。

趣味文化 在冬季和小麦地、油菜地里面，有一种叶片长长尖尖的野草，像面条一样，它的花特别像一个瓶子，这种野草叫面条菜，即麦瓶草。

用途 食用部位为肥嫩的叶片和幼茎，味甜鲜美，富含维生素、氨基酸和人体所需的多种矿物质，营养丰富。全草可入药，性凉，可清热养阴、润肺止咳、凉血和血、止血调经。

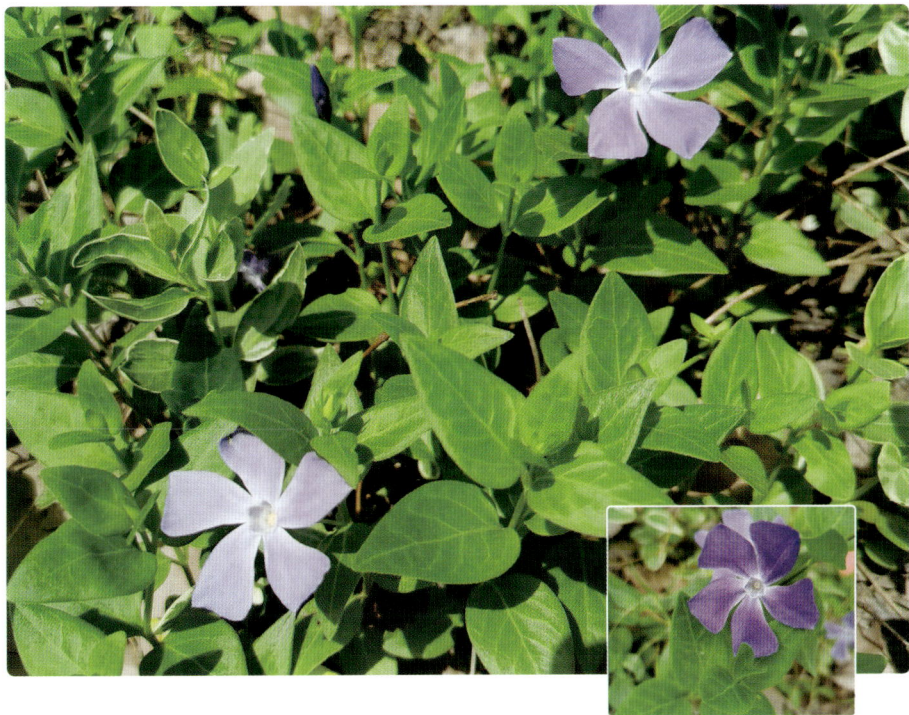

蔓长春花

Vinca major

🍃 无毒　✂ 株高 1 米　🌱 花期 3~5 月

● 夹竹桃科蔓长春花属　　别名 / 长春蔓、卵叶常春藤、攀缠长春花

识别特征 蔓性半灌木。茎偃卧，花茎直立。除叶缘、叶柄、花萼及花冠喉部有毛外，其余均无毛。叶椭圆形，叶柄长 1 厘米。花单朵腋生，花萼裂片狭披针形，花冠蓝色，花冠筒漏斗状，花冠裂片倒卵形，先端圆形。蓇葖果平展，长约 5 厘米。

产地 产于地中海沿岸及美洲，印度国也有分布；我国江苏、浙江和台湾等省份均有栽培。适应性强，喜半阴、湿润的环境和肥沃的沙性土壤，也可在全光照下生长，耐旱，耐寒。

趣味文化 蔓长春花的"蔓"字源于其四处蔓延的茎，茎节上不断长出根插入土地，想要拔起一棵蔓长春花，可是一件相当困难的事，因为茎节上长出的根在地面组成了强韧、致密、坚不可摧的大网。

用途 有着较强的生命力，是一种地被植物。花色绚丽，有着较高的观赏价值。全草可入药，蔓含长春胺，能改善脑供氧和扩张脑血管。

毛地黄鼠尾草

Salvia digitaloides

⚠ 全株有毒　　💧 株高 30~60 厘米　　🌼 花期 4~6 月

● 唇形科鼠尾草属　别名 / 银紫丹参、白元参、玉名喇叭

识别特征 多年生直立草本。茎密被长柔毛。叶通常为基出叶，长圆状椭圆形，先端钝或圆形，基部圆形，边缘具圆齿，坚纸质，上面深绿色，被疏柔毛，下面微皱，密被白色短茸毛。轮伞花序每组含 4~6 朵小花，3~8 组组成总状花序，花梗与序轴密被长柔毛。花萼钟形，花冠黄色，外面被小疏柔毛。小坚果灰黑色，倒卵圆形，腹面具棱，光滑。

产地与生境 产于云南西北部。生于松林下荫燥地或旷坡草地上，海拔 2 500~3 400 米。

趣味文化 因花、叶形似毛地黄，因此得名"毛地黄鼠尾草"。

用途 叶片可凉拌食用；茎叶和花可泡茶饮用，清净体内油脂，帮助循环，养颜美容。可作盆栽，用于花坛、花境和园林景点的布置。

毛叶吊钟花

Enkianthus deflexus

⚠ 全株有毒　🍃 株高 3~7 米　🌐 花期 4~7 月　🕐 果期 6~10 月

● 杜鹃花科吊钟花属　别名 / 小丁木

识别特征 落叶灌木或小乔木。小枝及芽鳞红色，幼时被短柔毛，老枝暗红色。叶互生，叶片椭圆形、倒卵形或长圆状披针形，薄纸质，边缘有细锯齿，背面疏被黄色柔毛。叶柄红色，被短茸毛。花多数排成总状花序，连同花梗密被锈色茸毛。萼片披针状三角形，具缘毛。花冠宽钟形，带黄红色，具较深色的脉纹。蒴果卵圆形。

产地与生境 产于湖北、四川、西藏等地。生于海拔 1 400~3 700 米的疏林下或灌丛中。

趣味文化 "风起瑶钟舞青翠，春萌玉盏暗香开"，毛叶吊钟花花朵非常美丽，花型十分奇特，叶片褐红色，花朵多成束，好似铃铛垂挂，妩媚动人。

用途 我国珍稀高山野生花卉，叶可入药，用于治疗跌打损伤。

毛樱桃

Prunus tomentosa

🌿 无毒　　💧 株高 0.3~3 米　　🌱 花期 4~5 月　　🍂 果期 6~9 月

● 蔷薇科李属　别名 / 樱桃、山豆子、梅桃

识别特征 落叶灌木，稀呈小乔木状。小枝紫褐色或灰褐色，嫩枝密被茸毛至无毛。冬芽卵形，疏被短柔毛或无毛。叶片卵状椭圆形或倒卵状椭圆形，边有急尖或粗锐锯齿。花单生或 2 朵簇生，花叶同开，近先叶开放或先叶开放；萼筒管状或杯状，外被短柔毛或无毛；花瓣白色或粉红色，倒卵形，先端圆钝。核果近球形，红色。

产地与生境 产于黑龙江、吉林、辽宁、内蒙古、河北、山西、陕西、甘肃、宁夏、青海、山东、四川、云南、西藏。生于山坡林中、林缘、灌丛中或草地，海拔 100~3 200 米处。

趣味文化 花语为乡愁。花径不足 1 厘米，白色，和樱花、桃花比起来花较小，朴实无华。花虽不鲜艳，但蕴含着浓浓的乡土气息，引起人们对故乡的思念。

用途 果实微酸甜，可鲜食及酿酒。种仁含油率达 43% 左右，可用于制作肥皂及润滑油。

莓叶委陵菜

Potentilla fragarioides

🔵 无毒　💧 株高达 25 厘米　🌱 花期 4~6 月　🍂 果期 6~8 月

● 蔷薇科委陵菜属　别名 / 雉子筵、毛猴子

识别特征 多年生草本。根极多，簇生。花茎多数，丛生，上升或铺散。基生叶羽状复叶，叶柄被开展疏柔毛，小叶有短柄或几无柄。伞房状聚伞花序顶生，多花，疏散。花梗纤细，花瓣黄色，倒卵形。瘦果。

产地与生境 分布于我国黑龙江、吉林、辽宁、内蒙古、河北、山西、陕西、甘肃、山东、河南等地，日本、朝鲜、蒙古、俄罗斯等国家均有分布。生长在海拔 350~2 400 米的地边、沟边、草地、灌丛及疏林下。

趣味文化 因叶片似草莓叶，故名"莓叶委陵菜"。

用途 味苦，具有祛湿、止泻、杀虫止痒的作用。在园林中常作为地被植物使用，具有美化绿化价值。

美国皂荚

Gleditsia triacanthos

⚠ 树皮、树冠、种子等部位有毒

🌀 株高可达 45 米   🌼 花期 4~6 月   🍂 果期 10~12 月

● 豆科皂荚属   别名 / 三刺皂荚、金叶皂荚

识别特征 落叶乔木或小乔木。树皮灰黑色，叶为一回或二回羽状复叶。花黄绿色，花序常单生，单生或数朵簇生组成总状花序，与雄花序近等长，子房被灰白色茸毛。荚果。

产地与生境 原产美国，在我国上海的公园和植物园有栽培。常生于溪边和低地潮湿肥沃的土壤上，而较少生于干燥瘠薄的沙砾山丘上，多单株生长，偶尔成片。

趣味文化 美国皂荚被视为繁荣、富饶的标志之一，有"黄金花园之树"的美称，因其金黄色的树叶在秋季很容易使人想起丰收季节的金色稻穗、田野麦浪，象征着人们过上富足的生活和享受收成的愉悦。

用途 木材坚硬耐用，可用于制作高档家具、地板、器具等。叶片和嫩枝含有一定的药用功效，可用于治疗咳嗽、发热。种子则可用于制作食物和饮料添加剂。

米口袋

Gueldenstaedtia verna

🌿 无毒　🌱 株高 4~20 厘米　🌼 花期 5 月　🍂 果期 6~7 月

● 豆科米口袋属　别名 / 洱源米口袋、地丁多花米口袋、少花米口袋

识别特征 多年生草本。羽状复叶，托叶三角形，基部合生，分茎短，具宿存托叶。花冠紫红色，花萼钟状，被白色疏柔毛，萼齿披针形。种子圆肾形，具浅凹点。

产地与生境 产于我国东北、华北、华东、陕西中南部、甘肃东部等地区，印度、俄罗斯等国也有分布。一般生于海拔 1 300 米以下的山坡、路旁、田边等。

趣味文化 因其荚果呈圆筒状，内含很多细小种子，犹如盛米的口袋，故名"米口袋"。

用途 根含有大量淀粉，可以酿酒。全草富含膳食纤维，可以采嫩苗叶焯熟，水浸净后，油盐调味后食用。带根全草可入药，味苦、辛、寒，可以清热解毒，治疗疗疮痈肿、急性阑尾炎、化脓性炎症等。

棉花柳

Salix × leucopithecia

🌿 无毒　🌱 株高 5 米　🌼 花期 3~4 月　☀ 果期 7~8 月

● 杨柳科柳属　别名 / 银芽柳、银柳

识别特征 落叶灌木。树皮灰色。小枝淡黄至褐色，无毛，嫩枝有短茸毛。叶倒卵形，长圆状倒卵形，先端短渐尖，基部楔形，边缘有细锯齿，上面绿色，下面密被茸毛，有光泽，中脉淡褐色。花雌雄异株，花芽肥大，每芽有一紫红色的苞片，冬季先花后叶，柔荑花序，苞片脱落后，即露出银白色的花芽。

产地与生境 产于长江以南各省份，常见于溪边、湖畔和河岸等临水处。

趣味文化 棉花柳象征意义是团聚、财源兴旺。

用途 主要剪切其带花芽的枝条进行观赏应用，是中国民间冬季传统的插花花材；叶片低矮，生长速度快，满树花朵馥郁芳香，为园林提供罕见的银白色景观，可做观赏树及背景树；还是很好的造林、防风、固沙树种。

牡丹

Paeonia × suffruticosa

🌿 无毒　🌱 株高 0.2~2 米　🌼 花期 5 月　🌙 果期 6 月

● 芍药科芍药属　别名 / 鼠姑、鹿韭、白茸

识别特征 落叶灌木。分枝短而粗。叶通常为二回三出复叶，表面绿色，无毛，背面淡绿色，有时具白粉。花单生枝顶，苞片 5 枚，长椭圆形；花瓣 5 枚或重瓣，玫瑰色、红紫色、粉红色至白色，通常变异很大，倒卵形，顶端呈不规则的波状。蓇葖果长圆形，密生黄褐色硬毛。

产地与生境 主要分布于黄河中、下游地区，包括河南、山东、河北、山西等省份，分布中心在山东菏泽、河南洛阳和北京，早已引种到国外。喜温暖、凉爽、干燥、阳光充足的环境。适宜在疏松、深厚、肥沃、地势高燥、排水良好的中性沙壤土中生长。

趣味文化 唐代诗人白居易的"花开花落二十日，一城之人皆若狂"和刘禹锡的"唯有牡丹真国色，花开时节动京城"，正是东都洛阳牡丹品赏习俗的生动写照。在清代末年，牡丹就曾被当作中国的国花。1985 年 5 月牡丹被评为"中国十大名花"之一。

用途 牡丹色、姿、香、韵俱佳，花大色艳，花姿绰约，韵压群芳，观赏价值高。牡丹的形象还被广泛应用于传统艺术中，如刺绣、绘画、印花、雕刻等。牡丹鲜花瓣可做牡丹羹，还可蒸酒。以根皮入药，常用于凉血祛瘀。

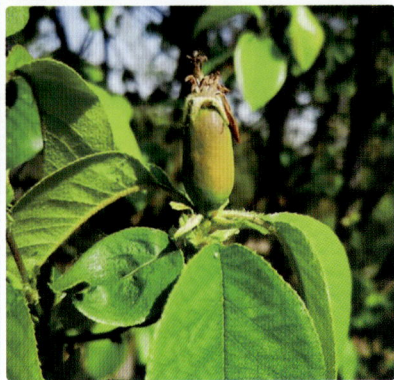

木瓜海棠

Chaenomeles cathayensis

🌿 无毒　💧 株高 6 米　🌱 花期 3~5 月　🍂 果期 9~10 月

● 蔷薇科木瓜海棠属　别名 / 木桃、木瓜、木瓜花

识别特征 落叶灌木或小乔木。枝条具短枝刺，冬芽三角状卵圆形。叶椭圆形、披针形至倒卵状披针形。花先叶开放，花瓣淡红或白色，倒卵形或近圆形。果卵球形或近圆柱形。

产地与生境 分布于陕西、甘肃、江西、湖北、湖南、四川、云南、贵州、广西。多生于山坡、林边、道旁。

趣味文化 陆游曾用"碧鸡海棠天下绝，枝枝似染猩猩血。蜀姬艳妆肯让人，花前顿觉无颜色"的诗句来描绘木瓜海棠花色的娇艳。

用途 果实可入药，有驱风、顺气、舒筋、止痛的功效，经蒸煮可作蜜饯。适合在庭院、路边绿化带、草坪等处栽培。

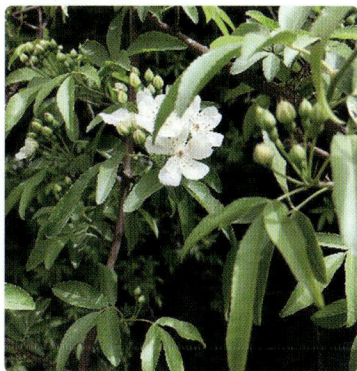

木香花

Rosa banksiae

🌿 无毒　🌱 株高可达 6 米　🌼 花期 4~5 月　🍂 果期 9~10 月

● 蔷薇科蔷薇属　别名 / 金樱、木香、七里香

识别特征 攀缘小灌木。小枝无毛，有短小皮刺；老枝皮刺较大。小叶 3~5 枚，稀 7 枚，椭圆状卵形或长圆状披针形，有紧贴细锯齿，上面无毛，下面淡绿色。小叶柄和叶轴有稀疏柔毛和散生小皮刺。花小型，白色，多朵组成伞形花序。

产地与生境 产于印度，分布于我国西南部。生长在凉爽的平原和丘陵地区。

趣味文化 名为《木香》的诗中描述："花似繁星插满头，攀到高处显风流。身如香妃惹人醉，倜傥乾隆解千愁。"

用途 观赏类植物，在城市中的分布广泛，对城市的绿化、美化做出重要贡献。

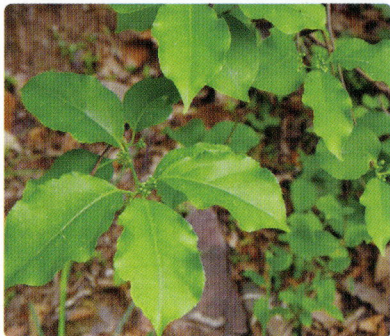

南蛇藤

Celastrus orbiculatus

🌿 无毒　📏 株高 3 米　🌱 花期 5~6 月　⚡ 果期 7~10 月

● 卫矛科南蛇藤属　别名／生地、金红树、过山枫

识别特征 藤状落叶灌木。小枝光滑无毛，灰棕色或棕褐色，具稀而不明显的皮孔。腋芽小，卵状至卵圆状。叶通常阔倒卵形、近圆形或长方椭圆形，长 5~13 厘米，宽 3~9 厘米，先端圆阔，具有小尖头或短渐尖，基部阔楔形至近钝圆形，边缘具锯齿，两面光滑无毛或叶背脉上具稀疏短柔毛，侧脉 3~5 对；叶柄细长 1~2 厘米。

产地与生境 除中国以外，还分布于俄罗斯、朝鲜、日本。生长于海拔 450 ～ 2 200 米的山坡灌丛。

趣味文化 作为药的名称有：金银柳（《盛京通志》），金红树、果山藤（《中国植物名录》），药狗旦子（《中国植物名录》），蔓性落霜红（《中国树木分类学》），过山风、挂廊鞭、香龙草（《中国药植志》），穷搅藤、老石棵子（《东北药植志》）。

用途 可治疗风湿骨痛，又被称为毒蛇克星。

尼泊尔黄堇

Corydalis hendersonii

⚠ 有毒　🌱 株高 5~8 厘米　🌸 花期 3~5 月　🌰 果期 6~9 月

● 罂粟科紫堇属　别名 / 日根、日贵、来棍

识别特征 多年生草本。丛生，植株肉质而易脆裂。基部常环生枯朽的老叶，叶柄几与叶片等长，薄而扁平。叶片卵圆形至三角形，三回三出全裂，末回裂片线状长圆形。总状花序具 3~6 朵花，伞房状。苞片扇形，多裂，边缘具缘毛。花黄色，直立，仅顶端伸出叶和苞片之外。外花瓣宽展，菱形，具急尖。蒴果长圆形，成熟时俯垂，藏于苞片中。

产地与生境 产于新疆西部、青海西部、西藏中部至西部。生于海拔 4 200~5 200 米的河滩地或流石滩。

用途 一种珍稀濒危藏药材，具有较高的药用价值和经济价值，可清热解毒、降血压。

牛叠肚

Rubus crataegifolius

⊘ 无毒　🌿 株高 1~3 米　🌱 花期 5~6 月　🌰 果期 7~9 月

● 蔷薇科悬钩子属　别名 / 野婆婆头、牛迭肚、篷蘽

识别特征 直立落叶灌木。枝具沟棱，幼时被细柔毛，老时无毛，有微弯皮刺。单叶，卵形至长卵形，叶柄长 2~5 厘米，疏生柔毛和小皮刺，托叶线形，几乎无毛。花数朵簇生或成短总状花序，常顶生，花萼有柔毛，果期近无毛，萼片卵状三角形或卵形，先端渐尖。花瓣椭圆形或长圆形，白色。果近球形，成熟时暗红色。

产地与生境 产于我国黑龙江、辽宁、吉林、河北、河南、山西、山东、朝鲜、日本、俄罗斯远东地区也有分布。生于向阳山坡灌木丛中或林缘，常在山沟、路边成群生长。

趣味文化 果实被称为托盘果，老人们经常给孩子们摘着吃，是中国东北、华北等地区的乡间野果。

用途 果酸甜，可生食，制果酱或酿酒。全株含单宁，可提取栲胶。茎皮含纤维，可作造纸及制纤维板原料。果和根可入药，补肝肾，祛风湿。

牛奶子

Elaeagnus umbellata

🛡 无毒　💧 株高 12 米　🌱 花期 4~5 月　🐿 果期 7~8 月

● 胡颓子科胡颓子属　别名 / 甜枣、剪子果、秋胡颓子

识别特征 落叶直立灌木。叶纸质或膜质，椭圆形至卵状椭圆形或倒卵状披针形。花较叶先开放，黄白色，芳香，密被银白色盾形鳞片。果实几近球形或卵圆形，幼时绿色，被银白色或有时全被褐色鳞片，成熟时红色。

产地与生境 分布于我国华北、华东、西南各省区和陕西、甘肃、青海、宁夏、辽宁、湖北，日本、朝鲜、印度、尼泊尔、不丹、阿富汗、意大利等国家均有分布。生长在海拔 20~3000 米的亚热带和温带地区。

趣味文化 枝、果实、叶片都会流淌出像牛奶一样的白色乳汁，所以称为牛奶子。

用途 果实可生食，制果酒、果酱等。果实、根和叶亦可入药，亦是观赏植物。

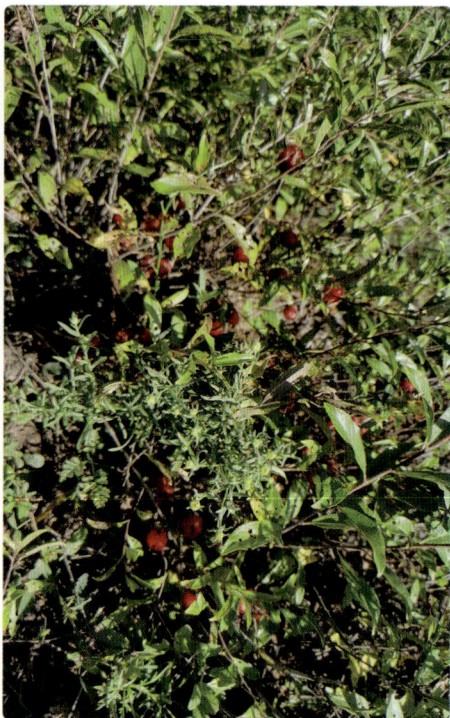

欧李

Prunus humilis

🛇 无毒　　💧 株高 40~150 厘米　　🌐 花期 4~5 月　　🌿 果期 6~10 月

● 蔷薇科李属　　别名 / 钙果

识别特征 落叶灌木。树皮灰褐色，小枝被柔毛。叶互生，长圆形或椭圆状披针形。花与叶同时开放，单生或并生，花瓣白色或粉红色。核果近球形，熟时鲜红色或橘黄色。

产地与生境 分布在河北、辽宁、吉林、黑龙江、内蒙古、河南、山东、江苏、四川等地。常生于向阳山坡、石隙及路旁灌木丛。

趣味文化 欧李在清朝时期备受皇室青睐，康熙皇帝自幼便对欧李情有独钟，甚至曾特派遣人员为其在皇宫内种植。因此欧李被誉为"贡果"，专供皇室享用。欧李不仅受到皇家的喜爱，也赢得了文人的赞美。如乾隆皇帝就曾为欧李赋诗赞曰："开窗西向爽来轻，玉李坡陈一带横"。

用途 种子可入药，味辛、苦、甘、平；归脾、大肠、小肠经。果实味道鲜美、营养丰富，是加工果汁的优质原料。也可作盆景或用于庭院绿化。

蓬蘽

Rubus hirsutus

🍃 无毒　🌿 株高 1~2 米　🌱 花期 4 月　🍂 果期 5~6 月

● 蔷薇科悬钩子属　别名 / 三月泡、割田藨、蓬藟

识别特征　落叶灌木。枝红褐色或褐色。小叶卵形或宽卵形，顶端急尖，顶生小叶顶端常渐尖，基部宽楔形至圆形。托叶披针形或卵状披针形。花白色，常单生于侧枝顶端，也有腋生。果实近球形，无毛。

生境　生于海拔达 1 500 米的山坡路旁阴湿处或灌丛中。

趣味文化　《本草纲目》中曾有过这种植物的记录："《尔雅》所谓山莓，陈藏器《本草》所谓悬钩子者也。一种就地生蔓，长数寸，开黄花，结实如覆盆而鲜红，不可食者，本草所谓蛇莓也。"

用途　具有较强的净化空气和隔音降噪功能。果实与叶片均具有一定的经济价值，可鲜食或作药用、食用原料。

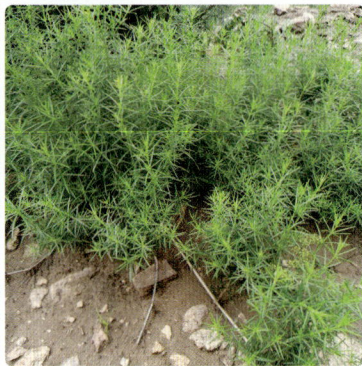

蓬子菜

Galium verum

🌿 无毒　🌱 株高可达 45 厘米　🌼 花期 4~8 月　🍂 果期 5~10 月

（● 茜草科拉拉藤属　别名／铁尺草、月经草、黄牛尾）

识别特征 多年生草本。叶纸质，6~10 片轮生，线形，上面无毛，稍有光泽，下面有短柔毛，稍苍白，无柄。聚伞花序较大，多花，总花梗密被短柔毛，花小，稠密，萼管无毛，花冠黄色，辐状，无毛。

产地与生境 分布于我国东北、西北至长江流域。生于山坡草丛及荒土中。

趣味文化 传说，耶稣即将诞生时，圣母玛利亚在伯利恒的马槽使用黄蓬子菜等干草做了铺垫，所以也被称为"摇篮草"。蓬子菜有一种香味，过去常被妇女用作床垫填充物。

用途 全草可入药，有利胆作用。新鲜植物汁液或煎剂，外用可治皮疹。叶片可食用。烘烤过的种子是咖啡代用品。产自花茎的黄色染料是一种食品着色剂。

朴树

Celtis sinensis

🔵 无毒　🌿 株高 20 米　🌱 花期 3~4 月　🌰 果期 9~10 月

● 大麻科朴属　别名 / 黄果朴、紫荆朴、小叶朴

识别特征 落叶乔木。树皮灰色，平滑。叶互生，革质，卵形或椭圆形。花杂性，同株，黄绿色。核果，果实近球形，成熟时为黄或橙黄色。

产地 产于山东、河南、江苏、安徽、浙江、福建、江西、湖南、湖北、四川、贵州、广西、广东、台湾。多生于路旁、山坡、林缘，海拔 100~1500 米。

趣味文化 《诗经·大雅·棫朴》中曾描述："芃芃棫朴，薪之槱之。"棫朴就是朴树，最早的朴树之名就源于此处。

用途 树皮和根皮能祛风透疹、消食化滞，果实清热利咽，叶具有清热、凉血、解毒的功效，根茎可制成人造棉，果实可压榨出润滑油，枝干可做成各种家具。另外，茎皮也可以制作人造纤维。

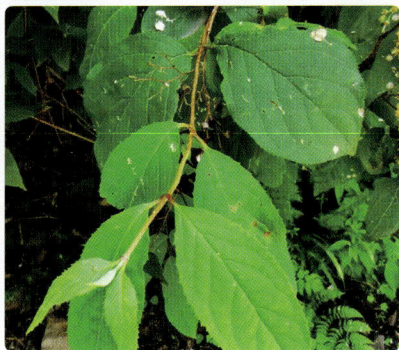

琼花

Viburnum keteleeri

🌿 无毒　🌱 株高 3 米　🌼 花期 4 月　🍂 果期 9~10 月

● 荚蒾科荚蒾属　别名 / 聚八仙花、蝴蝶花、牛耳抱珠

识别特征 落叶或半常绿灌木。叶临冬至翌年春季逐渐落尽，纸质，卵形至椭圆形或卵状矩圆形。聚伞花序仅周围具大型的不孕花，裂片倒卵形或近圆形，顶端常凹缺；可孕花的萼齿卵形，长约 1 毫米，花冠白色，辐状，裂片宽卵形，长约 2.5 毫米，筒部长约 1.5 毫米，雄蕊稍高出花冠。果实红色而后变黑色，椭圆形。

产地与生境 产于江苏南部、安徽西部、浙江、江西西北部、湖北西部及湖南南部。生于丘陵、山坡林下或灌丛中。

趣味文化 花瓣像白玉一般，寓意着完美的爱情。在古代字典中琼指的是美玉，文化价值高，还寓意着高洁淡雅。

用途 叶、枝、茎、果均可入药，具有通经络、解毒止痒、清热消炎的功效。

球菊

Epaltes australis

⚠ 微毒　💧 株高 20~30 厘米　🌱 花期 3~6 月　🌿 果期 9~11 月

● 菊科球菊属　别名 / 鹅不食草

识别特征 一年生草本。茎枝铺散或匍匐状，有细沟纹，无毛或被疏粗毛。叶片倒卵形或倒卵状长圆形，基部长渐狭，顶端钝，稀有短尖，边缘有不规则的粗锯齿，中脉在上面明显，在下面略凸起，极细弱，网脉不明显。头状花序多数，扁球形，无或有短花序梗，侧生，单生或双生。花红色、白色、粉色等。总苞半球形，苞片绿色，干膜质，无毛。瘦果近圆柱形，有疣状突起，顶端截形，基部常收缩，且被疏短柔毛。

产地与生境 广布于我国福建、广东、广西及云南等省区，印度、泰国、马来西亚等国家也有分布。生于旱田中或旷野沙地上。

用途 全草可入药，治跌打损伤、赤眼肿痛，常用于花坛、花境。

忍冬

Lonicera japonica

🟣 无毒　🔵 株高 30~100 厘米　🌱 花期 4~6 月（秋季也常开花）　🟠 果期 10~11 月

● 忍冬科忍冬属　别名 / 金银花、金银藤、银藤

识别特征 直立灌木或矮灌木，很少呈小乔木状，有时为缠绕藤本，落叶或常绿。小枝髓部白色或黑褐色，枝有时中空，老枝树皮常作条状剥落。叶对生，纸质、厚纸质至革质，全缘，极少具齿或分裂。花通常成对生于腋生的总花梗顶端，简称"双花"，或花无柄而呈轮状排列于小枝顶。果圆形，熟时蓝黑色。

产地与生境 我国有 98 种，广泛分布于全国各省区，日本和朝鲜也有分布。生于山坡灌丛或疏林中、乱石堆、路旁及村庄篱笆边，海拔最高达 1 500 米。

趣味文化 忍冬纹，一种瓷器装饰纹样，以忍冬植物为主题。忍冬亦称金银花，枝叶缠绕，忍受严寒而不凋萎，因而得名。因它越冬而不死，所以被大量运用在佛教中，比作人的灵魂不灭、轮回永生。以后又广泛用于绘画和雕刻等艺术品的装饰上。

用途 忍冬既是一种具有悠久历史的常用中药，又具有较高的观赏价值，可用于庭院绿化、公园景观和盆栽观赏。

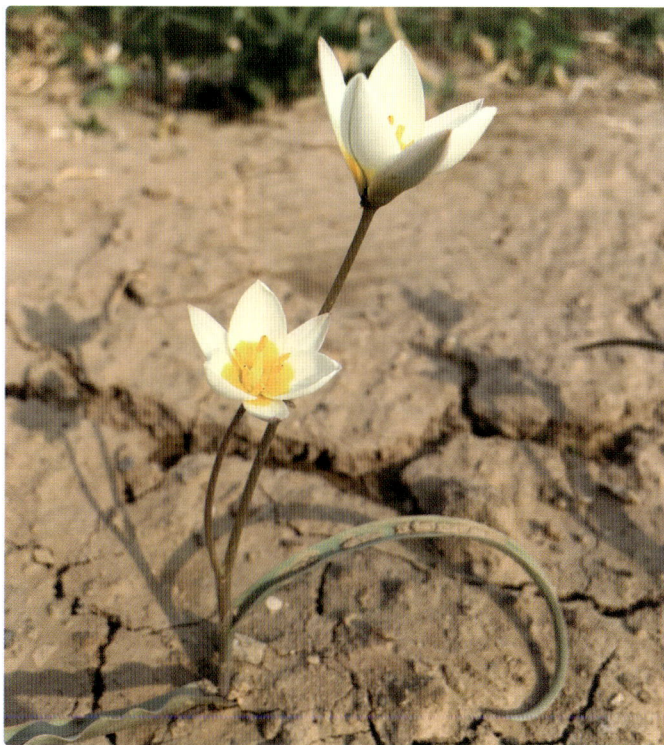

柔毛郁金香

Tulipa biflora

⚠ 全株有毒　🖊 株高 10~15 厘米　🌱 花期 4~5 月　🍂 果期 4~6 月

● 百合科郁金香属　别名 / 准噶尔郁金香

识别特征 多年生草本。鳞茎皮纸质，茎通常无毛，叶条形。花单朵顶生，花被片鲜时乳白色，干后淡黄色，基部鲜黄色，外花被片背面紫绿色或黄绿色，花丝基部有毛，花药先端有黄色或紫黑色短尖。蒴果。

产地与生境 产于我国新疆北部和西部，在伊朗和俄罗斯中亚地区也有分布。生于平原、荒漠或低山草坡。

趣味文化 在新疆北部沙漠里见到柔毛郁金香，白色花瓣，黄色花蕊，外形犹如莲花。沙漠中一片荒芜，几乎看不到任何生命迹象，柔毛郁金香却像一朵朵绽放的白莲，异常美丽。

用途 柔毛郁金香对荒漠环境的水土保持和环境修复具有重要作用，还是早春植物中开花较早的蜜源植物。

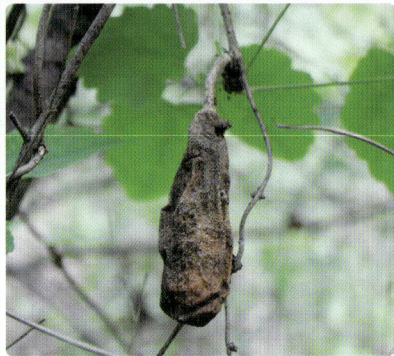

三叶木通

Akebia trifoliata

🔵 无毒   🌱 花期 4~5 月   🟠 果期 7~8 月

● 木通科木通属   别名 / 八月瓜、八月炸、八月楂

识别特征 落叶木质藤本。茎皮灰褐色。叶柄直，小叶 3 片，纸质或薄革质，卵形至阔卵形。总状花序自短枝上簇生叶中抽出，淡紫色，阔椭圆形或椭圆形。果长圆形，成熟时灰白略带淡紫色。

产地与生境 分布于我国河北、山西、山东、河南、陕西南部、甘肃东南部至长江流域各省区，日本也有分布。生于海拔 250~2 000 米的山地沟谷边疏林或丘陵灌丛中。

趣味文化 三叶木通在不同的地区有着不同的别称，如"八月瓜""八月炸""八月楂"等，这些别称往往与当地的民俗文化和地理环境紧密相关。例如，"八月瓜"这一别称，形象地描述了三叶木通果实成熟后裂开的样子，同时也与果实成熟的时间（八月）相吻合。

用途 果、根、茎、种子均可入药，特别是果实，具有美容抗癌作用，临床表明，坚持服用对糖尿病有明显的缓解作用。

三叶委陵菜

Potentilla freyniana

🗸 无毒　🗸 株高 8~25 厘米　🗸 花期 3~6 月　🗸 果期 3~6 月

● 蔷薇科委陵菜属　别名 / 三张叶、三爪金、地蜘蛛

识别特征　多年生草本。具纤细或不明显的葡匐茎。根多分枝，丛生。纤细的花茎，直立或上升。叶柄平展或浓密开展，具长柔毛。花瓣淡黄色，长圆倒卵形，顶端微凹或圆钝。成熟瘦果卵球形，直径 0.5~1 毫米，表面有显著脉纹。

产地与生境　产于黑龙江、吉林、辽宁、河北、山西、山东、陕西、甘肃、湖北、湖南等地，生于山坡草地、溪边及疏林下阴湿处，海拔 300~2 100 米。

趣味文化　历史上多次被记录在草药书上，如《浙江民间常用草药》《四川常用中草药》。

用途　根或全草可入药，清热解毒，散瘀止血，用于骨髓炎、毒蛇咬伤、跌打损伤、外伤出血等，对金黄色葡萄球菌有抑制作用。

山核桃

Carya cathayensis

🌿 无毒　　🌱 株高 10~20 米　　🌿 花期 4~5 月　　🍂 果期 9 月

● 胡桃科山核桃属　　别名 / 小核桃、山蟹、野漆树

识别特征 乔木落叶。树皮平滑，灰白色，光滑。奇数羽状复叶，具细锯齿，侧生小叶披针形或倒卵状披针形，先端渐尖，基部楔形或稍圆。穗状花序直立，花序轴密被腺鳞，具 1~3 雌花。果倒卵圆形，密被橙黄色腺鳞。

产地与生境 产于我国浙江和安徽。常生于山麓疏林中或腐殖质丰富的山谷，海拔 400~1 200 米。

趣味文化 元朝末年，刘伯温劝朱元璋在千亩田招兵买马灭元，而山核桃就是军粮，所以山核桃也被称为"大明果"。

用途 果仁味美可食，也可用以榨油，其油芳香可口，供食用。果壳可制活性炭。木材坚韧，为优质用材。

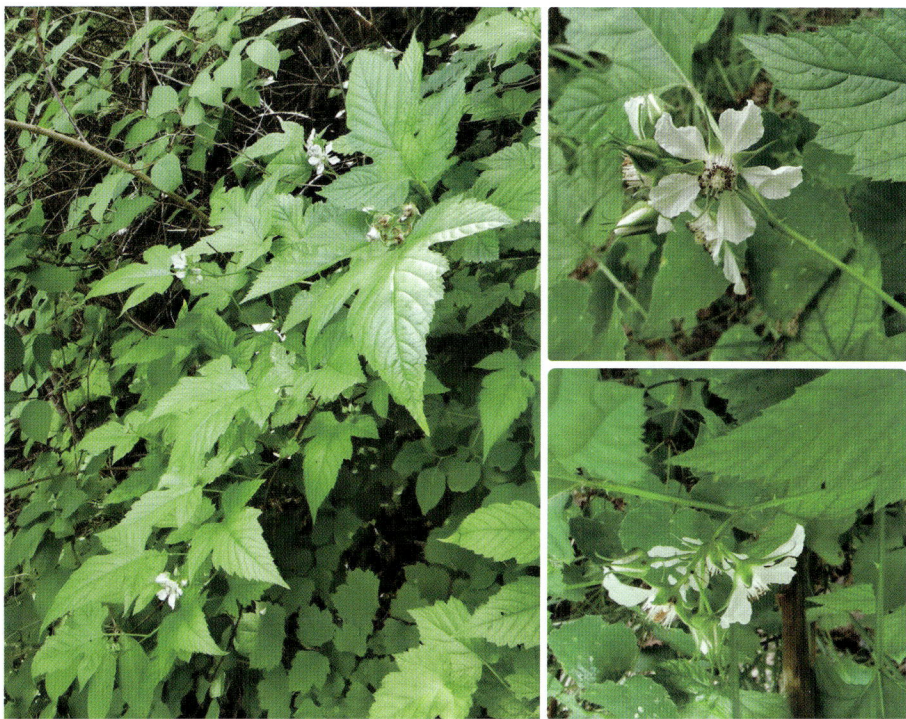

山莓

Rubus corchorifolius

🌀 无毒　🌱 株高 1~3 米　🌼 花期 2~3 月　🍒 果期 4~6 月

● 蔷薇科悬钩子属　别名 / 龙船泡、泡儿刺、山泡

识别特征 落叶直立灌木。茎有绿色、褐色、棕红色、紫红色等多种颜色，多具皮刺、针刺或刺毛，幼时被柔毛，有蜡粉或无。单叶，卵形至卵状披针形，有时近截形或近圆形，沿中脉疏生小皮刺，边缘不分裂或 3 裂，通常不育枝上的叶 3 裂。花单生或少数生于短枝上。花瓣长圆形或椭圆形，白色，顶端圆钝，长于萼片。果实由很多小核果组成，近球形或卵球形，红色。

产地与生境 除东北地区和甘肃、青海、新疆、西藏外，在我国其他省份均有分布。生于向阳山坡、溪边、山谷、荒地和疏密灌丛中潮湿处。

趣味文化 因果实像一个个气泡，也被称为"龙船泡""泡儿刺""山泡"。

用途 山莓为生态经济型水土保持灌木树种。果实可供生食、制果酱及酿酒。根皮、茎皮、叶可提取栲胶。

山杏

Prunus sibirica

🔵 无毒　🍃 株高 2~5 米　🌼 花期 3~4 月　🟠 果期 6~7 月

● 蔷薇科李属　别名 / 杏子、野杏、西伯利亚杏

识别特征 落叶灌木或小乔木。叶片卵形或近圆形，先端长渐尖至尾尖。花单生，先于叶开放。花萼紫红色，花后反折。花瓣近白色或粉红色。果实扁球形，黄色或橘红色，果肉较薄而干燥，成熟时开裂，味酸涩不可食。

产地与生境 产于我国黑龙江、吉林、辽宁、内蒙古、甘肃、河北、山西等地，蒙古东部和东南部、俄罗斯远东和西伯利亚也有分布。生于干燥向阳山坡上、丘陵草原或与落叶乔灌木混生，海拔 700~2 000 米。

趣味文化 花语代表着生活幸福美满。山杏在开花时就像一位娇羞的少女，初期花朵呈粉红色，后期会慢慢地变成白色，所以寓意着娇羞。

用途 耐寒，又抗旱，可作砧木。种仁供药用，可作扁桃的代用品，并可榨油。我国东北和华北地区大量生产种仁，供内销和出口。

山楂

Crataegus pinnatifida

🌿 无毒　💧 株高可达 6 米　🌱 花期 5~6 月　🍂 果期 9~10 月

● 蔷薇科山楂属　别名 / 山里红、红果、棠棣

识别特征 落叶乔木。树皮粗糙，暗灰色或灰褐色，叶片宽卵形或三角状卵形，稀菱状卵形。伞房花序具多花，直径 4~6 厘米，总花梗和花梗均被柔毛，花后脱落，减少。果近球形或梨形，深红色。

产地与生境 产于我国黑龙江、吉林、辽宁、内蒙古、河北、河南、山东、山西、陕西、江苏，朝鲜和俄罗斯也有分布。生于山坡林边或灌木丛中。

趣味文化 唐代杜甫的《竖子至》中描述："楂梨且缀碧，梅杏半传黄。小子幽园至，轻笼熟柰香。山风犹满把，野露及新尝。欲寄江湖客，提携日月长。"

用途 可作绿篱和观赏树，秋季结果累累，经久不凋，颇为美观。幼苗可作嫁接山里红或苹果等的砧木。果可生吃或做果酱果糕；干制后入药，有健胃、消积化滞、舒气散瘀之效。

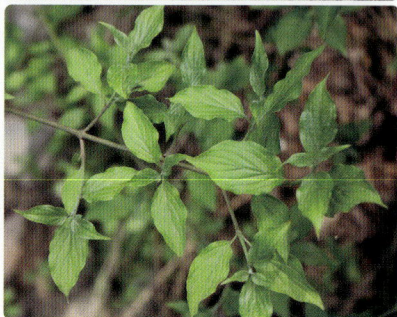

山茱萸

Cornus officinalis

🌿 无毒　💧 株高 4~10 厘米　🌱 花期 3~4 月　🍂 果期 9~10 月

● 山茱萸科山茱萸属　别名 / 山萸肉、山芋肉、山于肉

识别特征 落叶乔木或灌木。树皮灰褐色。小枝细圆柱形，无毛或稀被贴生短柔毛。冬芽顶生及腋生，卵形至披针形，被黄褐色短柔毛。叶对生，纸质，卵状披针形或卵状椭圆形，叶柄呈细圆柱形。伞形花序生于枝侧，带紫色，两侧略被短柔毛。核果长椭圆形，红色至紫红色。核骨质，狭椭圆形，长约 12 毫米，有几条不整齐的肋纹。

产地与生境 产于我国山西、陕西、甘肃、山东、江苏、浙江、安徽、江西、河南、湖南等省，朝鲜、日本也有分布。生于海拔 400~1 500 米，稀达 2 100 米的林缘或森林中。

趣味文化 山茱萸这个名称最早出现在《神农本草经》中。相传战国时期赵王有颈椎病，颈痛难忍，一位姓朱的御医用一种干果煎汤给赵王内服，很快使赵王解除病痛，这种果后来就被称为山茱萸。

用途 果实称"萸肉"，俗名枣皮，供药用，味酸涩，性微温，为收敛性强壮药，有补肝肾、止汗的功效。

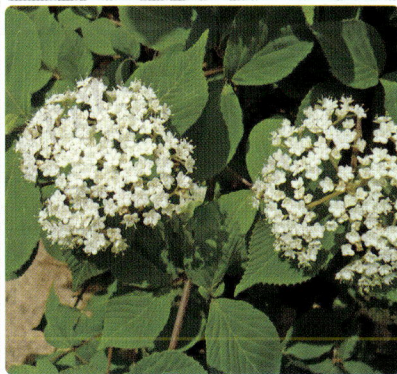

陕西荚蒾

Viburnum schensianum

🛡 无毒　🌿 株高可达 3 米　🌱 花期 5~7 月　🌰 果期 8~9 月

● 荚蒾科荚蒾属　别名 / 浙江荚蒾、土兰条

识别特征 落叶灌木。幼枝、叶下面、叶柄及花序均被由黄白色簇状毛组成的茸毛。芽常被锈褐色簇状毛。二年生小枝稍呈四角状，灰褐色，老枝圆筒形，散生圆形小皮孔。叶纸质，卵状椭圆形、宽卵形或近圆形。聚伞花序花冠白色，辐状。果熟时红色，后黑色，椭圆形。

产地与生境 产于河北、山西、陕西南部、甘肃东南部至南部、山东、江苏南部、河南、湖北和四川北部。生于山谷混交林和松林下或山坡灌丛中，海拔 700~2 200 米。

用途 枝叶稠密，树冠球形；叶形美观，入秋变为红色。开花时节，纷纷白花布满枝头；果熟时，累累红果，令人赏心悦目。可用于制作盆景。

芍药

Paeonia lactiflora

🌿 无毒　🌱 株高 40~70 厘米　🌸 花期 5~6 月　🍂 果期 8 月

● 芍药科芍药属　别名 / 将离、离草、婪尾春

识别特征　多年生草本。根粗壮，茎无毛。下部茎生叶为二回三出复叶，上部茎生叶为三出复叶。小叶狭卵形，椭圆形或披针形，两面无毛，背面沿叶脉疏生短柔毛。花数朵，生茎顶和叶腋，花瓣倒卵形，颜色丰富多样；花丝黄色。蓇葖果。

产地与生境　在我国分布于东北、华北地区和江苏、陕西及甘肃南部，在朝鲜、日本、蒙古及西伯利亚地区也有分布。在东北常生于海拔 480~700 米的山坡草地及林下，在其他地区常生于海拔 1 000~2 300 米的山坡草地。

趣味文化　相传北宋年间韩琦在扬州任职期间，官署后园有株芍药一枝分四杈，每杈各开一朵花，上下红，中间夹一圈黄蕊，俗称"金带围"。传说这种花开放，城内就要出宰相了。韩琦想邀请王珪、王安石、陈升之三人一起观赏，以应四花之瑞。四人聚会，各簪"金带围"芍药花一朵。果然，此后三十年中，四人都先后当上了宰相。

用途　芍药可做专类园、切花、花坛用花等，常和牡丹搭配种植。芍药的块根可以入药，性微寒，味苦酸，有调肝脾和营血功能。

省沽油

Staphylea bumalda

🏷 无毒　🌱 株高 2~5 米　🌸 花期 4~5 月　🌰 果期 8~9 月

● 省沽油科省沽油属　别名 / 树花菜、双蝴蝶、马铃柴

识别特征 落叶灌木。树皮紫红色或灰褐色，有纵棱，复叶柄长 2.5~3 厘米，小叶 3 枚，小叶椭圆形、卵圆形或卵状披针形。圆锥花序顶生，直立，花白色。

产地与生境 产于黑龙江、吉林、辽宁、河北、山西、陕西、浙江、湖北、安徽、江苏、四川。生于路旁、山地或丛林中。

趣味文化 名字来源于古代的沽水，后来被借用来表示"卖"和"买"的意思。这个名字就像是告诉我们，这种植物的果实可以用来榨油，省去买油的钱。

用途 省沽油是中国稀有的可食用灌木，在医学上具有明目、降压、利尿、解毒等功效，特别适合肥胖、高血压人群食用。种子油可制肥皂及油漆。茎皮可作纤维。

栓皮栎

Quercus variabilis

🟣 无毒　💧 株高可达 30 米　🌱 花期 3~4 月　🍂 果期翌年 9~10 月

● 壳斗科栎属　别名 / 软木栎、粗皮青冈、白麻栎

识别特征 落叶乔木。树皮黑褐色，木栓层发达。小芽圆锥形，芽鳞褐色，具缘毛。叶片卵状披针形或长椭圆形。雄花序长达 14 厘米，花序轴密被褐色茸毛，雌花序生于新枝上端叶腋，小苞片钻形，反曲，被短毛。坚果近球形或宽卵形，顶端圆，果脐突起。

产地与生境 分布于我国辽宁、河北、山西、陕西、甘肃、山东、台湾、河南、湖南、云南等省份。华北地区通常生于海拔 800 米以下的阳坡，西南地区可达海拔 2 000~3 000 米。

趣味文化 栓皮栎因树皮具有发达的栓皮层而得名。

用途 良好的绿化观赏树种，也是营造防风林、水源涵养林及防护林的优良树种。果实含淀粉约 50%，可酿酒，还可作饲料。边材可做家具等。

水枬子

Cotoneaster multiflorus

🛡 无毒　✒ 株高 2~4 米　🌱 花期 5~6 月　🍂 果期 8~9 月

● 蔷薇科枬子属　别名 / 枬子木、多花枬子、灰枬子

识别特征 落叶灌木。枝条细瘦，红褐色或棕褐色，无毛。叶片卵形或宽卵形，上面无毛，下面幼时稍有茸毛，后渐脱落。花多数，呈疏松的聚伞花序，总花梗和花梗无毛，稀微具柔毛；花直径 1~1.2 厘米，白色；雄蕊约 20 枚，稍短于花瓣；花柱通常 2 枚，离生，比雄蕊短。果实近球形或倒卵形，红色。

产地与生境 产于我国黑龙江、辽宁、内蒙古、河北、山西、河南、陕西、甘肃、青海、新疆、四川、云南、西藏，俄罗斯高加索、西伯利亚地区以及亚洲中部和西部均有分布。生于沟谷、山坡杂木林中，海拔 1 200~3 500 米。

用途 水枬子是常用的中药材，可以凉血止血、解毒敛疮。水枬子枝条婀娜，在夏季开放密集的白色小花，秋季结成束红色的累累果实，是优美的观花、观果树种，可作为观赏灌木或剪成绿篱，还是点缀岩石园和保护堤岸的良好植物材料。

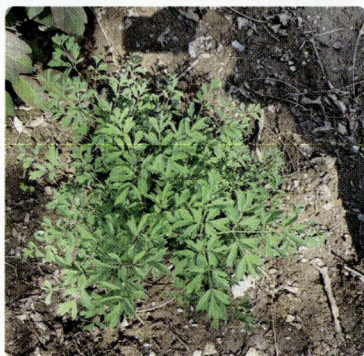

四川牡丹

Paeonia decomposita

🌿 无毒　　💧 株高 70~150 厘米　　🌼 花期 4 月下旬至 6 月上旬

● 芍药科芍药属　别名 / 木芍药

识别特征 灌木。树皮灰黑色，片状脱落。叶为三至四回三出复叶；顶生小叶卵形或倒卵形，表面深绿色，背面淡绿色。花瓣玫瑰色、红色，倒卵形，花丝白色，花药黄色，花盘革质，杯状，心皮锥形，花柱很短，柱头扁，反卷。

产地与生境 产于我国四川西北部（马尔康）。喜光照充足，略耐半阴，喜温凉干燥的气候，耐寒，喜中性偏酸的土壤。生于海拔 2 400~3 100 米的山坡，河边草地或丛林中。

趣味文化 据《蜀总记》记载，前蜀宫廷种植牡丹，后蜀至孟昶时期也引种了许多牡丹，"于宣华苑广加栽植，名之曰牡丹苑……蜀平（宋统一全国后），花散落民间。"

用途 干燥根皮可以制作中药，有清热凉血、活血散瘀的功效。可孤植、对植、片植于各类园林绿地，亦可作切花和盆景观赏。

溲疏

Deutzia scabra

🛡 无毒　🌿 株高 2~2.5 米　🌸 花期 5~6 月　🍂 果期 5~6 月

● 绣球科溲疏属　别名 / 空疏、巨骨、空木

识别特征 落叶灌木。二年生枝灰褐色，剥裂。叶对生，叶柄短，叶片卵形至卵状披针形。圆锥花序，直立，有星状毛，花瓣 5 枚，长圆形，白色。

产地与生境 产于我国长江流域各省份，分布于温带东亚、墨西哥及中美洲。多见于山谷、山坡、岩缝及丘陵低山灌丛中。

趣味文化 《本草纲目》中曾记录："溲疏亦有巨骨之名，如枸杞之名地骨，当亦相类。方家鲜用，宜细辨之。"

用途 味苦、辛，性寒，有小毒，有清热、利尿的功效，可用于治疗发热、小便不利、遗尿等症状。也可用于园林绿化。

酸模

Rumex acetosa

🌿 无毒　💧 株高 40~100 厘米　🌱 花期 5~7 月　🌰 果期 6~8 月

● 蓼科酸模属　别名 / 野菠菜、山大黄、当药

识别特征 多年生草本。基生叶及茎下部叶箭形，先端尖或圆，基部裂片尖，全缘或微波状。花单性，雌雄异株，窄圆锥状花序顶生，花梗中部具关节。瘦果椭圆形。

产地与生境 分布于我国南北各省份，朝鲜、日本、哈萨克斯坦等国家也有分布。生于山坡、林缘、沟边、路旁，海拔 400~4 100 米。

趣味文化 *Rumex* 是"吸吮"的意思。古时候人们在旅途中就以吸吮它的叶子来解渴，因此酸模的花语是体贴。

用途 全草供药用，有凉血、解毒之效。嫩茎、叶可作蔬菜及饲料。威海百姓有食酸模的习惯，采其茎叶生吃，或者用白糖搅拌，酸甜可口。

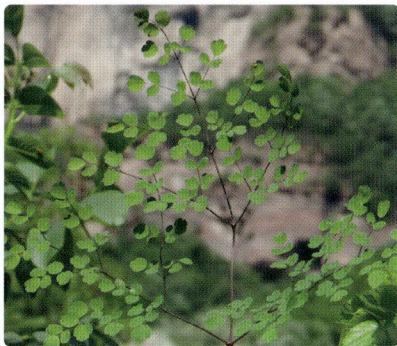

唐松草

Thalictrum aquilegiifolium var. sibiricum

⚠ 全株有毒　🔵 株高 60~150 厘米　🌱 花期 5~7 月　🌰 果期 6~8 月

● 毛茛科唐松草属　别名 / 土黄连、紫花顿、黑汉子腿

识别特征　多年生草本。植株全部无毛。茎粗壮，粗达 1 厘米，分枝。基生叶在开花时枯萎，茎生叶为三至四回三出复叶。圆锥花序伞房状，有多数密集的花。瘦果倒卵形。

产地与生境　在我国分布于浙江（天目山）、山东、河北、山西、内蒙古、辽宁、吉林、黑龙江。生长在海拔 500~1 800 米的草原、山地林边草坡或林中。

趣味文化　花语为清新自然。这个花语源自它清爽的外观和生长环境。唐松草的叶片修长而优雅，如同自然中的竹叶，色泽深绿，令人联想到森林的宁静。这种植物散发出清新的气味，仿佛置身大自然中，带给人身心的舒适。

用途　根及根茎入药，味苦，性寒，归心、肝、大肠经。主要成分为掌叶防己碱，有清热泻火、燥湿解毒的功能。

天门冬

Asparagus cochinchinensis

⚠ 果实有毒　🌿 株高 2 米　🌱 花期 5~6 月　🌰 果期 8~10 月

● 天门冬科天门冬属　别名 / 三百棒、丝冬、老虎尾巴根

识别特征 攀缘植物。根在中部或近末端呈纺锤状膨大。茎平滑，常弯曲或扭曲，分枝具棱或狭翅。叶状枝扁平或由于中脉龙骨状而略呈锐三棱形，稍镰刀状。茎上的鳞片状叶基部延伸为硬刺，在分枝上的刺较短或不明显。花通常每 2 朵腋生，淡绿色，花丝不贴生于花被片上，雌花大小和雄花相似。浆果熟时红色，有 1 颗种子。

产地与生境 从我国河北、山西、陕西、甘肃等省的南部至华东、中南、西南各省区都有分布，在朝鲜、日本、老挝和越南等国也可见。生于海拔 1 750 米以下的山坡、路旁、疏林下、山谷或荒地上。

趣味文化 有诗《夜梦与罗子和论药名诗》云："天门冬夏鸢尾翔，香芸台阁龙骨蜕。"

用途 天门冬的块根是常用的中药，有滋阴润燥、清火止咳之效。

天山郁金香

Tulipa thianschanica

⚠ 鳞茎有毒　🔵 株高 15 厘米　🌿 花期 3~5 月　🍂 果期 5 月

● 百合科郁金香属

识别特征 多年生草本。植株通常矮小。鳞茎皮黑褐色，薄革质，茎无毛，条形或条状披针形。花常单朵顶生，黄色，花被片背面有绿紫红色、紫绿色或黄绿色，内花被片黄色，有时内花被片红色，叶彼此紧靠而反曲，花丝无毛，几乎无花柱。蒴果。

产地与生境 在我国分布于新疆西部，哈萨克斯坦、乌兹别克斯坦、吉尔吉斯斯坦、塔吉克斯坦、土库曼斯坦等国家也有分布。生长在海拔 1 000~1 800 米的山地草原地带。

趣味文化 春季牧草返青后在一片碧绿的草地上，郁金香有的含苞待放，有的盛开着金黄色的花朵，清风一吹，摇头摆尾，把草原点缀得更加美丽。

用途 天山郁金香在早春草场牧草青黄不接时，给牲畜提供了青绿饲料，是优良饲用价值牧草。

贴梗海棠

Chaenomeles speciosa

🌿 无毒　🌱 株高 2 米　🌸 花期 3~5 月　🍂 果期 9~10 月

● 蔷薇科木瓜海棠属　别名 / 铁脚梨、贴梗木瓜、楙

识别特征 落叶灌木。枝条直立，开展，有刺。小枝无毛。冬芽三角卵圆形。叶卵形至椭圆形，稀长椭圆形，长 3 ~ 9 厘米，具尖锐锯齿，齿尖开展，两面无毛或幼时下面沿脉有柔毛。花猩红色，稀淡红或白色，且有重瓣及半重瓣品种。果球形或卵球形。

产地与生境 产于我国陕西、甘肃、四川、贵州、云南、广东等地，缅甸也有分布。生于排水良好的坡地，不耐水涝。

趣味文化 其枝秆丛生，枝上有刺，其花梗极短，花朵紧贴在枝干上，故而得名。

用途 早春先花后叶，很美丽。枝密多刺可作绿篱。果实含苹果酸、酒石酸及维生素 C 等，干制后可入药，有驱风、舒筋、活络、镇痛、消肿、顺气之效。

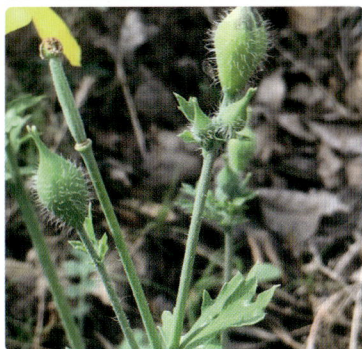

秃疮花

Dicranostigma leptopodum

⚠ 全株有毒　💧 株高 25~80 厘米　🌱 花期 3~5 月　🍂 果期 6~7 月

● 罂粟科秃疮花属　别名 / 秃子花、勒马回、兔子花

识别特征 多年生草本。全株含淡黄色汁液，被短柔毛。茎多，绿色。基生叶丛生，叶片狭倒披针形，羽状深裂，茎生叶少数，生于茎上部。聚伞花序，花梗无毛，具苞片；花芽宽卵形，萼片卵形，花瓣倒卵形至圆形；雄蕊多数，花丝丝状，花药长圆形，黄色，子房狭圆柱形，绿色。蒴果线形。种子卵珠形。

产地与生境 产于我国云南西北部、四川西部、西藏南部、青海东部、甘肃南部至东南部、陕西秦岭北坡、山西南部、河北西南部和河南西北部。生长在海拔 400~3 700 米的草坡或路旁、田埂、墙头、屋顶。

趣味文化 因具有治疗秃疮的功效而得名。

用途 根及全草可药用，有清热解毒、消肿镇痛、杀虫等功效，可治风火牙痛、秃疮、痈疽等。因冬春覆盖率高，可作为果园的保墒植物。

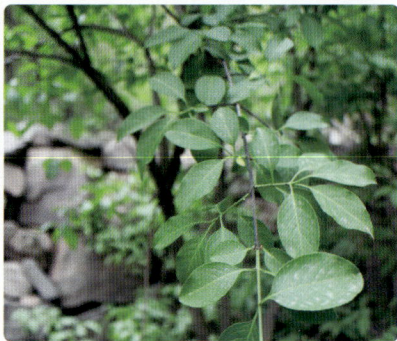

卫矛

Euonymus alatus

🔵 无毒　🌿 株高 1~3 米　🌸 花期 5~6 月　🍂 果期 7~10 月

● 卫矛科卫矛属　别名 / 鬼箭羽、鬼箭、六月凌

识别特征 落叶灌木。小枝常具 2~4 列宽阔木栓翅。冬芽圆形，长 2 毫米左右，芽鳞边缘具不整齐细坚齿。叶卵状椭圆形、窄长椭圆形，偶为倒卵形，边缘具细锯齿，两面光滑无毛。聚伞花序，花白绿色，花瓣近圆形。

产地与生境 除东北、新疆、青海、西藏、广东及海南以外，全国各省区均产。分布于日本、朝鲜。生于山坡、沟地边沿。

趣味文化 卫矛，始载于《神农本草经》，列为中品。陶弘景云："其茎有三羽。"《本草纲目》谓："鬼箭生山石间，小株成丛，春长嫩条，条上四面有羽如箭羽，视之若三羽尔。青叶，状似野茶，对生，味酸涩。三四月开碎花，黄绿色。结实大加冬青子。"鬼箭即卫矛。

用途 枝翅很奇特，在秋季叶子红艳耀目，从远处看去非常壮观。植株落叶之后，枝翅看起来很像箭羽，果实裂开后也是红色，在冬天也很引人注目。可以把卫矛种植在草坪、水边、斜坡，或者当作盆栽种植。

文冠果

Xanthoceras sorbifolium

🛡 无毒　💧 株高 2~5 米　🌱 花期 4~5 月　🍂 果期 7~8 月

● 无患子科文冠果属　别名/文冠树、木瓜

识别特征 落叶灌木或小乔木。树皮灰褐色，枝褐紫色，小枝被短柔毛。单数羽状复叶，互生，小叶 4~8 对，披针形或近卵形，两侧稍不对称，顶端渐尖，基部楔形，边缘有锐利锯齿，顶生小叶通常 3 深裂。花先叶或同时开放，圆锥花序，有多数花，花瓣白色，基部红色或黄色，内面有紫红色斑点。蒴果似棉桃，壳硬，绿色。

产地与生境 产于我国北部干旱寒冷地区，分布于东北、华北、西北地区及山东等地。野生于丘陵山坡等处，各地常见栽培。

趣味文化 因其果皮在开裂前三瓣或四瓣的外形酷似旧时文官的帽子，故称"文冠果"。文冠果象征长寿、吉祥。

用途 营养价值高，可作蔬菜食用。可治疗风湿性关节炎，也可有效预防高血压病，具有改善记忆、改善心血管、抗病毒等功效。树姿秀丽，花朵稠密，可于公园、庭院、绿地孤植或群植。

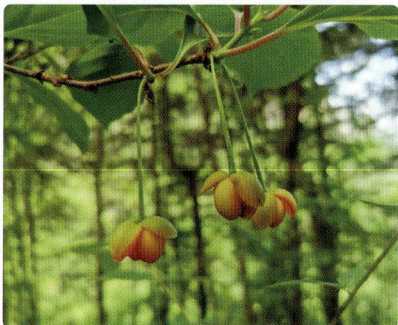

五味子

Schisandra chinensis

🟣 无毒　🌱 株高 8~15 厘米　🌿 花期 5~7 月　🍂 果期 7~10 月

● 五味子科五味子属　别名 / 玄及、会及、五梅子

识别特征　落叶木质藤本。除幼叶背面被柔毛及芽鳞具缘毛外，余无毛。幼枝红褐色，老枝灰褐色，常起皱纹，片状剥落。叶膜质，近圆形，幼叶下面有柔毛。花被片粉白或粉红色，长圆形或椭圆状长圆形。小浆果红色。

产地与生境　产于我国黑龙江、吉林、辽宁、内蒙古、河北、山西、宁夏、甘肃、山东，朝鲜和日本也有分布。生于海拔 1 200~1 700 米的沟谷、溪旁、山坡。

趣味文化　五味子的名称由来和宋朝名医苏颂有关，苏颂曾经这样形容过它："五味皮肉甘酸，核中辛苦，都有咸味，此则五味见也。"五味子由此得名。五味子因其五味而具有养五脏的功效。

用途　著名中药，有敛肺止咳、滋补涩精、止泻止汗的功效。其叶、果实可提取芳香油。种仁含有脂肪油，榨油可做工业原料、润滑油。茎皮纤维柔韧，可制绳索。

西府海棠

Malus × micromalus

🛇 无毒　💧 株高 2.5~5 米　🌱 花期 4~5 月　☀ 果期 8~9 月

● 蔷薇科苹果属　别名 / 子母海棠、小果海棠、海红

识别特征 落叶小乔木。树枝直立性强，叶片长椭圆形或椭圆形，先端急尖或渐尖，基部楔形，稀近圆形，边缘有尖锐锯齿。伞形总状花序，花。果实近球形，红色。

产地与生境 分布于辽宁、河北、山西、山东、陕西、甘肃、云南，多为栽培种。生于海拔 100~2 400 米的肥沃且微酸性或中性的深厚土壤地区。

趣味文化 宋代苏轼在《海棠》中描述："东风袅袅泛崇光，香雾空蒙月转廊。只恐夜深花睡去，故烧高烛照红妆。"

用途 花朵密集，可用于园林绿化美化。果味酸甜，可供鲜食及加工用。栽培品种很多，果实形状、大小、颜色和成熟期均有差别。有些地区用作苹果的砧木，生长良好。

细叶鸢尾

Iris tenuifolia

🛈 无毒　🌿 株高 6~100 厘米　🌸 花期 4~5 月　🍂 果期 8~9 月

● 鸢尾科鸢尾属　别名 / 丝叶马蔺、细叶马蔺、老牛拽

识别特征　多年生密丛草本。植株基部存留有红褐色或黄棕色折断的老叶叶鞘。根状茎块状，短而硬，木质，黑褐色。根坚硬，细长，分枝少。叶质地坚韧，丝状或狭条形，扭曲，无明显的中脉。花蓝紫色，外花被裂片匙形，爪部较长，内花被裂片倒披针形，直立。蒴果倒卵形，顶端有短缘。

产地与生境　产于我国黑龙江、吉林、辽宁、内蒙古、河北、山西、陕西、甘肃、宁夏、青海、新疆、西藏，俄罗斯、蒙古国、阿富汗、土耳其也有分布。生于固定沙丘或沙质地上。

用途　叶可制绳索或脱胶后制麻。根及种子微苦，凉，安胎养血，用于胎动血崩。种子功效同马蔺。

夏至草

Lagopsis supina

⚠ 全株微毒　🌿 株高 15~35 厘米　🌱 花期 3~4 月　🌰 果期 5~6 月

● 唇形科夏至草属　别名 / 小益母草、白花益母、白花夏杜

识别特征 多年生草本。四棱形，具沟槽，带紫红色，密被微柔毛，常在基部分枝。叶轮廓为圆形，脉掌状，叶柄长。轮伞花序，疏花，花萼管状钟形，花冠白色，花药卵圆形，花盘平顶。小坚果长卵形，褐色，有鳞秕。

产地与生境 产于黑龙江、吉林、辽宁、内蒙古、陕西、贵州等地。属于杂草，生于路旁、旷地上，在西北、西南各省区海拔可高达 2 600 米以上。

趣味文化 在夏至日前后植株地上部分会枯死，故得名夏至草。夏至草原本有一个名字，叫郁臭苗。明朱橚在《救荒本草》中虽将郁臭苗和益母草混淆了，但从其描述及绘图看，郁臭苗即夏至草。

用途 全草可入药，味辛、微苦，性寒，有小毒，归肝经，可养血活血，清热利湿。

小花溲疏

Deutzia parviflora

⚠ 根、皮、果有毒　💧 株高 2 米　🌱 花期 5~6 月　🌰 果期 8~10 月

● 绣球科溲疏属　别名 / 唐溲疏

识别特征 灌木。老枝灰褐色或灰色，表皮呈片状脱落。叶纸质，卵形、椭圆状卵形或卵状披针形，先端急尖或短渐尖，基部阔楔形或圆形，边缘具细锯齿。伞房花序，多花，花序梗被长柔毛和星状毛，花蕾球形或倒卵形，花瓣白色。蒴果球形。

产地 分布于我国吉林、辽宁、内蒙古、河北、山西、陕西、甘肃、河南、湖北，朝鲜和俄罗斯也有分布。

趣味文化 花语寓意纯洁、自然和高雅。这些品质不仅符合人们对美好事物的追求和向往，也体现了小花溲疏在文化中的独特地位。

用途 皮可入药，味辛，性微温，发汗解表、宣肺止咳，用于治疗感冒咳嗽、寒咳寒嗽、支气管炎。

小花糖芥

Erysimum cheiranthoides

⚠ 种子有毒　🌊 株高 15~50 厘米　🌱 花期 5 月　🍂 果期 6 月

● 十字花科糖芥属　别名 / 桂花糖芥、野菜子

识别特征 一年生草本。茎直立，有棱角，具 2 叉毛。基生叶莲座状，无柄；茎生叶披针形或线形。总状花序顶生，萼片长圆形或线形，外面有 3 叉毛，花瓣浅黄色。长角果圆柱形，侧扁，稍有棱。种子卵形，淡褐色。

产地与生境 产于我国吉林、辽宁、内蒙古、河北、山西、山东、河南、安徽、江苏、湖北、湖南、陕西、甘肃等地，蒙古国、朝鲜、美国、欧洲及非洲均有分布。生在海拔 500~2 000 米的山坡、山谷、路旁及村旁荒地。

趣味文化 糖芥属植物听上去就有一种甜蜜的感觉。食用过的人都会说这种野菜的味道很苦涩，和糖实在不沾边。"芥"字指的是很渺小且极其不受重视的事物，这一名称也就是将它视为田间的一种杂草。

用途 具有食用价值，北方常将其用于制作饺子馅，还可以入药和作为饲料使用。

小药八旦子

Corydalis caudata

⚠ 全株有毒　🌿 株高 15~20 厘米　🌱 花期 3~5 月　🌼 果期 4~6 月

● 罂粟科紫堇属　别名 / 土元胡、元胡、北京元胡

识别特征 多年生草本。块茎圆球形或长圆形。叶柄基部常具叶鞘，小叶圆形至椭圆形，有时浅裂，下部苍白色。总状花序，苞片卵圆形或倒卵形，花蓝色或紫蓝色。上花瓣长约 2 厘米，瓣片较宽展，顶端微凹；下部圆筒形，弧形上弯。蒴果卵圆形至椭圆形，具 4~9 种子。种子光滑，具狭长的种阜。

产地与生境 产于北京、河北、山西、山东、江苏、安徽、湖北、陕西和甘肃东部。生于海拔 100~1 200 米的山坡或林缘。

趣味文化 小药八旦子这一名称，更准确的写法应该是"小药巴蛋子"。名字和它的根部形态有关，"巴蛋子"也许是形容它的球形块茎，听起来有种土萌土萌的感觉。

用途 可入药，活血散瘀、行气止痛。

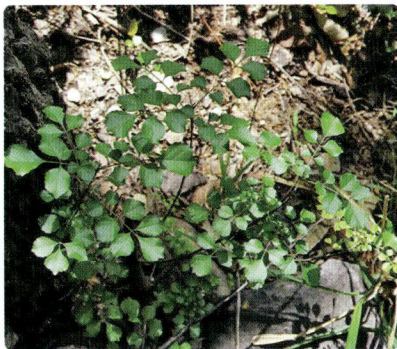

小叶梣

Fraxinus bungeana

🌿 无毒　🌱 株高 2~5 米　🌾 花期 5 月　🍂 果期 8~9 月

● 木樨科梣属　别名 / 小叶白蜡

识别特征 落叶小乔木或灌木。树皮暗灰色，浅裂。顶芽黑色，圆锥形，侧芽阔卵形，内侧密被棕色曲柔毛和腺毛。当年生枝淡黄色，密被短茸毛，渐秃净；去年生枝灰白色，被稀疏毛或无毛。羽状复叶。圆锥花序顶生或腋生枝梢，疏被茸毛。花序梗扁平，被细茸毛，渐秃净。翅果匙状长圆形。花萼宿存。

产地与生境 产于辽宁、河北、山西、山东、安徽、河南等省份。生于较干燥向阳的沙质土壤或岩石缝隙中，海拔 0~1 500 米。

趣味文化 《本草纲目》中记载："秦皮，其木小而岑高，故因以为名'岑皮'。人讹为将木，又讹为秦木。"

用途 树皮用作中药"秦皮"，有消炎解热、收敛止泻的功能。木材坚硬供制小农具。

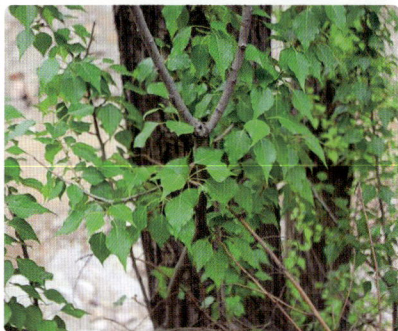

小叶杨

Populus simonii

🌿 无毒　✏️ 株高 20 米　🌱 花期 3~5 月　🍂 果期 4~6 月

● 杨柳科杨属　别名 / 南京白杨、河南杨、明杨

识别特征 落叶乔木。树皮幼时灰绿色，老时暗灰色，沟裂。树冠近圆形。幼树小枝及萌枝有明显棱脊，常为红褐色，后变黄褐色；老树小枝圆形，细长而密，无毛。芽细长，先端长渐尖，褐色，有黏质。叶菱状卵形、菱状椭圆形或菱状倒卵形，叶柄圆筒形，黄绿色或带红色。雄花序 1~7 厘米，花序轴无毛，苞片细条裂；雌花序长 2.5~6 厘米，苞片淡绿色，裂片褐色。蒴果小，无毛。

产地与生境 在我国分布广泛，东北、华北、华中、西北及西南各省区均产。一般多生在海拔 2 000 米以下，最高可达 2 500 米，沿溪沟可见。多数散生或栽植于四旁。

趣味文化 小叶杨精神是指具有大丈夫气概和坚毅不屈的精神。

用途 木材轻软细致，供民用建筑、家具、火柴杆、造纸等用。为防风固沙、护堤固土、绿化观赏的树种，也是东北、西北防护林和用材林主要树种之一。

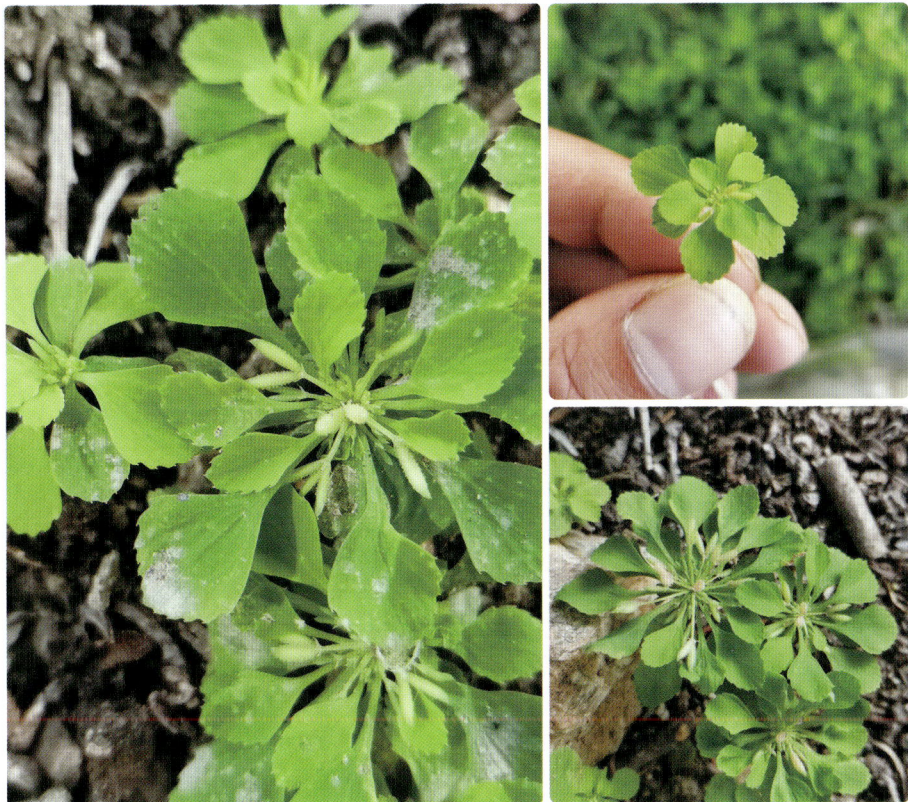

星叶草

Circaeaster agrestis

🔵 无毒　🌱 株高 3~10 厘米　🌼 花期 4~6 月　🍂 果期 7~9 月

● 星叶草科星叶草属　别名 / 蜂麻、大荨麻、大荃麻

识别特征 一年生草本。宿存的两片子叶和叶簇生，子叶线形或披针状线形。叶菱状倒卵形、匙形或楔形，基部渐狭，边缘上部有小锯齿，齿顶端有刺状短尖，无毛，背面粉绿色。花小，狭卵形，花药椭圆球形，子房长圆形，花柱不存在，柱头近椭圆球形。瘦果狭长圆形或近纺锤形。

产地与生境 分布于西藏东部、青海东部、新疆西部等地。生于山谷沟边、林中或湿草地。

用途 由于森林砍伐，破坏了星叶草适宜生长的生态环境，使其分布范围日趋缩小。星叶草属国家重点保护野生植物，对进一步研究被子植物系统演化问题具有一定的科学价值。

鸦葱

Takhtajaniantha austriaca

🛡 无毒　🌿 株高 10~42 厘米　🌱 花期 4~7 月　🍂 果期 4~7 月

● 菊科鸦葱属　别名 / 土参、黄花地丁、兔儿奶

识别特征 多年生草本。茎簇生，无毛。茎生叶鳞片状，披针形或钻状披针形，基部心形，半抱茎。头状花序单生于茎端。总苞呈圆柱状。瘦果圆柱状，冠毛淡黄色，长 1.7 厘米，大部为羽毛状。

产地与生境 我国分布于北京、黑龙江、吉林、内蒙古、山西、陕西、山东、安徽等地，国外分布于欧洲中部、地中海沿岸地区、俄罗斯西伯利亚等地。生于海拔 400~2 000 米的山坡、草滩及河滩地。

用途 鸦葱不仅能作为野菜食用，而且还有重要的药用功效，是妥妥的药食同源的植物。

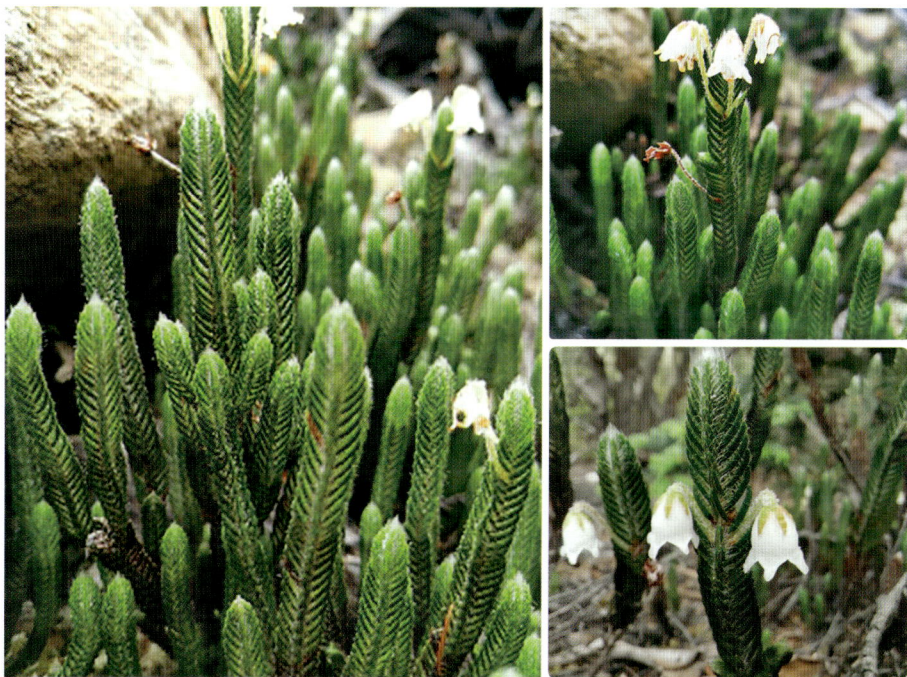

岩须

Cassiope selaginoides

- 无毒
- 株高 5~25 厘米
- 花期 4~5 月
- 果期 6~7 月

● 杜鹃花科岩须属　别名 / 草灵芝、长梗岩须、雪灵芝

识别特征 常绿矮小半灌木。枝条多而密，外倾上升或铺散成垫状，密生交互对生的叶。叶硬革质，披针形至披针状长圆形，幼时具 1 个长达 0.75 毫米的紫红色芒刺，背面龙骨状隆起，腹面近凹陷，被微毛，边缘被纤毛，以后变无毛。花单朵腋生，花梗有时更短，被蛛丝状长柔毛。花萼绿色或紫红色，花冠乳白色，宽钟状，裂片宽三角形，花丝被柔毛。蒴果球形，花柱宿存。

产地与生境 产于四川西部、云南西北部、西藏东南部。生于海拔 2 000~4 500 米的灌丛或垫状灌丛草地中。

趣味文化 它的拉丁属名来自仙后座的名字卡西欧佩亚（Cassiopeia），希腊神话中的埃塞俄比亚皇后。

用途 可做药用，是一种药用价值特别高的中草药。全株辛、微苦，平，行气止痛，安神，用于肝胃气痛、食欲不振、肾虚。

艳山姜

Alpinia zerumbet

🌿 无毒　　🌱 株高 2~3 米　　🌼 花期 4~6 月　　🌰 果期 7~10 月

● 姜科山姜属　　别名 / 红团叶、糕叶、花叶良姜

识别特征 多年生草本。具根状茎。叶披针形，边缘具柔毛。圆锥花序下垂，花序轴紫红色，被柔毛，分枝极短，每分枝有 1~3 朵花，小花梗极短，小苞片椭圆形，白色，顶端粉红色，蕾时包花，无毛。花萼近钟形，白色，顶粉红色，花冠管较花萼短，裂片长圆形，后方 1 枚较大，乳白色，先端粉红色。蒴果卵圆形，熟时朱红色。种子有棱角。

产地与生境 产于我国东南部至西南部各省区。多长于地边、路旁、田头及沟边草丛中，也常栽培于庭院供作观赏。

趣味文化 花语代表羞怯和矜持。

用途 花极美丽，常栽培于庭院供观赏。叶片宽大，色彩绚丽迷人，是一种极好的观叶植物。也可种植在溪水旁或树荫下，给人回归自然、享受野趣的快乐。根茎和果实可入药。叶鞘可作纤维原料。

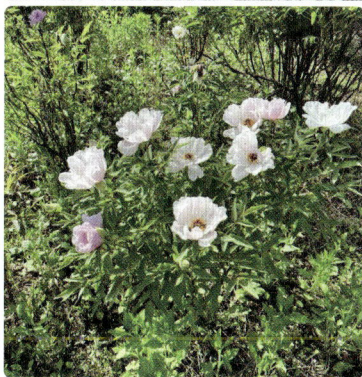

杨山牡丹

Paeonia ostii

🛡 无毒　🌿 株高 1.5 米　🌱 花期 4 月中旬至 5 月上旬　🍂 果期 8~9 月

● 芍药科芍药属　别名 / 牡丹、凤丹

识别特征 落叶灌木。茎皮褐灰色，有纵纹，分枝短。在生长过程中叶片表面为绿色，背面为淡绿色。花单生枝顶，苞片数量为 5 片，呈现出长椭圆形，大小不等。花瓣的数量也是 5 片，呈现出白色或者粉红色。

产地与生境 分布于我国山东、河南、陕西、安徽等省份。属于典型的温带型植物，喜温和凉爽、阳光充足的环境，具有一定的耐寒性，稍耐半阴，宜干燥，忌湿热，要求土壤疏松、深厚。

用途 杨山牡丹是一种很好的生态树种。籽油的不饱和脂肪酸含量 90% 以上，多不饱和脂肪酸——亚麻酸含量超过 40%，比橄榄油还多 40 倍。干燥根皮具有清热凉血、活血散瘀的功效，为 34 种常用的中药材之一。

野丁香

Leptodermis potaninii

🌿 无毒　💧 株高 1~3 米　🌱 花期 5 月　🍂 果期 6~7 月

● 茜草科野丁香属　别名 / 历细

识别特征 落叶灌木。全株光滑无毛。叶对生，卵形，长 1.5 ~ 3.5 厘米，宽 0.8 ~ 2 厘米，先端尖，基部近圆形，全缘，具柄。总状花序排列成圆锥状，顶生，花蓝紫色，花萼 4 裂，宿存，花冠漏斗形，4 裂，雄蕊 2。蒴果圆锥形。种子具翅。

产地与生境 分布于我国甘肃、四川、西藏等地，北方部分地区亦有栽培，常见于山坡灌木丛。

趣味文化 花语为纯真无邪、初恋、谦逊、光辉。

用途 可入药，有温胃散寒，降逆止呕的功效。主治胃寒呕逆，呕吐，胃黏膜充血等。具有观赏价值，可用于园林观赏。

伊犁郁金香

Tulipa iliensis

⚠️ 微毒　🖊️ 株高 10~30 厘米　🌱 花期 3~5 月　🌀 果期 5 月

● 百合科郁金香属

识别特征 多年生草本。具鳞茎，鳞茎皮黑褐色，薄革质。叶片条形或条状披针形，彼此疏离或紧靠而似轮生，边缘平展或呈波状。花常单朵顶生，黄色。外花被片背面有绿紫红色、紫绿色或黄绿色，内花被片黄色，当花凋谢时，颜色通常变深，甚至外三片变成暗红色，内三片变成淡红或淡红黄色。蒴果卵圆形，种子扁平，近三角形。

产地与生境 分布于我国新疆天山北坡，东至乌鲁木齐市、玛纳斯县、沙湾市、精河县，西到伊犁地区各县，分布较广。生长在海拔 400~1 000 米的山前平原和低山坡地，往往成大面积生长。

趣味文化 因其鳞茎处略带甜味，有些人视其为野菜中的美味，但由于长期面临滥采乱挖，野生数量也越来越少，在 2022 年已经被列入了《世界自然保护联盟红色名录》和《中国生物多样性红色名录》中，保护级别为濒危。

用途 花色艳丽，生态适应性强，可应用于园林绿化与观赏，亦可为育种工作提供丰富的亲本材料。茎叶鲜嫩多汁，味甘甜，各类家畜均喜食，属中等牧草。

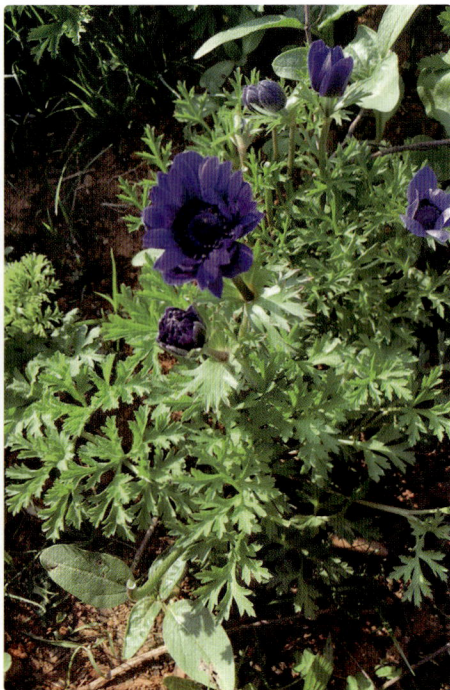

银莲花

Anemone cathayensis

🌿 无毒　💧 株高 15~40 厘米　🌱 花期 4~7 月　🔆 果期 7~10 月

● 毛茛科银莲花属　别名 / 华北银莲花、毛蕊茛莲花、毛蕊银莲花

识别特征 根茎垂直。基生叶 4~6 枚，具长柄。叶心状五角形，两面疏被柔毛，后脱落无毛。花葶及叶柄疏被柔毛或无毛。苞片约 5 枚，无柄。伞形花序简单。花梗长 3.5~5 厘米，萼片 5~6 枚，白色或带粉红色，倒卵形，无花瓣，雄蕊多数，花丝条形。瘦果扁平，宽椭圆形。

产地与生境 分布于中国（山西、河北）和朝鲜。生长于海拔 1 000~2 600 米间山坡草地、山谷沟边或多石砾坡地。

趣味文化 传说中此花的拉丁名以罗马神话中花神芙罗娜的美丽侍女命名。银莲花是由花神芙洛拉（Flora）的嫉妒变来的。嫉妒阿莲莫莲（Anemone）和风神瑞比修斯相恋的芙洛拉，把阿莲莫莲变成了银莲花。花语代表失去希望、渐渐变淡的爱。银莲花是以色列的国花。

用途 春、秋季优良的庭院花卉，常用作沿边花坛材料。

淫羊藿

Epimedium brevicornu

⚠ 有毒　💧 株高 20~60 厘米　🌿 花期 5~6 月　🍂 果期 6~8 月

● 小檗科淫羊藿属　别名 / 仙灵脾、三枝九叶草、牛角花

识别特征 多年生草本。根状茎粗短，木质化，暗棕褐色。二回三出复叶基生和茎生，小叶纸质或厚纸质，卵形或阔卵形。顶生小叶基部裂片圆形。侧生小叶基部裂片稍偏斜，急尖或圆形，上面常有光泽，网脉显著，背面苍白色，光滑或疏生少数柔毛，基出 7 脉，叶缘具刺齿。花白色或淡黄色。蒴果。

产地与生境 分布于陕西、甘肃、山西、河南、青海、湖北、四川。常见于林下、沟边灌丛中或山坡阴湿处。

趣味文化 陶弘景在《本草经集注》一书中提到："西川北部有淫羊，一日百遍合，盖食此藿所致，故名淫羊藿。"著名的"龟龄集"中有一味药便是淫羊藿。

用途 全草可入药，主治阳痿早泄、腰酸腿痛、四肢麻木、半身不遂、神经衰弱、健忘、耳鸣、目眩等，是我国常用中药。

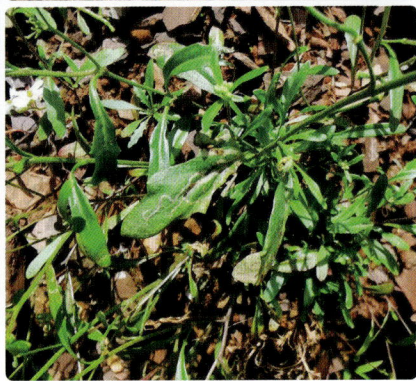

蚓果芥

Braya humilis

🌿 无毒　　✏ 株高 5~30 厘米　　🌱 花期 5~9 月　　🌼 果期 5~9 月

● 十字花科肉叶荠属　别名 / 长角肉叶荠、无毛蚓果芥、喜湿蚓果芥

识别特征 多年生草本。茎基部分枝。基生叶倒卵形，茎下部叶宽匙形或窄长卵形，中上部茎生叶线形。花序最下部的花有苞片，萼片长圆形，外轮较内轮窄，边缘膜质；花瓣长椭圆形、长卵形或倒卵形，白色。长角果筒状。种子长圆形，橘红色。

产地与生境 产于我国青海、云南，俄罗斯远东和西伯利亚地区及北美洲也有分布。生于山麓草甸、河滩砾石处，海拔 1 000~3 000 米。

趣味文化 果实像蚯蚓而得名"蚓果芥"，果实植物学上叫角果，不仅细长，而且常常弯曲，有点像蚯蚓一样，故得名。

用途 全草可入药，可治食物中毒、消化不良。

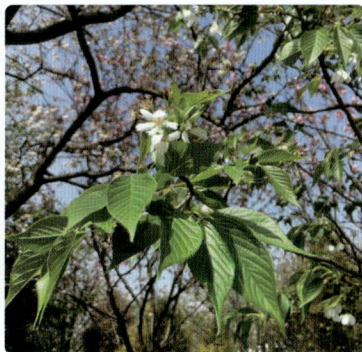

樱

Prunus serrulata

🌿 无毒　🌱 株高 8~10 米　🌸 花期 4 月中旬　🟠 果期 5 月

● 蔷薇科李属

识别特征 落叶乔木。嫩芽褐色或褐色带黄绿色。叶片椭圆形至长椭圆状倒卵形，先端尾状锐尖形，基部圆形。表面深绿色主脉有长毛，背面带白色。花序伞房状 2~4 花，鳞片长 1.5~2 厘米，内侧的鳞片先端 3 深裂。苞片长 7~10 毫米，绿色，萼筒长钟形。萼片大，长椭圆状披针性舟底形。花瓣 5 枚，圆形，长约 2.5 厘米，白色，近先端细缺多。

产地 主要在日本生长，在中国也有栽培。

趣味文化 英国的弗里曼太太（Freeman）约 1900 年从日本引进过樱，种植在苏塞克斯花园。

用途 樱是早春重要的观花树种，常用于园林观赏。可以群植，植于山坡、庭院、路边、建筑物前。可大片栽植形成"花海"景观，可三五成丛点缀于绿地形成锦团，也可孤植。还可作小路行道树、绿篱或制作盆景。

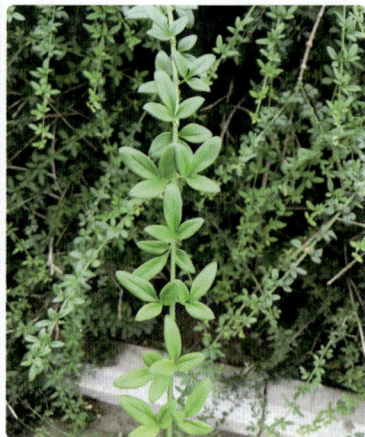

迎春花

Jasminum nudiflorum

🌿 无毒　🌱 株高 0.3~5 米　🌸 花期 2~4 月

● 木樨科素馨属　别名 / 重瓣迎春、迎春

识别特征 落叶灌木。枝条下垂，小枝无毛，棱上多少具窄翼。叶对生，三出复叶，小枝基部常具单叶。叶柄无毛，具窄翼。幼叶两面稍被毛，老叶仅叶缘具睫毛。小叶卵形或椭圆形，先端具短尖头，基部楔形。顶生小叶无柄或有短柄，侧生小叶无柄。花单生于去年生小枝叶腋，苞片小叶状，花萼绿色，裂片 5~6，窄披针形，花冠黄色，裂片 5~6，椭圆形。果椭圆形。

产地与生境 产于中国，现在世界各地广为栽培。生于山坡灌丛中。

趣味文化 迎春花因在百花之中开花最早，花后即迎来百花齐放的春天而得名。

用途 叶苦、涩、平，活血解毒，消肿止痛。宜在湖边、溪畔、桥头、墙隅配植，或草坪、林缘、坡地，房屋周围也可栽植，可供早春观花。

迎红杜鹃

Rhododendron mucronulatum

🌿 无毒　💧 株高 1~2 米　🌱 花期 4~6 月　🍂 果期 5~7 月

● 杜鹃花科杜鹃花属

识别特征　落叶灌木。幼枝细长，疏生鳞片。叶片质薄，椭圆形或椭圆状披针形。花序腋生枝顶或假顶生，花 1~3 朵，先叶开放，伞形着生。花芽鳞宿存。花冠宽漏斗状，淡红紫色，外面被短柔毛，无鳞片。蒴果长圆形，先端 5 瓣开裂。

产地与生境　产于我国内蒙古、辽宁、河北、山东、江苏北部，蒙古、日本、朝鲜、俄罗斯也有分布。生于山地灌丛。

趣味文化　迎红杜鹃有着国家繁荣富强，和他国之间友谊长存的美好寓意。除此之外，迎红杜鹃还代表着思念，有远在他乡，对爱人的思念，对家人的想念。

用途　味苦，平。可用于解表，止咳，平喘。花有浓厚的香气，可提取芳香油。全草可做绿肥。

油菜

Brassica rapa var. oleifera de

🛡 无毒　💧 株高 50~100 厘米　🌿 花期 3~4 月　🍂 果期 5 月

● 十字花科芸薹属　别名 / 番油菜、欧洲油菜、芸薹

识别特征 二年生草本。茎直立，有分枝，仅幼叶有少数散生刚毛；下部叶大头羽裂，顶裂片卵形，顶端圆形，基部近截平，边缘具钝齿，侧裂片约 2 对，卵形。总状花序伞房状。花瓣浅黄色，倒卵形，长角果线形，果瓣具 1 条中脉。种子球形，黄棕色，近种脐处常带黑色，有网状窠穴。

产地与生境 分布于我国西北、华北地区，内蒙古及长江流域各省份，世界各地也广泛分布。喜光不耐干旱，可在盐碱荒地存活。

趣味文化 原产欧洲，但在野外还未发现欧洲油菜的野生种质资源，在中国各地广泛种植，世界各地均有栽培，经过多代繁衍，已经杂交出多个品种。

用途 花色鲜艳，可作为一种观赏植物应用。油菜也是种子植物油的重要来源之一，可食用。

羽衣甘蓝

Brassica oleracea var. *acephala*

🌿 无毒 　💧 株高 20~40 厘米 　🌸 花期 4~5 月 　🍂 果期 5~6 月

● 十字花科芸薹属 　别名 / 叶牡丹

识别特征 二年生草本。叶皱缩，呈白黄、黄绿、粉红或红紫等色，有长叶柄。叶片宽大呈大匙形，叶片平滑无毛，边缘有细波状皱褶。叶柄粗而有翼。4 月抽薹开花，花色金黄、黄至橙黄。长角果圆筒形。种子为球形，灰棕色。

产地与生境 产于地中海沿岸至小亚细亚一带，主要分布于温带地区，在中国北京、上海等地均有种植。喜冷凉气候，极耐寒，不耐涝；可忍受多次短暂的霜冻，耐热性也很强，喜光；生长势强，栽培容易，对土壤适应性较强，耐盐碱。

趣味文化 吴蔚编著的《保护地特菜栽培技术》一书中写到："羽衣甘蓝整个植株形如牡丹，所以人们也把它称为叶牡丹。"

用途 叶色鲜艳，是冬季和早春重要的观叶植物。在长江流域及其以南地区，多用于布置花坛、花境，或者作为盆栽。羽衣甘蓝具有一定的食用价值，它的钙、铁、钾含量都很高，其嫩叶可炒食、凉拌、做汤，在欧美多用其配上各色蔬菜制成沙拉。

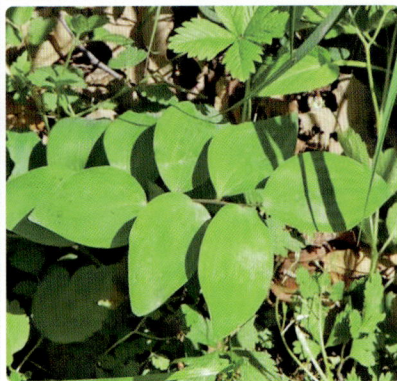

玉竹

Polygonatum odoratum

🌿 无毒　📏 株高 20~50 厘米　🌱 花期 5~6 月　🍂 果期 7~9 月

● 天门冬科黄精属　别名 / 地管子、尾参、铃铛菜

识别特征 根状茎圆柱形。叶互生，椭圆形至卵状矩圆形，先端尖，下面带灰白色，下面脉上平滑至呈乳头状粗糙。花丝丝状，近平滑至具乳头状突起。浆果蓝黑色。

产地与生境 分布于黑龙江、吉林、辽宁、河北、山西、内蒙古、甘肃、青海、山东、河南、湖北、湖南、安徽、江西、江苏、台湾。常见于林下或山野阴坡。

趣味文化《本草经集注》中认为玉竹茎干强直，似竹箭杆，有节，由此得名。

用途 常用于治疗热病口咽干燥、干咳少痰、心烦心悸、糖尿病等。幼苗可食用，用开水烫后炒食或做汤。但果实有毒，不可食用。

郁金香

Tulipa × gesneriana

⚠ 全株有毒　　💧 株高 15~60 厘米　　🌱 花期 4~5 月

● 百合科郁金香属　别名 / 洋荷花、草麝香、郁香、荷兰花

识别特征 多年生草本。地下具肉质层状鳞茎，茎叶光滑，被白粉。叶带状披针形至卵状披针形。花单生于茎顶，大型，直立杯状，花被片 6 枚，离生，花色有白、黄、橙、红、紫及复色，雄蕊等长，花丝无毛，无花柱，柱头增大呈鸡冠状。蒴果。

产地与生境 产于地中海沿岸、土耳其山区、中国新疆等地，现中国各地均有栽培。属长日照花卉，喜向阳、避风，冬季温暖湿润，夏季凉爽干燥的气候，喜腐殖质丰富、疏松肥沃、排水良好的微酸性沙质土壤。

趣味文化 郁金香是荷兰、新西兰、伊朗、土耳其、阿富汗、土库曼斯坦等国的国花。

用途 可入药。花可除心腹间恶气，根能镇静。花粉含正一二十七烷、异一二十七烷。郁金香为世界著名观赏花卉，花朵似荷花，花色繁多、色彩丰润、艳丽，为春季球根花卉，矮壮品种适合布置春季花坛，鲜艳夺目，在园林中应用广泛。

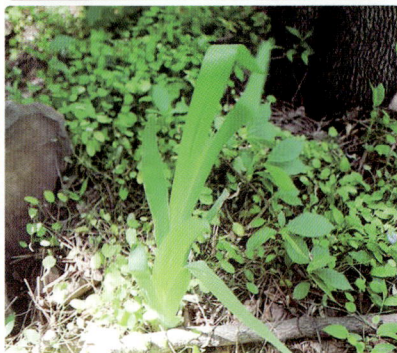

鸢尾

Iris tectorum

⚠ 全株有毒　🌿 株高 30~60 厘米　🌸 花期 4~6 月　🌰 果期 6~8 月

● 鸢尾科鸢尾属　别名 / 蓝蝴蝶、紫蝴蝶、扁竹花

识别特征 多年生草本。根状茎粗壮，二歧分枝，叶基生，黄绿色，稍弯曲，中部略宽，宽剑形。外花被裂片圆形或宽卵形，顶端微凹，爪部狭楔形，中脉上有不规则的鸡冠状附属物，花盛开时向外平展，爪部突然变细。蒴果长椭圆形或倒卵形。种子黑褐色，梨形，无附属物。

产地与生境 分布于山西、安徽、江苏、浙江、福建、湖北、湖南、江西、广西、陕西、甘肃、四川、贵州、云南、西藏。常见于向阳坡地、林缘及水边湿地。

趣味文化 鸢尾在中国常用以象征爱情和友谊，在爱情里面，鸢尾花代表恋爱使者，鸢尾的花语是长久思念。

用途 鸢尾根状茎治关节炎、跌打损伤、食积、肝炎等。对氟化物敏感，可用以监测环境污染。

泽珍珠菜

Lysimachia candida

🌿 无毒　🌱 株高 10~30 厘米　🌼 花期 3~6 月　🍂 果期 4~7 月

● 报春花科珍珠菜属　别名 / 泽星宿菜、白水花、水硼砂

识别特征 一年生或二年生草本。全株无毛。茎单生或数条簇生，直立。基生叶匙形或倒披针形，茎叶互生，叶片倒卵形、倒披针形或线形，边缘全缘或微皱呈波状，两面均有黑色或带红色的小腺点，无柄或近于无柄。总状花序顶生，花冠白色。蒴果球形。

产地与生境 分布于我国陕西、河南、山东以及长江以南各地区。生于水边、稻田和湿地草丛中。

趣味文化 泽珍珠菜始载于《救荒本草》，名星宿菜，曰："生田野中作小科苗，生叶似石竹子叶而细小，又似米布袋，叶微长，梢上开五瓣小尖白花。"

用途 花序醒目，适合成片栽植于林缘、溪边草丛中，也可布置花境，具有观赏价值。全草可入药，辛，凉。清热解毒，活血止痛，利湿消肿，用于咽喉肿痛、痈疮肿毒。

珍珠绣线菊

Spiraea thunbergii

🌿 无毒　💧 株高 1.5 米　🌱 花期 4~5 月　🍂 果期 7 月

● 蔷薇科绣线菊属　别名 / 雪柳、喷雪花、珍珠花

识别特征　灌木。枝条细长开张，呈弧形弯曲，小枝有棱角，幼时被短柔毛，褐色，老时转红褐色，无毛。叶片线状披针形，先端长渐尖。基部狭楔形，边缘自中部以上有尖锐锯齿，两面无毛，具羽状脉。伞形花序无总梗，基部簇生数枚小叶。蓇葖果开张，无毛。

产地　产于我国华东地区，日本也有分布，山东、陕西、辽宁等地均广为栽培。喜光，喜温暖的气候和湿润且排水良好的沙质土或腐叶土，较耐寒，不耐阴。

趣味文化　也被称为"雪柳"，名称源于该花的形态，柳枝上长满小花，宛若雪中柳。花语代表在刻苦的环境下自立。

用途　观花观叶树种，可用作绿篱，切花生产。可入药，也有治疗咽喉肿痛的作用。

芝麻菜

Eruca vesicaria subsp. sativa

⊘ 无毒　✏ 株高 20~90 厘米　🌱 花期 5~6 月　🍂 果期 7~8 月

● 十字花科芝麻菜属　别名 / 臭菜、东北臭菜

识别特征 一年生草本。茎直立，上部常分枝，疏生硬长毛或近无毛。基生叶及下部叶大头羽状分裂或不裂。总状花序有多数疏生花。长角果圆柱形。

产地与生境 产于我国黑龙江、辽宁、内蒙古、河北、山西、陕西、甘肃、青海、新疆、四川，中亚、地中海地区、非洲北部、墨西哥均有分布。生于山坡，海拔 1 050~2 000 米。

用途 因芝麻菜具有很强的环境适应能力而被引种到世界各地，其种子的含油率为 25%~29%，在部分国家作为油料作物。芝麻菜可用来治疗中风、中寒以及暑热等。

诸葛菜

Orychophragmus violaceus

🔖 无毒　🌱 株高 50 厘米　🌸 花期 3~5 月　🍂 果期 5~6 月

● 十字花科诸葛菜属　别名 / 紫金草、二月兰

识别特征 一年生或二年生草本。茎直立，基生叶及下部茎生叶大头羽状全裂，顶裂片近圆形或短卵形，侧裂片卵形或三角状卵形，叶柄疏生细柔毛。花紫色、浅红色或褪成白色，花萼筒状，紫色，花瓣宽倒卵形，密生细脉纹。长角果线形。种子卵形至长圆形，黑棕色。

产地与生境 分布于我国辽宁、河北、山西、山东、河南、安徽、江苏、浙江、湖北、江西等地，朝鲜也有分布。生在平原、山地、路旁或地边。

趣味文化 诸葛亮受托孤重任，力辅后主，出兵伐魏。为了解决军粮不足的问题，诸葛亮想出军中自种蔓菁的办法。兵士们依令行事，不久便在行军路途附近大面积种植蔓菁，暂时缓解了军粮供需的矛盾。蜀军离去后，所种的蔓菁并没有浪费，当地百姓普遍采食，称之为"诸葛菜"。

用途 嫩茎叶用开水泡后，再放在凉开水中浸泡，直至无苦味时即可炒食。种子可榨油。

紫斑牡丹

Paeonia rockii

🍃 无毒　🌿 株高 1.5~2 米　🌱 花期 4~5 月　🍂 果期 4~7 月

⬤ 芍药科芍药属

识别特征 落叶灌木。分枝短而粗。叶为二至三回羽状复叶，小叶不分裂。花单生枝顶，直径 10~17 厘米，花梗长 4~6 厘米。花瓣内面基部具深紫色斑块，倒卵形，顶端呈不规则的波状。花盘革质，杯状。蓇葖果。

产地与生境 分布于四川北部、甘肃南部、陕西南部（太白山区）。生于海拔 1 100~2 800 米的山坡林下灌丛中。

趣味文化 紫斑牡丹是野生牡丹中分布范围较广的一个种，甘肃中部及其相邻地区的栽培牡丹主要由该种演化而来，故称之为紫斑牡丹品种群。因甘肃中部为其主产区，故亦称甘肃品种群，后来改称为西北品种群。

用途 既是观赏植物，又是重要的药用植物。其根皮供药用，亦称"丹皮"，能清热凉血、活血散瘀，又为镇痛、通经药。

紫堇

Corydalis edulis

⚠ 有毒　🌿 株高 20~50 厘米　🌱 花期 4~5 月　🍂 果期 5~7 月

● 罂粟科紫堇属　别名/蝎子花、麦黄草、断肠草

识别特征 一年生草本植物。茎分枝，具叶。花枝花葶状，常与叶对生。基生叶具长柄，叶片近三角形，上面绿色，下面苍白色，一至二回羽状全裂。苞片狭卵圆形至披针形，渐尖，全缘，有时下部的疏具齿，花粉红色至紫红色。蒴果线形，具 1 列种子。种子密生环状小凹点，种阜小，紧贴种子。

产地与生境 分布于辽宁、北京、河北、山西、河南、陕西、甘肃、四川、云南、贵州、湖北、江西、安徽、江苏、浙江、福建。常见于丘陵、沟边或多石地。

趣味文化 "堇"字古通"芹"字，诗经"堇荼如饴"，说明古代食用的"芹"即紫堇。

用途 全草可入药，能清热解毒、止痒、收敛、固精、润肺、止咳。因花型奇特、清新而美丽，还可用于地栽和盆栽观赏。

紫荆

Cercis chinensis

🌿 无毒　💧 株高 2~5 米　🌱 花期 3~4 月　🍂 果期 8~10 月

● 豆科紫荆属　别名 / 满红条、紫花树

识别特征 丛生或单生灌木。树皮和小枝灰白色。叶纸质，近圆形或三角状圆形，先端急尖，基部浅至深心形，两面通常无毛，嫩叶绿色，仅叶柄略带紫色，叶缘膜质透明，新鲜时明显可见。花紫红色或粉红色，2~10 朵成束，簇生于老枝和主干上，龙骨瓣基部具深紫色斑纹。荚果。

产地与生境 产于我国东南部。北至河北，南至广东、广西，西至云南、四川，西北至陕西，东至浙江、江苏和山东等省份均有分布。多生于庭院、屋旁、寺街边，少数生于密林或石灰岩地区。

趣味文化 紫荆把根深深扎在百姓人家的庭院中，一直是家庭和美、骨肉情深的象征。晋代文人陆机有诗云："三荆欢同株，四鸟悲异林。"后来逐渐演化为兄弟分而复合的故事。

用途 树皮可入药，有清热解毒、活血行气、消肿止痛之功效，可治产后血气痛、疔疮肿毒、喉痹。花可治风湿筋骨痛。

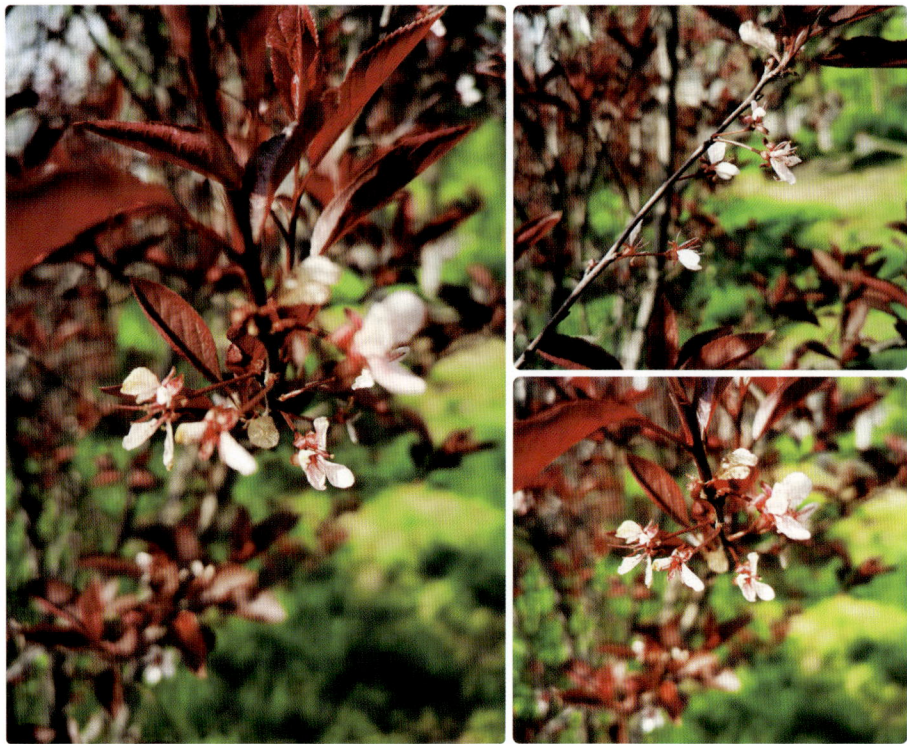

紫叶李

Prunus cerasifera 'Atropurpurea'

🌿 无毒　　🌱 株高 8 米　　❀ 花期 4 月　　🍒 果期 8 月

● 蔷薇科李属　　别名 / 红叶李、樱桃李

识别特征 灌木或小乔木。多分枝，枝条细长，开展，暗灰色，有时有棘刺，枝暗红色，无毛。叶片椭圆形、卵形或倒卵形，极稀椭圆状披针形。花萼筒钟状，萼片长卵形，先端圆钝，边有疏浅锯齿，与萼片近等长，萼筒和萼片外面无毛，萼筒内面疏生短柔毛。

产地与生境 产于亚洲西南部，中国华北及其以南地区广为种植。生长于山坡林中或多石砾的坡地以及峡谷水边等处，海拔 800~2 000 米。

趣味文化 紫叶李有"紫气东来"的寓意，花语为幸福、向上、积极。

用途 紫叶李是红色叶树种，孤植、群植皆宜，能衬托背景。紫叶李生长迅速，红叶、红枝有很高的观赏价值。由于它枝繁叶茂，常植于建筑旁、院落内、河边和公园中小径两旁。

紫叶小檗

Berberis thunbergii 'Atropurpurea'

🛇 无毒　🌿 株高可达 1 米　🌱 花期 4~6 月　🍂 果期 7~10 月

● 小檗科小檗属　别名 / 刺檗、红叶小檗、目木

识别特征　落叶灌木。多分枝，枝条开展，具细条棱，幼枝淡红带绿色，无毛，老枝暗红色，茎刺单一。叶薄纸质，倒卵形、匙形或菱状卵形，先端骤尖或钝圆，基部狭而呈楔形，全缘。花 2~5 朵组成具总梗的伞形花序，或近簇生的伞形花序或无总梗而呈簇生状。花瓣长圆状倒卵形，浆果椭圆形，亮鲜红色，无宿存花柱。种子 1~2 枚，棕褐色。

产地与生境　产于日本，是小檗属中栽培最广泛的种之一，我国大部分省区、特别是各大城市常栽培于庭院中和路旁作绿化或绿篱用。

趣味文化　小檗名称的由来，归其根本是源自医书记录中的"张冠李戴"。事实上，小檗的"檗"字最初是被用来描述芸香科植物黄柏的，所以黄柏也常被称为黄檗、檗木等。

用途　根和茎含小檗碱，可供提取黄连素。民间枝、叶煎水服，可治结膜炎；根皮可作健胃剂。茎皮去外皮后，可做黄色染料。

紫玉兰

Yulania liliiflora

🍃 无毒　🌿 株高达 3 米　🌱 花期 3~4 月　🌰 果期 8~9 月

● 木兰科玉兰属　别名 / 木笔、辛夷、狭萼辛夷

识别特征 落叶灌木。树皮灰褐色，小枝绿紫色或淡褐紫色。叶椭圆状倒卵形或倒卵形。花蕾卵圆形，花叶同时开放，瓶形，直立于花梗上，花被片 9~12，外面紫色或紫红色，内面带白色，花瓣状，椭圆状倒卵形，雄蕊紫红色，雌蕊群淡紫色，无毛。聚合果深紫褐色，变褐色，圆柱形。

产地与生境 产于福建、湖北、四川、云南西北部。生于山坡林缘。

趣味文化 古有举人，常流脓涕，人皆敬而远之，四处寻药而不得，欲自缢，打柴人见了推荐其去南方夷族求医，医生以紫玉兰做药医好举人，人皆问举人用何药而医，举人语塞，恰逢当时为辛亥年，又是夷族之药，因此辛夷的名字便流传了下来。

用途 著名的早春观赏花木，且树皮、叶、花蕾均可入药。

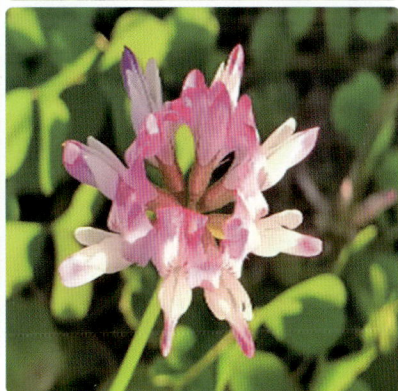

紫云英

Astragalus sinicus

⚠ 有毒　◐ 株高 30~100 厘米　❀ 花期 2~6 月　❁ 果期 3~7 月

● 豆科黄芪属　别名/翘摇、红花草、草子

识别特征 二年生草本。多分枝，被白色疏柔毛。奇数羽状复叶，小叶倒卵形或椭圆形，先端钝圆或微凹，基部宽楔形，上面近无毛，下面散生白色柔毛，具短柄。总状花序呈伞形。荚果线状长圆形。种子肾形，栗褐色。

产地与生境 产于长江流域各省区。生于海拔 400~3 000 米的山坡、溪边及潮湿处。

趣味文化 紫云英的花语有两层意思，一是幸福快乐：株型美观大方，给人一种温暖幸福的感受；二是幸运：生命力顽强，种子萌芽性强，就像幸运的人在艰险环境中也能存活。

用途 重要的绿肥作物和牲畜饲料，嫩梢亦供蔬食。

PART 2
夏季开花
植物

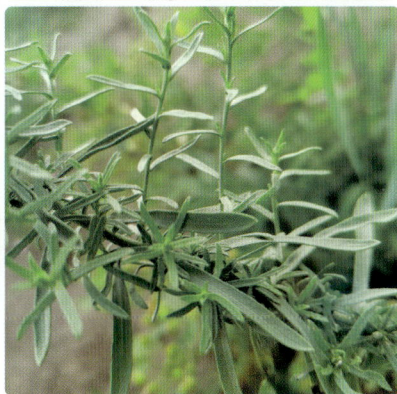

阿尔泰狗娃花

Aster altaicus

🌿 无毒　💧 株高 20~60 厘米　🌱 花期 5~9 月　🍂 果期 5~9 月

● 菊科紫菀属　别名 / 阿尔泰紫菀、阿尔泰狗哇花

识别特征 多年生草本。茎直立，下部叶全缘或有疏浅齿，上部叶片渐狭小，条形，全部叶两面或下面被粗毛或细毛，常有腺点。头状花序单生枝端或排成伞房状。总苞半球形，总苞片近等长或外层稍短。瘦果扁，倒卵状矩圆形。

产地与生境 分布于亚洲中部、东部、北部及东北部，也见于喜马拉雅西部。生于草原、荒漠地、沙地及干旱山地。

用途 阿尔泰狗娃花是中等饲用植物，家畜仅采食其中一部分。在生长早期，山羊及绵羊乐食其嫩枝叶，绵羊喜食其花。

白心球花报春

Primula atrodentata

🛡 无毒　　📏 株高 10~15 厘米　　🌱 花期 5~6 月　　🌾 果期 5~6 月

● 报春花科报春花属

识别特征 多年生草本。叶椭圆形、长椭圆形或匙形，先端圆形或钝，基部渐狭，边缘具小锯齿，两面均被短柄小腺体，下面有时被白色或淡黄色。花序近头状，少花至多花，花冠常淡紫色或蓝紫色，筒口周围白色，冠檐裂片阔倒卵形，先端 2 深裂。蒴果。

产地与生境 产于西藏东南部。生于高山草甸和矮林、灌丛中。

趣味文化 生在高山中的报春花顶着严酷的环境，在短暂的生长期里吸收养分，积蓄热量，就只在当年的花期盛开一次，野生的高原花卉顽强的生命力令人钦佩。

用途 西藏民间用全草入药，可止泻。

斑叶堇菜

Viola variegata

🛡 无毒　🌱 株高 3~12 厘米　🌿 花期 4~8 月　🍂 果期 6~9 月

（● 堇菜科堇菜属　别名 / 天蹄）

识别特征 多年生草本。根状茎通常较短而细，节密生，具数条淡褐色或近白色长根。叶均基生，莲座状，叶片圆形或圆卵形，边缘具平而圆的钝齿，沿叶脉有明显的白色斑纹，两面常密被短粗毛。托叶淡绿色或苍白色，近膜质，边缘疏生流苏状腺齿。花红紫色或暗紫色，萼片常带紫色，花瓣倒卵形，侧方花瓣里面基部有须毛。蒴果椭圆形，幼果球形，常被短粗毛。

产地与生境 产于黑龙江、甘肃、安徽等地。生于山坡草地、林下、灌丛中或阴处岩石缝隙中。

用途 味甘，性凉，有清热解毒、凉血止血的功效，是一种药用植物。同时也是一种既可观花又可观叶的观赏植物。

半夏

Pinellia ternata

⚠ 块茎有毒　💧 株高 10~50 厘米　🌱 花期 5~7 月　🌼 果期 8 月

● 天南星科半夏属　别名 / 地文、守田、和姑

识别特征 多年生草本。块茎圆球形，具须根。叶柄基部具鞘，鞘内、鞘部以上或叶片基部有珠芽，珠芽在母株上萌发或落地后萌发。幼苗叶片卵状心形至戟形，为全缘单叶，老株叶 3 全裂，裂片绿色，背淡。侧裂片稍短，全缘或具不明显的浅波状圆齿。佛焰苞绿色或绿白色，管部狭圆柱形。肉穗花序。浆果卵圆形，黄绿色，先端渐狭为明显的花柱。

产地与生境 全国各地广布，生于海拔 2 500 米以下，常见于草坡、荒地、玉米地、田边或疏林下。

趣味文化 半夏，生于夏至日前后。此时，一阴生，天地间不再是纯阳之气，夏天也过半，故名"半夏"。

用途 块茎入药，有毒，能燥湿化痰，降逆止呕。兽医用之治锁喉癀。

瓣蕊唐松草

Thalictrum petaloideum

✔ 无毒　✔ 株高 20~80 厘米　✔ 花期 6~7 月　✔ 果期 7~8 月

● 毛茛科唐松草属　别名/花唐松草、马尾黄连、肾叶唐松草

识别特征 多年生草本。植株全部无毛。上部分枝。基生叶数个，有短或稍长柄，为三至四回三出或羽状复叶；小叶草质，形状变异很大，顶生小叶倒卵形、宽倒卵形；裂片全缘，叶脉平，脉网不明显。花序伞房状，有少数或多数花；萼片白色，早落，卵形，雄蕊多数，花药狭长圆形，顶端钝，花丝上部倒披针形，比花药宽。瘦果卵形。

产地与生境 生于我国四川西北部、青海东部、甘肃、宁夏、陕西、安徽、河南等地。生于山坡草地，海拔分布在甘肃、四川、青海一带为 1 800~3 000 米，在山西、河北一带为 800~1 800 米，在东北地区为 700 米以下。

趣味文化 在盛产"美人儿"的毛茛科，唐松草虽然不如"藤本皇后"铁线莲那么耀眼，但也有自己独特的美，让人过目不忘。唐松草属名字来源于专司盛典的希腊女神。

用途 根可治黄疸型肝炎、腹泻、痢疾、渗出性皮炎等症。

苞叶雪莲

Saussurea obvallata

🜀 无毒　🌿 株高 16~60 厘米　🌱 花期 7~9 月　🌾 果期 7~9 月

● 菊科风毛菊属　别名 / 苞叶风毛菊、苞叶雪莲花

识别特征 多年生草本。根状茎粗，颈部被稠密的褐色纤维状撕裂的叶柄残迹。茎直立，有短柔毛或无毛。叶片长椭圆形或长圆形，边缘有细齿，两面有腺毛。最上部茎叶苞片状，膜质，黄色两面被短柔毛和腺毛，包围总花序。头状花序在茎端密集成球形总花序，小花蓝紫色。瘦果长圆形，淡褐色，外层短糙毛状，内层羽毛状。

产地与生境 分布于甘肃、四川、云南等地。生于高山草地、山坡多石处、溪边石隙处、流石滩，海拔 3 200~4 700 米。

趣味文化 为了适应高原环境，苞叶雪莲的最上部叶片演化成了苞叶，这些苞叶如同层层裹起的"棉被"，为其内部的花朵保暖。果实成熟后，"卷心菜"状的苞片会像花朵一样怒放，苞叶雪莲的种子和蒲公英的种子一样长有冠毛，当风吹过，它的种子就会随风飞翔，开启一段新的生命历程。

用途 全草入药，主治风湿性关节炎、高山不适应、月经不调，并有镇静麻醉作用。

薄皮木

Leptodermis oblonga

🌿 无毒　💧 株高 20~100 厘米　🌱 花期 6~8 月　🍂 果期 10 月

● 茜草科野丁香属　别名 / 小丁香、薄皮野丁香

识别特征 灌木。小枝被微柔毛。叶纸质，先端渐尖，基部楔形。花无梗，常生枝顶，稀枝上部腋生，花冠淡紫红色，漏斗状，裂片窄三角形或披针形，花药线状长圆形，长柱花微伸出，短柱花内藏。

产地与生境 分布于我国河北、天津、山西、河南、陕西、宁夏、甘肃、四川等地。生于山坡、路边等向阳处，亦见于灌丛中。

趣味文化 表皮薄，常片状剥落，称薄皮木。

用途 嫩枝叶牛、羊均喜采食，老叶干枯后也被采食，为中低等饲用植物。由于其适应能力强，薄皮木形成建群种或优势种后，一些禾本科牧草也随之生长发育起来，因此，整个群落的饲用价值提高。

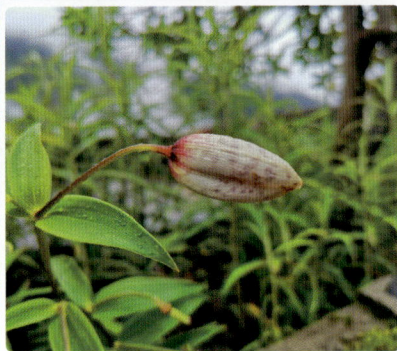

豹子花

Lilium pardanthinum

⚠ 有毒（汁液）　🔵 株高 25~90 厘米　🌱 花期 5~7 月　🍂 果期 7~8 月

● 百合科百合属　别名 / 宽瓣豹子花、米百合

识别特征 鳞茎卵状球形。叶在同一植株上兼具散生与轮生，狭椭圆形或披针状椭圆形。花单生，红色或粉红色。外轮花被片卵形，全缘。内轮花被片宽卵形至卵圆形，在里面有紫红色的斑点，基部有肉质紫红色的垫状隆起，边缘有不整齐的锯齿。花丝下部呈肉质的圆筒状膨大，紫红色或粉红色。蒴果矩圆形。

产地与生境 产于云南西北部。生于山坡林缘或草坡上，海拔 2 700~4 050 米处。

趣味文化 花如其名，点着豹纹。白色或粉色的花瓣上，深色斑点散布，斑点有时均匀，有时零散，有时密集，有时稀疏，有时如水墨般晕染，有时如油画般凝实。现已列入《世界自然保护联盟红色名录》中，保护级别为濒危。

用途 花大美丽，适于庭院或林缘、岩石园栽植观赏。

北香花芥

Hesperis sibirica

🌿 无毒　✂ 株高 25~80 厘米　🌱 花期 6~9 月　🌼 果期 6~9 月

● 十字花科香花芥属　别名 / 雾中之青、雾灵香花芥

识别特征 多年生或二年生草本。根粗，木质化，具分枝。茎直立，单一，坚硬，稍有棱角，基生叶倒披针形或宽条形。总状花序顶生，直立基部渐狭，边缘有浅齿，花紫色，外面有短柔毛。长角果长圆形。

产地与生境 分布于河北省北部。生于山坡灌丛，常见于林区山沟中。

趣味文化 古代，在中国西南部的一些村庄中，有一个古老的传说，说是在夜晚走在路上会遇到一种神秘的植物——北香花芥。这种植物散发出淡淡的清香，能够引导迷路者找到回去的路。所以，人们把北香花芥作为指引者或是护身符，具有吉祥、幸福的意义。

用途 北香花芥是园艺界受欢迎的观赏植物之一。在花坛或花境中种植，可以营造出浪漫清新的氛围。而且，花期较长，可持续数月，花朵颜色繁多，适用于组成花球、花篮和花冠等装饰物。

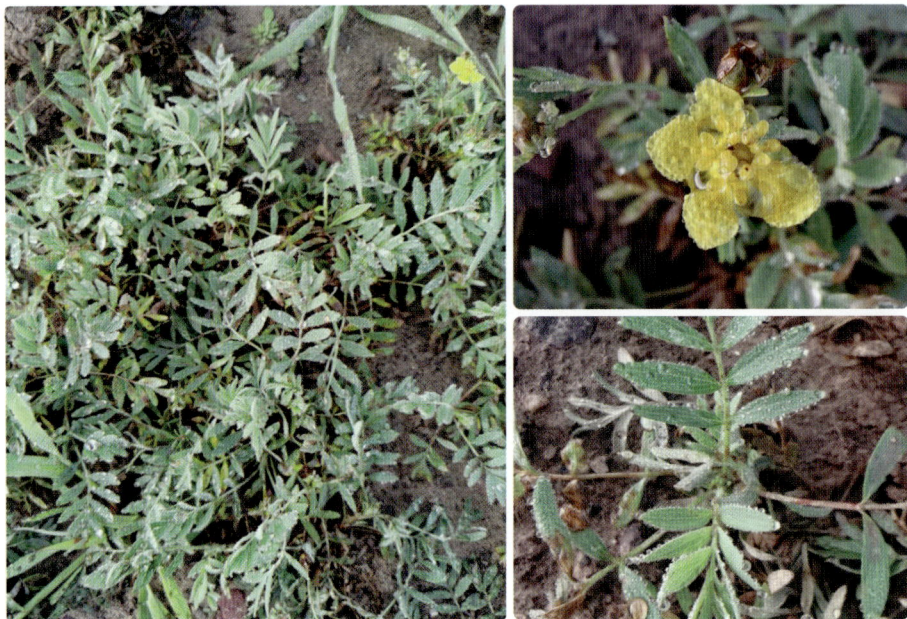

萹蓄

Polygonum aviculare

● 无毒　● 株高 10~40 厘米　● 花期 5~7 月　● 果期 6~8 月

● 蓼科萹蓄属　别名 / 鸟蓼、猪牙草、道生草

识别特征　一年生草本。茎平，自基部多分枝，具纵棱。叶椭圆形，狭椭圆形或披针形，顶端钝圆或急尖，边缘全缘。叶柄短或近无柄，基部具关节。花单生，或数朵簇生于叶腋，遍布于植株，苞片薄膜质，花梗细，顶部具关节。花被片椭圆形，绿色，边缘白色或淡红色。瘦果卵形，具 3 棱，黑褐色，密被由小点组成的细条纹。

产地与生境　分布于全国各地。生于田边路、沟边湿地，海拔 10~4200 米处。

趣味文化　《神农本草经》记载："（萹蓄）主浸淫，疥瘙疽痔，杀三虫。"据说，南朝时期著名医学家陶弘景对萹蓄的功效产生疑问。刚好这天，有一位父亲带着小孩来看病，根据孩子的症状，陶弘景判断其有虫疾，便开了萹蓄熬汤喝，并吩咐三天后复诊。三天后父亲和孩子报喜来了，说喝完萹蓄汤后，虫疾果然好了。

用途　全草可入药，有通经利尿、清热解毒功效。主要以幼苗及嫩茎叶为食用部分，是中国民间传统的野菜。

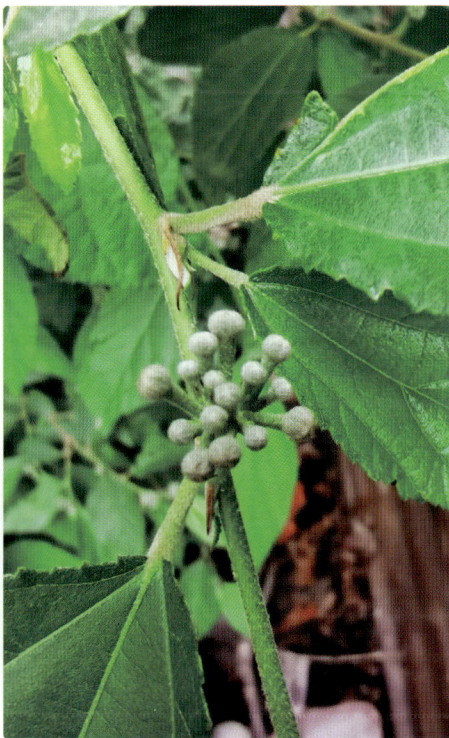

扁担杆

Grewia biloba

⚠ 种子和树皮微毒　🌿 株高 1~4 米　🌱 花期 5~7 月　🌾 果期 8~9 月

（● 锦葵科扁担杆属　别名 / 轮叶婆婆纳）

识别特征 灌木或小乔木。多分枝，嫩枝被粗毛。叶薄革质，椭圆形或倒卵状椭圆形，基出脉 3 条，托叶钻形。聚伞花序腋生，多花。核果红色。

产地与生境 分布于我国浙江、江西、湖南、四川、台湾、广东等省区。生于海拔 300~2 500 米的丘陵或低山、路旁、草地的灌丛或疏林中。

趣味文化 《救荒本草》中相关记载为"救饥采子红熟者食之，又煮枝汁少加米作粥甚美"。其实这种果实的内核很大，果肉很薄，可以拿来充饥之用，古人更是推荐用它的枝叶煮粥喝。

用途 果实橙红艳丽且悬挂枝梢长达数月之久，为良好的观果树种。枝叶可入药，味辛、甘，性温。

苍术

Atractylodes lancea

🟢 无毒　💧 株高 15~100 厘米　🌿 花期 6~10 月　🌰 果期 6~10 月

● 菊科苍术属　别名 / 枪头菜、赤术

识别特征 多年生草本。茎直立，单生或少数茎成簇生。基部叶花期脱落，全部叶质地硬纸质，两面同色，绿色，无毛。头状花序单生茎枝顶端。瘦果倒卵圆状。

产地与生境 北苍术产于我国内蒙古、山西、辽宁等地，南苍术产于我国江苏、湖北、河南等地，朝鲜及俄罗斯远东地区均有分布。生于山坡草地、林下、灌丛及岩缝隙中。

趣味文化 传说，小尼姑采药时不小心将苍术裹进了药篮子，无意中发现苍术可以治病。过了些日子，小尼姑受不了老尼姑的气，逃出观音庵回家还俗了。从此就靠挖苍术为生，治好了许多足膝软瘫的病人。

用途 苍术，性温，味辛、苦，根状茎入药，常用于治疗湿阻中焦之脘腹胀满、呕恶泄泻、风寒湿痹，足膝肿痛等。据《本草纲目》《中药大辞典》记载，苍术可熏香，常用于空气消毒。

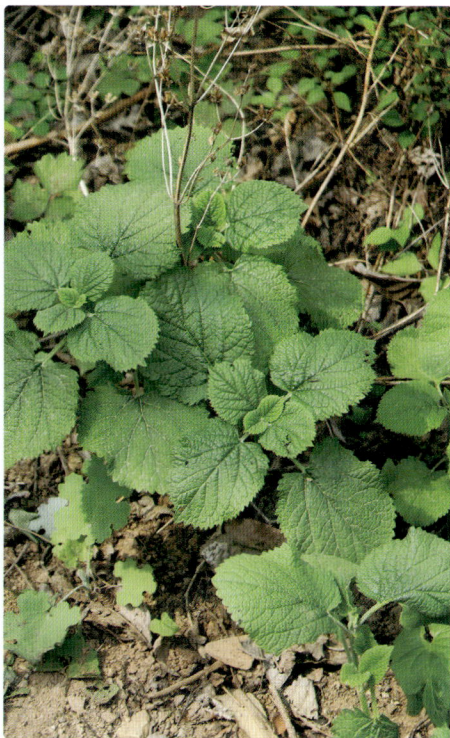

糙苏

Phlomoides umbrosa

🌿 无毒　　🌱 株高 0.5~1.5 米　　🌸 花期 6~9 月　　🍂 果期 9 月

● 唇形科糙苏属　别名 / 小兰花烟、山芝麻、白莶

识别特征 多年生草本。根粗壮。茎被倒向短硬毛，多分枝。叶卵圆形或卵状长圆形。花冠通常粉红色，下唇较深色，雄蕊内藏，花丝无毛，无附属器。小坚果无毛。

产地与生境 分布于我国辽宁、内蒙古、河北、山东、山西、陕西、甘肃、四川、湖北、贵州及广东。生于海拔 200~3 200 米的疏林下或草坡上。

趣味文化 糙苏在文化和文学作品中常被赋予坚韧不拔、顽强不屈的精神象征，同时也因其药用价值而具有"治愈"和"净化"的象征意义。这些象征意义丰富了糙苏的文化内涵，也使其成为了一种具有特殊情感价值的植物。

用途 植株形态优美，花朵艳丽，具有一定的观赏价值。根或全草可入药，具有祛风化痰、利湿除痹、解毒消肿等功效。

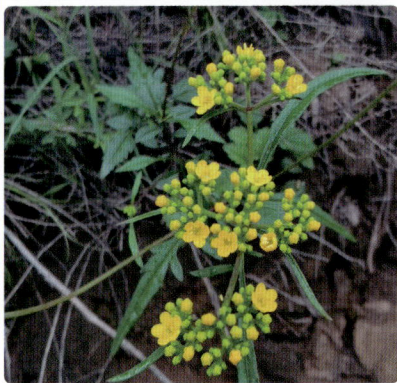

糙叶败酱

Patrinia scabra

🛡 无毒　🌱 株高 30~60 厘米　🌼 花期 7~9 月　🍂 果期 8~9 月

● 忍冬科败酱属　别名 / 败酱草、墓头回、鸡粪卓

识别特征 多年生草本。茎丛生，多分枝。叶对生，多裂片。聚伞花序顶生呈伞房状排列，花小、黄色，花冠合瓣。果实翅状，卵形或近圆形，种子位于中央。

产地与生境 多分布于华北、东北地区。生于草原带、森林草原带的石质丘陵坡地石缝或较干燥的阳坡草丛中。

趣味文化《本草纲目》中提到："山谷处处有之，根如地榆，长条黑色，闻之极臭，俗呼鸡粪草。"这大概就是鸡粪草别名的由来。

用途 黄色小花具有一定的观赏价值。以根入药，有清热燥湿、止血、止带、截疟之功效。

糙叶黄芪

Astragalus scaberrimus

🍃 无毒　🌿 株高 50~80 厘米　🌱 花期 4~8 月　🌼 果期 5~9 月

● 豆科黄芪属　别名 / 糙叶黄耆、春黄芪、春黄耆

识别特征 多年生草本。根状茎短缩，多分枝，木质化。羽状复叶有 7~15 片小叶，叶柄与叶轴等长或稍长，具托叶，小叶两面密被伏贴毛。总状花序，总花梗极短或长达数厘米，腋生，花冠淡黄色或白色。荚果披针状长圆形，微弯，革质，密被白色伏贴毛，假 2 室。

产地与生境 产于东北、华北、西北各省区。生于山坡石砾质草地、草原、沙丘及沿河流两岸的沙地。

趣味文化 因特征与黄芪相似，而叶两面密被伏贴毛，较粗糙，所以名为"糙叶黄芪"。

用途 可入药，味微苦，性平，健脾利水，用于治疗水肿、胀满。牛羊喜食，可作牧草及水土保持植物。

草木樨状黄芪

Astragalus melilotoides

🌿 无毒　🌱 株高 30~50 厘米　🌸 花期 7~8 月　🍂 果期 8~9 月

● 豆科黄芪属　别名 / 草珠黄耆、小米黄耆、草木樨状黄耆

识别特征　多年生草本。主根粗壮。茎直立或斜生，多分枝，具条棱，被白色短柔毛或近无毛。羽状复叶。总状花序，花冠白色或带粉红色。荚果宽倒卵状球形或椭圆形。种子肾形，暗褐色。

产地与生境　分布于俄罗斯、蒙古和中国，在中国分布于长江以北各省区。生于向阳山坡、路旁草地或草甸草地。

趣味文化　草木樨状黄芪作为一种生命力顽强的植物，常被赋予了坚韧不拔、适应力强的象征意义。在干旱寒冷的环境中，它依然能够茁壮成长，这种品质在文学和艺术作品中常被用来比喻人们在困境中坚持不懈、勇往直前的精神。

用途　全草可入药，苦，微寒，祛风湿，主治风湿性关节疼痛、四肢麻木。也是一种优良牧草。

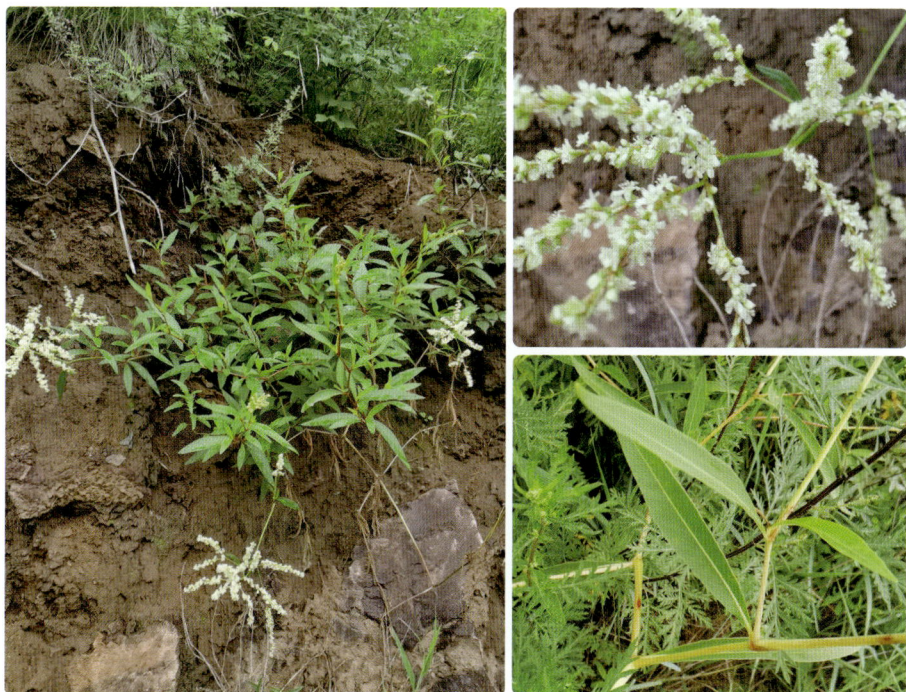

叉分蓼

Koenigia divaricata

🍃 无毒　🌿 株高 70~120 厘米　🌸 花期 7~8 月　🍂 果期 8~9 月

● 蓼科冰岛蓼属　别名 / 酸不溜、分枝蓼、叉枝蓼、酸姜

识别特征 多年生草本。茎直立，无毛，自基部分枝。叶披针形或长圆形，花序圆锥状，分枝开展；苞片卵形，边缘膜质，背部具脉，每苞片内具 2~3 花。瘦果宽椭圆形，具 3 锐棱，黄褐色，有光泽。

产地与生境 分布于中国、朝鲜、蒙古和俄罗斯（远东、东西伯利亚），在中国分布于东北、华北地区及山东。生于海拔 260~2 100 米的山坡草地、山谷灌丛。

趣味文化 在北方的很多农村，有一种野草，人称"酸不溜"，看着很不起眼，吃一口却能酸倒牙齿，还是非常好的消炎良药。

用途 全草、根可入药，用于治疗大小肠积热、瘿瘤、热泻腹痛。适口性好，各种畜禽均喜食。

长梗韭

Allium neriniflorum

🌿 无毒　🌱 株高 15~52 厘米　🌼 花期 7~9 月　🍂 果期 7~9 月

● 石蒜科葱属　别名 / 观赏葱、扭叶葱、长梗合被韭

识别特征 多年生草本。鳞茎单生，卵球状至近球状，叶片圆柱状或近半圆柱状，中空，具纵棱，伞形花序疏散；小花梗不等长，基部具小苞片，子房圆锥状球形。

产地与生境 分布于我国黑龙江、吉林、辽宁和河北，俄罗斯和蒙古也有分布。生于海拔 2 000 米以下的山坡、湿地、草地或海边沙地。

趣味文化 长梗韭的花语是奉献。这一花语体现了长梗韭低调生长、高调绽放的生命态度，以及在多种环境中顽强生存、默默奉献的精神。

用途 可以作为药材使用，亦具有观赏价值。

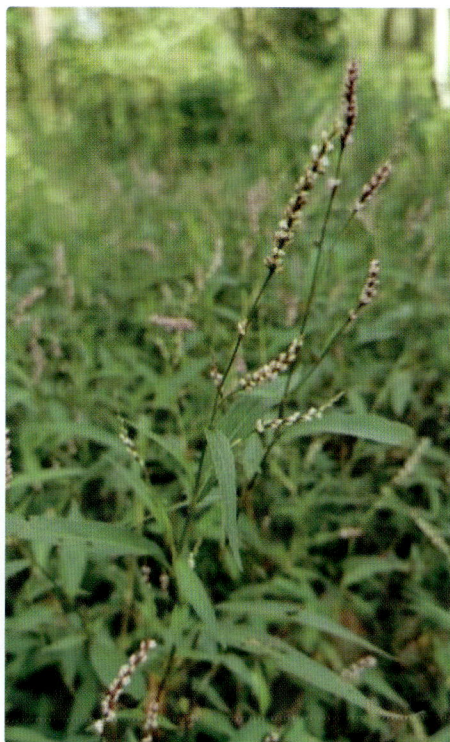

长鬃蓼

Persicaria longiseta

⚠ 全株有毒　🏷 株高 30~50 厘米　🌿 花期 6~8 月　🍂 果期 7~9 月

● 蓼科蓼属　别名 / 马蓼

识别特征 一年生草本。茎无毛。叶披针形或宽披针形，先端尖，基部楔形，叶柄短或近无柄，托叶鞘具缘毛。穗状花序直立，苞片漏斗状，花被 5 深裂，淡红或紫红色，椭圆形。瘦果宽卵形，具 3 棱，长约 2 毫米，包于宿存花被内。

产地与生境 产于东北、华北等地区。生于沟边湿地、水塘边，海拔 40~3 100 米处。

趣味文化 唐代罗隐在《姑苏城南湖陪曹使君游》中描绘道："水蓼花红稻穗黄，使君兰棹泛回塘。"宋代陆游于《秋日杂咏》中吟唱："忽然来到柳桥下，露湿蓼花红一溪。""蓼"一般指长鬃蓼。

用途 全草可入药。6~8 月开红花可供观赏。

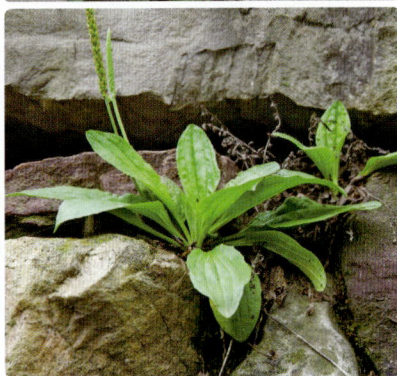

车前

Plantago asiatica

🛡 无毒　🌿 株高 30 厘米　🌸 花期 4~8 月　🍂 果期 6~9 月

● 车前科车前属　别名 / 车前草、车轮草、车轱辘菜

识别特征 二年生或多年生草本。须根多数。根茎短，稍粗。叶片薄纸质或纸质，宽卵形至宽椭圆形，长 4~12 厘米，宽 2.5~6.5 厘米，先端钝圆至急尖，边缘波状、全缘或中部以下有锯齿、裂齿，穗状花序，细圆柱状。

生境 除西北外遍布全国。生于草地、沟边、河岸湿地、田边、路旁或村边空旷处。

趣味文化 据说，军队打了败仗，时值盛夏，又遇天旱，军士和战马缺水得了"尿血症"，马夫发现有三匹马不治而愈，看到地面上野草被马吃光。试服，亦效。将军大喜，问草在哪里？马夫说："在大车前面。"车前草的名字因此流传了下来。

用途 可入药，具有祛痰、镇咳、平喘等作用。

川芎

Ligusticum sinense 'Chuanxiong'

🍃 无毒　🌿 株高 40~60 厘米　🌱 花期 7~8 月　🌰 果期 9~10 月

● 伞形科藁本属　别名 / 芎䓖

识别特征 多年生草本。根茎发达，形成不规则的结节状拳形团块，具浓烈香气。茎直立。复伞形花序顶生或侧生，总苞片 3~6 枚，线形。花瓣白色，倒卵形至心形，先端具内折小尖头。花柱基圆锥状，花柱 2 枚，向下反曲。幼果两侧扁压。

产地与生境 产于四川（灌县），在云南、贵州、广西、湖北、江西、浙江、江苏、陕西、甘肃、内蒙古、河北等省区均有栽培。生于温和的气候环境。

趣味文化 川芎在文学作品中常被提及，如宋代诗人方一夔的《药圃五咏·川芎》中就有"不独服芎根，衣佩或采苗。清芬袭肌骨，岁久亦不消"的诗句，描绘了川芎的香气袭人和持久不衰的特点。

用途 著名中药材，活血祛瘀作用广泛，适宜瘀血阻滞各种病症，可治头风头痛、风湿痹痛等。

穿心莛子藨

Triosteum himalayanum

⚠ 全株微毒　🌿 株高 40~60 厘米　🌱 花期 5~6 月　🍂 果期 8~9 月

● 忍冬科莛子藨属　别名 / 五转七、钻子七、包谷陀子

识别特征 多年生草本。茎密生刺刚毛和腺毛。叶对生，基部连合，倒卵形，上面被长刚毛，下面脉上毛较密，并夹杂腺毛。聚伞花序在茎顶或有时在分枝上作穗状花序状。花冠黄绿色狭漏斗状，筒内紫褐色，外有腺毛，筒基部弯曲，一侧膨大成囊。浆果红色，近圆形。

产地与生境 产于陕西、西藏等地。生于海拔 1 800~4 100 米的山坡、暗针叶林边、林下、沟边或草地。

趣味文化 把新鲜的穿心莛子藨采收以后，捣制成泥状，然后再直接敷在人们需要治疗的部位上，每天更换一次，对劳伤以及劳伤引发的多种疼痛都有很好的治疗作用。

用途 带根全草药用，是一种常用的民间药，其味苦、涩，性平，具有祛风湿、健脾胃、理气活血、消炎镇痛等功效。

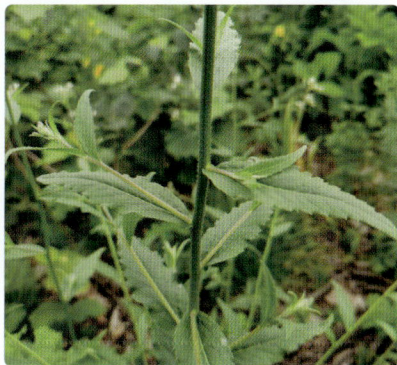

垂果南芥

Catolobus pendulus

🌿 无毒　　🌱 株高 30~150 厘米　　🌼 花期 6~9 月　　🍂 果期 7~10 月

● 十字花科垂果南芥属　别名 / 唐芥、扁担蒿、野白菜

识别特征 二年生草本。茎直立，上部分枝。基生叶至开花、结果时脱落，茎下部叶长椭圆形或倒卵形。总状花序顶生或腋生。长角果线形，下垂种子椭圆形，褐色，边缘有环状的翅。

产地与生境 分布于我国西北、华北、东北等地区。生于山坡、山沟、草地、林缘、灌木丛、河岸及路旁的杂草地。

趣味文化 因果扁平下垂，形如南芥，故名垂果南芥。

用途 果实可入药，用于清热，解毒，消肿。

垂盆草

Sedum sarmentosum

🌿 无毒　📏 株高 2~5 厘米　🌱 花期 5~7 月　🌼 果期 8 月

● 景天科景天属　别名 / 狗牙半支、狗牙瓣、鼠牙半支

识别特征 多年生草本。不育枝及花茎细，匍匐而节上生根，直到花序之下。叶倒披针形至长圆形，先端有稍长的短尖。黄色小花，花期在夏季，花朵呈伞形。蓇葖果。

产地与生境 分布于我国福建、贵州、四川、湖北、湖南、江西、安徽、浙江、山东、山西。常见于海拔 1 600 米以下的低山坡岩石上和山谷阴湿处。

趣味文化 垂盆草在中国民间传说中被称为"鹿角菜"，据说在草原上野生的鹿吃了这种植物后，就能长出鹿角来，因此得名。

用途 垂盆草是一种多功能的植物，不仅具有观赏价值和食用价值，还可入药。

葱莲

Zephyranthes candida

⚠ 全株有毒　🌿 株高 30~40 厘米　🌸 花期 7~9 月　🍂 果期 8~10 月

● 石蒜科葱莲属　别名 / 葱兰、白花菖蒲莲、韭菜莲

识别特征 多年生草本。鳞茎卵形，径约 2.5 厘米。叶线形。花茎中空，单花顶生，花白色，外面稍带淡红色，花被片 6，近离生或基部连合成极短的花被筒。蒴果近球形。

产地与生境 产于南美洲。常见于林下半阴处或庭院小径旁。

趣味文化 这世界上只有两种纯洁的爱情：一种是初恋；另一种是到终老的时候，仍能和相濡以沫、举案齐眉、朝夕相伴的爱人之间的爱情。葱莲则因为它的洁白而被人们赋予了它"纯洁的爱情"的花语。

用途 带鳞茎的全草是一种民间草药，有平肝、宁心、熄风镇静的作用。可组成缀花草坪，也可盆栽供室内观赏。

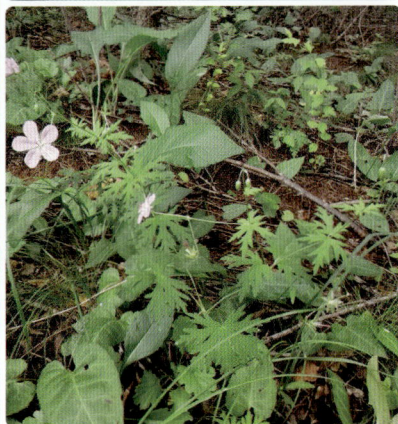

粗根老鹳草

Geranium dahuricum

🌿 无毒　　🌱 株高 20~60 厘米　　🌸 花期 7~8 月　　🍂 果期 8~9 月

● 牻牛儿苗科老鹳草属　别名 / 长白老鹳草、老鹳嘴、老鸹嘴

识别特征 多年生草本。根茎短粗，斜生，具簇生纺锤形块根。叶对生，七角状肾圆形。总花梗具 2 花；花瓣紫红色，倒长卵形；苞片披针形。种子肾形，具密的微凹小点。

产地与生境 分布于东北、内蒙古、河北、山西、陕西、宁夏、甘肃、青海、四川西部和西藏东部。生于海拔 3 500 米以下的山地草甸或亚高山草甸。

用途 弥足珍贵的上好良药，可祛风湿，通经络，止泻痢。

翠云草

Selaginella uncinata

🌿 无毒　　🌱 株高 50~100 厘米　　🌼 花期 4~8 月　　🔥 果期 9~11 月

● 卷柏科卷柏属　别名 / 蓝地柏、绿绒草、吊兰翠

识别特征 多年生草本。主茎先直立而后攀缘状，无横走地下茎。茎圆柱状，具沟槽，无毛，孢子叶穗紧密，四棱柱形，单生于小枝末端，孢子叶卵状三角形，边缘全缘，具白边，先端渐尖，龙骨状。大孢子灰白色或暗褐色，小孢子淡黄色。

生境 中国特有种。生于海拔 40~1 000 米的山谷林下，多生于腐殖质土壤或溪边阴湿杂草中，以及岩洞内、湿石上或石缝中。喜温暖湿润的半阴环境。

趣味文化《群芳谱》录之："人多种于石供及阴湿地为玩，江西土医谓之龙须，滇南谓之剑柏，皆云能舒筋活络。"体现了翠云草的药用价值。

用途 常盆栽作小型室内观叶植物，以悬挂最为适宜。全草可入药，具有清热解毒，止血消肿的功效。

寸金草

Clinopodium megalanthum

⚠ 全株有毒　　🌿 株高 60 厘米　　🌱 花期 7~9 月　　🌰 果期 8~11 月

● 唇形科风轮菜属　别名 / 麻布草、灯笼花、蛇床子草

识别特征　多年生草本。茎自根茎生出。叶三角状卵圆形，基部圆形或近浅心形，边缘为圆齿状锯齿，叶柄极短，常带紫红色。轮伞花序多花密集，花萼圆筒状，花冠粉红色，较大，花盘平顶，子房无毛。小坚果倒卵形，褐色，无毛。

产地与生境　产于我国云南、四川南部及西南部、湖北西南部及贵州北部。生于海拔 1 300~3 200 米的山坡、草地、路旁、灌丛中及林下。

趣味文化　相传在秦朝的时候，东海之滨忽然流行起一种怪病，全村的人皮肤都无比瘙痒，而且一抓都流脓水，人家广寻医师前来就诊，但无奈都没有办法治愈这种怪病。后来有一位江湖术士建议说想要彻底治愈怪病，只有在一座岛上采摘一种叫"野萝卜"的野草来治疗，但岛上都是蛇，采摘非常困难。于是，村里选出十名壮丁，带上雄黄酒苦战蛇后，最终只有两人回来，其余壮士均已牺牲。带回来的野草经过熬制洗澡后皮肤好转，所以他们管这种野草叫蛇床子草，即寸金草。

用途　全草可入药，治牙痛、小儿疳积、风湿跌打、消肿活血，煎水服可退烧，其籽可壮阳。

大百合

Cardiocrinum giganteum

🔵 无毒　🌿 株高 1~2 米　🌼 花期 6~7 月　🍂 果期 9~10 月

● 百合科大百合属　别名 / 水百合

识别特征 多年生草本。球根植物。地下具鳞茎，茎直立，中空。叶纸质，网状脉，基生叶近宽，矩圆状心形，茎生叶卵状心形，向上渐小。总状花序有花 10~16 朵，花狭喇叭形，白色，里面具淡紫红色条纹。蒴果近球形。

产地与生境 分布于我国陕西、甘肃、河南等省区。生长在海拔 1 450~2 300 米的林下草丛、阴湿山谷、沟旁林中。

趣味文化 因其植株、花朵、叶片等都大，又和百合有一样的特征，故得名"大百合"。

用途 可群植于花坛布景，是庭院中珍贵的观赏植物。味甘、淡，性凉，有清肺止咳、解毒的功效。鳞茎富含淀粉，可供食用或酿酒。

大花滨菊

Leucanthemum maximum

🍃 无毒　　🌿 株高 60~120 厘米　　🌼 花期 6~7 月　　🍂 果期 8~9 月

● 菊科滨菊属

识别特征 多年生草本。茎直立，全株光滑无毛。叶互生，基生叶披针形，茎生叶线形。头状花序单生茎顶，舌状花白色，管状花黄色。

产地与生境 产于欧洲，英国及地中海地区分布亦较多，世界各地多有引种，我国南北方均有栽培。对土壤的适应性较强，肥沃湿润土壤植株生长较高大，沙壤土或黏土均适宜。

趣味文化 花语是真诚、友爱、真爱、友谊。

用途 适合作花境前景或中景栽植，丛缘或坡地片植，庭院或岩石园中点缀栽植，亦可盆栽观赏或作鲜切花使用。

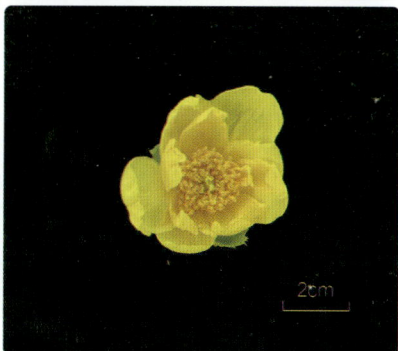

大花黄牡丹

Paeonia ludlowii

🍃 无毒　💧 株高 350 厘米　🌱 花期 5~6 月　🍂 果期 8~9 月

● 芍药科芍药属

识别特征 落叶灌木。茎基部多分枝而成丛。叶两面无毛，上面绿色，下面淡灰色，小叶近无柄。花序腋生，花梗稍弯曲，花瓣纯黄色，倒卵形，花盘高仅 1 毫米，黄色，有齿，柱头黄色。蓇葖果圆柱状；种子大，圆球形，深褐色。

产地与生境 西藏特有植物，仅产于中国米林、林芝两地，且仅分布在中国西藏林芝地区八一至米林 70 千米的狭长地带。生于海拔 2 900~3 200 米的中国雅鲁藏布江河谷及山坡林缘。

趣味文化 大花黄牡丹是我国八个牡丹种之一，因其花朵大而鲜黄，被人称作"大花黄牡丹"。目前野外存活仅 6 000 株左右，属于国家二级保护植物。

用途 野生大花黄牡丹是极为珍稀的牡丹观赏和育种材料。

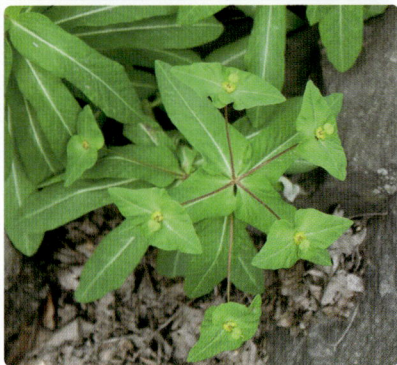

大戟

Euphorbia pekinensis

⚠ 全株有毒，特别是根部　🌿 株高 80~90 厘米　🌼 花期 5~8 月　🍂 果期 6~9 月

● 大戟科大戟属　别名 / 京大戟、湖北大戟

识别特征 多年生草本。叶互生，椭圆形，稀披针形或披针状椭圆形，全缘，两面无毛或有时下面具柔毛。花序单生二歧分枝顶端，无梗，总苞杯状，雄花多数，伸出总苞。蒴果。

产地与生境 广布于全国（除台湾、云南、西藏和新疆），北方尤为普遍，生于山坡、灌丛、路旁、荒地、草丛、林缘和疏林内。

趣味文化 《本草纲目》："大戟因其根辛苦，戟人咽喉，故名。杭州紫大戟为上，江南土大戟次之。"体现其药用价值。

用途 根可入药，逐水通便，消肿散结，主治水肿，并有通经之效。亦可作兽药用。有毒，要慎用。

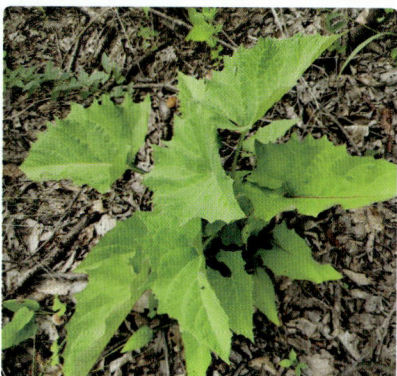

大叶糙苏

Phlomoides maximowiczii

无毒　株高 80~100 厘米　花期 7~8 月

唇形科糙苏属　别名 / 野苏子、苏木帐子、大丁黄

识别特征　多年生草本。茎直立，上部具分枝，四棱形，疏被向下的短硬毛。轮伞花序多花，具长 1~2 毫米的总梗，彼此分离，苞片披针形或狭披针形，与花萼等长或超过之，边缘被具节缘毛。花萼管状，上部略扩展，花冠粉红色，冠筒外面在上部背面被白色疏柔毛，余部无毛，内面具斜向间断的毛环，雄蕊内藏，花丝上部具长毛，后对基部在毛环上具斜展的短距状附属器。子房裂片先端被短柔毛。

产地与生境　产于吉林、辽宁及河北。生于林缘或河岸。

用途　果可榨油，含油量 20%~34%。根和叶均可入药，可清热消肿。

大叶碎米荠

Cardamine macrophylla

🌱 无毒　🌿 株高 30~100 厘米　🌾 花期 5~6 月　🍂 果期 7~8 月

● 十字花科碎米荠属　别名 / 华中碎米荠、钝圆碎米荠、重齿碎米荠

识别特征 多年生草本。根状茎匍匐延伸，无鳞片，有结节，无匍匐茎。较粗壮，单一或上部分枝。茎生叶通常 4~5 枚，有叶柄，长 2.5~5 厘米，小叶 4~5 对。总状花序多花，花梗长 10~14 毫米，外轮萼片淡红色。长角果扁平，果瓣平坦无毛，果梗直立开展。种子椭圆形。

产地与生境 分布于中国、俄罗斯（远东地区）、日本和印度，在中国分布于内蒙古、河北、山西、湖北、陕西、甘肃、青海、四川、贵州、云南、西藏等省区。生于海拔 1 600~4 200 米的山坡灌木林下、沟边、石隙、高山草坡水湿处。

用途 全草可入药，利小便，止痛，治败血病。嫩苗可食用，亦为良好的饲料植物。

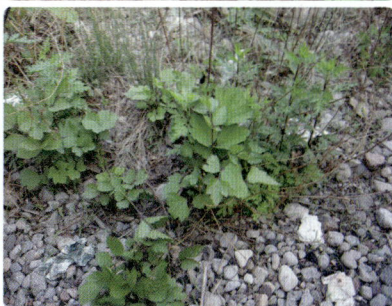

大叶铁线莲

Clematis heracleifolia

🌿 无毒 　🌱 株高达 1 米 　🌸 花期 8~9 月 　🍂 果期 10 月

● 毛茛科铁线莲属　别名 / 木通花、草牡丹、鸡屎藤

识别特征 直立亚灌木或多年生草本。三出复叶，小叶纸质，宽卵形、五角形或近圆形，先端短渐尖或尖，基部平截、圆或宽楔形，具不等锯齿，下面网脉稀疏、隆起。复聚伞花序顶生并腋生，萼片 4，蓝或紫色，直立，窄长圆形或匙状长圆形，密被柔毛。花丝顶部疏被毛，花药线形，疏被毛，顶端具小尖头。瘦果。

产地与生境 分布于湖南、湖北、陕西、浙江（北部）、江苏、河南等省份。常见于山坡沟谷、林边及路旁的灌丛中。

趣味文化 传说，有位半路出家的民间草医专治小儿疳积症，一位正统大夫在儿科这块也对其甘拜下风，便不耻下问。正儿八经的大夫给这荒大夫研药时，嗅出了气味，于是问道："您用的这个药，是否鸡屎藤？"荒大夫见纸里包不住火，嘿嘿笑了。鸡屎藤即大叶铁线莲。

用途 全草及根供药用，有祛风除湿、解毒消肿的作用。种子可榨油，含油量 14.5%，供油漆用。还是园林绿化中应用前景良好的地被植物。

大钟花

Megacodon stylophorus

🌿 无毒　🌱 株高 30~100 厘米　🌼 花期 6~9 月　🍂 果期 6~9 月

● 龙胆科大钟花属　别名 / 鸡脚参

识别特征 多年生草本。全株光滑。茎直立，粗壮，黄绿色，中空，近圆形，具细棱形，不分枝。基部叶对生，膜质，黄白色，卵形，中、上部叶大，草质，绿色，先端钝，基部钝或圆形，半抱茎。花顶生及叶腋生，组成假总状聚伞花序，花梗黄绿色，微弯垂，花萼钟形，花冠黄绿色，有绿色和褐色网脉，钟形，全缘，花丝白色。蒴果，椭圆状披针形。

产地与生境 产于西藏东南部、云南西北部、四川南部。生于海拔 3 000~4 400 米的林间草地、林缘、灌丛中、山坡草地及水沟边。

用途 植株高大壮实，花形优雅，色泽艳丽，适合庭院栽培，亦可群植于草地花坛。

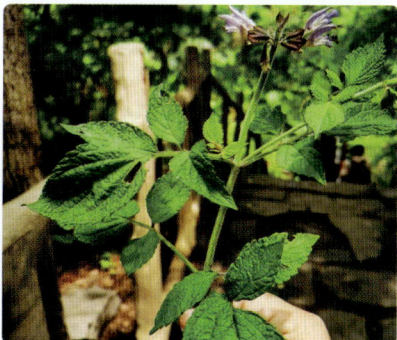

丹参

Salvia miltiorrhiza

🌿 无毒　💧 株高 40~80 厘米　🌱 花期 4~8 月　🍂 果期 9~11 月

● 唇形科鼠尾草属　别名 / 郄蝉草、赤参、木羊乳

识别特征 多年生草本。根肥厚，外朱红色，内白色，肉质。叶片常为奇数羽状复叶。顶生或腋生总状花序，苞片披针形，花萼钟形，带紫色，花冠紫蓝色，花柱远外伸。小坚果黑色，椭圆形。

产地与生境 分布于我国安徽、山西、河北、四川、江苏、湖北、甘肃、辽宁、陕西、山东、浙江、河南、江西等地，日本也有分布。生于海拔 120~1 300 米的山坡、林下草丛或溪谷旁。

趣味文化 丹参始载于《神农本草经》，将其列为上品。《本草纲目》曰："处处山中有之，一枝五叶，叶如野苏而尖，青色，皱皮。小花成穗如蛾形，中有细子，其根皮丹而肉紫。"

用途 根可入药，含丹参酮，为强壮性通经剂，有祛瘀、生新、活血、调经等效用，为妇科用药，主治子宫出血、月经不调、血瘀、腹痛、经痛等。

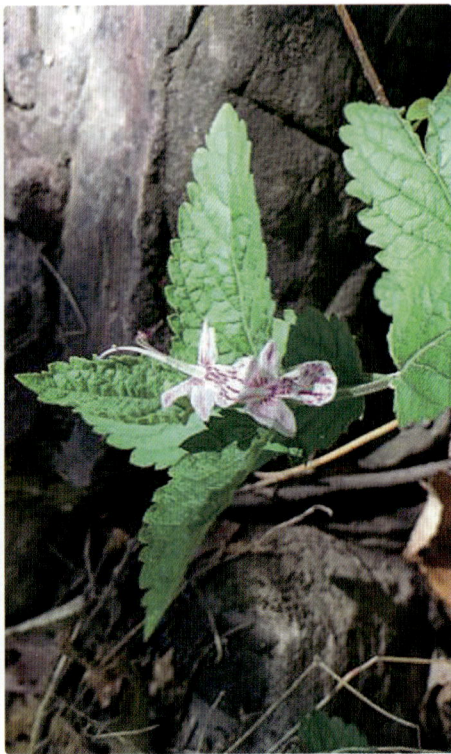

单花莸

Schnabelia nepetifolia

⚠ 有毒　🌱 株高 30~60 厘米　🌼 花期 5~9 月　🍂 果期 5~9 月

● 唇形科四棱草属　别名 / 莸、单花四棱草

识别特征 多年生草本，有时蔓生。仅基部木质化，茎方形，被向下弯曲的柔毛。叶片纸质，宽卵形至近圆形。花冠淡蓝色，外面疏生细毛和腺点，喉部通常被柔毛，下唇中裂片较大，全缘。

产地与生境 产于江苏、安徽、浙江、福建。生于阴湿山坡、林边、路旁或水沟边。

趣味文化 传说，一位农夫上山砍柴，割伤了手指，血流得止不住，在路边有很多草，他将草嚼了嚼敷在伤口上止住了血，后来民间都称其为"刀伤药"，这个草就是单花莸。

用途 全草可入药，有祛暑解表、利尿解毒的功效，治中暑、感冒、尿路感染、白带等。浙江民间用全草作刀伤药。

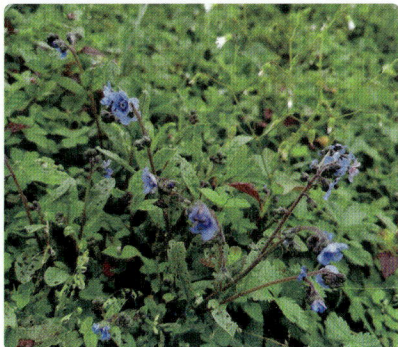

倒提壶

Cynoglossum amabile

🌿 无毒　　🌱 株高 15~60 厘米　　🌸 花期 5~9 月　　🍂 果期 5~9 月

● 紫草科琉璃草属　　别名 / 蓝布裙、狗屎花、狗屎萝卜、狗屎蓝花

识别特征 多年生草本。茎单一或数条丛生。基生叶具长柄，茎生叶无柄。花序为圆锥状，无苞片，花冠通常蓝色，稀白色，花丝着生花冠筒中部，花药长圆形，花柱线状圆柱形。小坚果卵形，腹面中部以上有三角形着生面。

产地与生境 产于我国云南、贵州西部、西藏西南部至东南部、四川西部及甘肃南部，不丹也有分布。生于海拔 1 250~4 565 米的山坡草地、山地灌丛、干旱路边及针叶林缘。

趣味文化 倒提壶又被称为中国勿忘我，它的果实就像一个个小小的倒挂在枝头上的水壶，故得名倒提壶。

用途 花朵浓密，花色美，具有较高的观赏价值，但实际上它的药用价值更高。

德国鸢尾

Iris germanica

🌿 无毒　💧 株高 60~100 厘米　🌱 花期 4~5 月　🍂 果期 6~8 月

● 鸢尾科鸢尾属

识别特征 多年生草本。根状茎粗壮，扁圆形。叶绿色、灰绿色，常具白粉，剑形。苞片草质，绿色，花色因栽培品种而异，多淡紫、蓝紫、黄或白色，外花被裂片椭圆形或倒卵形，内花被裂片倒卵形或圆形，花柱分枝扁平，淡蓝、蓝紫或白色。蒴果三棱状圆柱形。种子梨形，黄棕色。

产地 产于欧洲，我国各地庭院常见栽培。

趣味文化 在不同的国家它们有着不同的象征意义，在我国代表着爱情和友谊，在古埃及是力量的象征，在欧洲却有着光明和自由的含义。

用途 可以花坛栽培、花境栽培、地被栽植、基础栽植，是一种能令人满意的露地宿根花卉植物。茎叶可入药，活血化痰、祛风利湿。

地蔷薇

Chamaerhodos erecta

🌿 无毒　📏 株高 20~50 厘米　🌱 花期 6~8 月　🍂 果期 6~8 月

● 蔷薇科地蔷薇属　别名 / 追风蒿、茵陈狼牙

识别特征 二年生草本或一年生草本。具长柔毛及腺毛。根木质。茎直立或弧曲上升，单一，少有多茎丛生，基部稍木质化，常在上部分枝，叶二回羽状三深裂。基生叶密生，莲座状，二回状三深裂；茎生叶似基生叶，三深裂。聚伞花序顶生，具多花，花瓣倒卵形，白色或粉红色。

产地与生境 分布于黑龙江、吉林、辽宁、内蒙古、河北、山西、河南、陕西、甘肃、宁夏、青海、新疆。生于海拔 2 500 米的山坡、丘陵或干旱河滩。

用途 全草可入药，味微苦、辛、微甘，性温，主治风湿性关节炎。

地梢瓜

⚠ 新叶有毒　🌿 株高 10~30 厘米　🌸 花期 5~8 月　🍂 果期 8~10 月

Cynanchum thesioides

（● 夹竹桃科鹅绒藤属　别名 / 石栝楼、翻车藤、野葛根）

识别特征 直立半灌木。地下茎单轴横生。叶背中脉隆起。花冠绿白色，副花冠杯状，茎自基部多分枝。叶对生或近对生，线形，裂片三角状披针形，渐尖，高过药隔的膜片。

产地与生境 分布于黑龙江、吉林、辽宁、内蒙古、河北、河南、山东、山西、陕西、甘肃、新疆和江苏等省区。常见于海拔 200~2 000 米的山坡、沙丘、干旱山谷、荒地、田边等处。

趣味文化 据说，地梢瓜能够保佑人们平安健康、避邪驱鬼，因此常常用于制作护身符和符箓。

用途 地梢瓜是一种中药材，具有多种功效，但在使用过程中需要遵循中医理论和医师建议，以确保安全有效。此外，地梢瓜也常用于制作食品和茶叶等，具有一定的应用价值。

地榆

Sanguisorba officinalis

🛡 无毒　🌿 株高 30~120 厘米　🌸 花期 7~10 月　🍂 果期 7~10 月

● 蔷薇科地榆属　别名 / 黄瓜香、山地瓜、血箭草

识别特征 多年生草本。茎直立,有棱。基生叶为单数羽状复叶。穗状花序密集顶生,呈圆柱形或卵球形,直立,小苞片披针形,萼裂片呈花瓣状,紫红色,椭圆形,顶端常具短尖,无花瓣。瘦果褐色,宿存萼筒内,有 4 棱。

产地与生境 广布于欧洲、亚洲北温带,我国吉林、陕西、甘肃、河南、四川、云南等地有分布。生于山坡草甸、灌丛林及沟谷。

趣味文化 在魏晋时代,人们会用地榆来煮食,借以修道。北魏的贾思勰在《齐民要术》中提到,用地榆搭配其他材料煮水服用可以成仙。

用途 根可入药,性微寒、味苦,具有止血凉血、清热解毒、收敛止泻及抑制多种致病微生物和肿瘤的作用。一般春夏季采集嫩苗、嫩茎叶或花穗,食用,也可作花境背景或栽植于庭院、花圃供观赏。

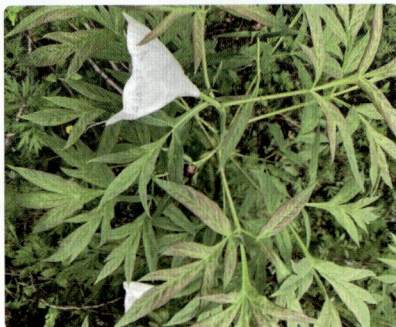

滇牡丹

Paeonia delavayi

🛡 无毒　　🌿 株高 150 厘米　　🌱 花期 5~6 月　　🍂 果期 8~9 月

(● 芍药科芍药属　别名 / 紫牡丹)

识别特征 落叶灌木。全体无毛。枝基部具数枚鳞片，叶片宽卵形或卵形、披针形或长圆状披针形，花生枝顶和叶腋，大小不等，花瓣黄、橙、红或红紫色，倒卵形，花丝黄、红、粉色至紫色，花盘肉质，包住心皮基部，无毛。蓇葖果。

产地与生境 分布于云南西北部、四川西南部及西藏东南部。多生长在山地阳坡及草丛中。喜凉爽，恋温暖，不畏严寒，害怕炎热，生长期需充足阳光，又不能直接曝晒，开花期适合稍阴，又最怕阴雨绵绵。

趣味文化 滇牡丹象征着富贵，色泽艳丽，有富丽堂皇之感。

用途 可榨油。根、皮有清热解毒的效果，可以治疗吐血、尿血、血痢、痛经等。

东风菜

Aster scaber

🚫 无毒　🌿 株高 100~150 厘米　🌼 花期 6~10 月　🍂 果期 8~10 月

● 菊科紫菀属　别名 / 仙白草、仙蛤蒿、盘龙草

识别特征 多年生草本。根状茎粗壮。茎直立。叶片心形。头状花序，圆锥伞房状排列，舌状花约 10 个，舌片白色。瘦果倒卵圆形或椭圆形。冠毛污黄白色，长 3.5~4 毫米，有多数微糙毛。

产地与生境 在中国广泛分布于东北部、北部、中部、东部至南部各省，朝鲜、日本、俄罗斯西伯利亚东部也有分布。生于山谷坡地、草地和灌丛中，极常见。

趣味文化 《本草纲目》："此菜先春而生，固有东风之号。"体现其药用价值。

用途 根和全草可入药，味辛、甘、性寒，具有清热解毒、祛风止痛、行气活血等功效。

毒芹

Cicuta virosa

⚠ 全株剧毒　　🔵 株高 70~80 厘米　　🌱 花期 7~8 月　　🍂 果期 7~8 月

● 伞形科毒芹属　别名 / 宽叶毒芹

识别特征 多年生草本。主根短缩，支根多数，根状茎有节。茎单生，直立。叶鞘膜质，抱茎。叶片轮廓呈三角形或三角状披针形，裂片呈线状披针形或窄披针形。复伞形花序顶生或腋生，花序无毛，总苞片通常无，伞辐近等长，小总苞片多数，小伞形花序有花，萼齿明显，卵状三角形，花瓣白色。分生果近卵圆形。

产地与生境 分布于我国黑龙江、吉林、辽宁、内蒙古、四川、新疆等省区。生于海拔 400~2 900 米的杂木林下、湿地或水沟边。

趣味文化 希腊伟大的哲学家苏格拉底被判死刑，而结束他生命的相传是一种叫毒芹的植物。

用途 含有毒物质毒芹素和毒芹碱，牲畜误食会引起中毒。有剧毒，禁止内服。可适量外用，主治拔毒、祛瘀、止痛。

独根草

Oresitrophe rupifraga

⚠ 根部有毒　🔵 株高 10~30 厘米　🌸 花期 5~9 月　🌰 果期 5~9 月

● 虎耳草科独根草属　别名 / 山苞草、小岩花、岩花

识别特征 多年生草本。根状茎粗壮。叶均基生，2~3 枚，叶心形或卵形。花葶密被腺毛，多歧聚伞花序，长 5~16 厘米，具多花。

产地与生境 分布于辽宁西部、河北和山西东部。生于山谷、悬崖阴湿石隙处。

趣味文化 独根草生长在山谷或悬崖石缝中，是太行山"三大绝壁奇花"之一。

用途 全株可入药，有补肾、强筋的功效。也可供观赏。

独一味

Phlomoides rotata

🟣 无毒　🔵 株高 2.5~10 厘米　🌱 花期 6~7 月　🍂 果期 8~9 月

● 唇形科糙苏属　别名 / 巴拉努努、吉布孜、打布巴

识别特征　多年生草本。叶片常 4 枚，辐状两两相对，菱状圆形、菱形、扇形、横肾形以至三角形，先端钝、圆形或急尖，基部浅心形或宽楔形，下延至叶柄，边缘具圆齿，密被白色疏柔毛。轮伞花序密集排列成有短葶的头状或短穗状花序，苞片披针形、花萼管状。花冠浅紫色、紫红色或粉红褐色。小坚果倒卵状三棱形，浅棕色。

产地与生境　产于西藏、甘肃及云南西北部等地。生于海拔 27 00~4 500 米的高原或高山上强度风化的碎石滩中或石质高山草甸、河滩地。

趣味文化　独一味这一名称来源于四川西部的一种叫法，在《中国植物志》中确定为正式中文名。

用途　全草可入药，治跌打损伤、筋骨疼痛、气滞闪腰等。此外，它还有较好的止血效果。植株低矮，叶片形状特殊，花朵鲜艳，是一种很好的高山花卉。

短毛独活

Heracleum moellendorffii

🌿 无毒　🌱 株高 1~2 米　🌻 花期 7 月　🍂 果期 8~10 月

● 伞形科独活属　别名 / 东北牛防风，大叶芹，老桑芹

识别特征 多年生草本。茎直立，上部多分枝。单数羽状复叶，顶生小叶宽卵形或卵形。复伞形花序顶生和腋生，花瓣白色。果宽椭圆形，淡棕黄色。

产地与生境 主要分布于我国华东、华中、东北及内蒙古、河北、陕西、四川、云南等地。生于阴湿山坡下、林下、沟旁、林缘或草甸中。

趣味文化 鄂伦春人视短毛独活为救命菜，称为"恩都力"，译成汉语，即山神的意思。

用途 用于花境、自然式公园及林荫、水岸、草地绿化。可入药，具有祛风散寒的功效。嫩叶可食用，是色、香、味俱佳的山野菜。

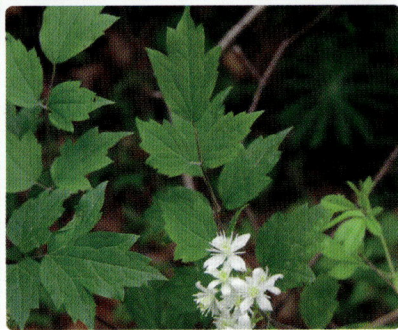

短尾铁线莲

Clematis brevicaudata

🛡 无毒　　🌿 株高 150~200 厘米　　🌸 花期 7~9 月　　🍂 果期 9~10 月

● 毛茛科铁线莲属　别名 / 连架拐、石通、林地铁线莲

识别特征 木质藤本。枝有棱，小枝疏生短柔毛或近无毛。一至二回羽状复叶或二回三出复叶，有 5~15 枚小叶，小叶长卵形、卵形至宽卵状披针形或披针形。圆锥状聚伞花序腋生或顶生，常比叶短，萼片 4 枚，开展，白色，狭倒卵形，雄蕊无毛。瘦果卵形，密生柔毛。

产地与生境 分布于我国西藏、云南、四川、甘肃、青海、宁夏、陕西、河南、湖南、浙江、江苏、山西、河北、内蒙古和东北地区，朝鲜、蒙古、俄罗斯远东地区及日本也有分布。生于山地灌丛或疏林中。

趣味文化 花朵大多是白色的，象征着干净纯洁，所以它的花语是"高洁、美丽的心"。此外，它还有三个不太常见的花语，分别是"欺骗""贫穷"以及"宽恕我，我因你而有罪"。

用途 藤茎可入药，清热利尿、通乳、消食、通便。嫩茎叶营养丰富、鲜嫩可口，适合做蔬菜，可凉拌、做馅及炒食等。也适合园林绿化和盆栽。

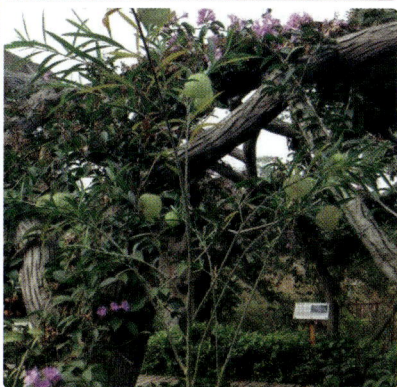

钝钉头果

Gomphocarpus physocarpus

⚠ 全株有毒　🌿 株高 1~2 米　🌼 花期 6~10 月　🌞 果期 10~12 月

● 夹竹桃科钉头果属　别名 / 风船唐棉、气球果、河豚果

识别特征 常绿灌木。叶对生，狭披针形，长 5~10 厘米，宽 0.6~1.5 厘米，叶柄长约 1 厘米。聚伞花序，花有香气，萼片披针形，花冠白色，径 1.4~2 厘米，裂片卵形。蓇葖果斜卵球形，外果皮具软刺。

产地与生境 产于非洲热带地区，现广泛栽培。我国华南地区可露地栽培。

趣味文化 花朵优美，果实奇特，为黄绿色卵圆形或椭圆形果泡，果表有粗毛，似用钉子锤入，故名"钝钉头果"。

用途 可栽培作观果植物，也可供药用。

盾果草

Thyrocarpus sampsonii

⚠ 无毒　🌿 株高 20~45 厘米　🌱 花期 5~7 月　🍂 果期 5~7 月

● 紫草科盾果草属　别名 / 黑骨风、铺墙草、盾形草

识别特征 一年生草本。茎直立或斜升，1 条至数条。基生叶丛生，有短柄，匙形，两面都有具基盘的长硬毛和短糙毛；茎生叶较小，无柄，狭长圆形或倒披针形。花冠淡蓝色或白色，雄蕊 5，着生于花冠筒中部，花丝长约 0.3 毫米，花药卵状长圆形，长约 0.5 毫米。小坚果 4，黑褐色。

产地与生境 产于我国台湾、浙江、广东、广西、江苏、安徽、江西、湖南、湖北、河南、陕西、四川、贵州、云南，越南也有分布。生于山坡草丛或灌丛下。

趣味文化 相传，公元 13 世纪，苏格兰城堡遭到丹麦军队的突袭包围，这支丹麦军队在行军的途中，不小心闯入盾果草丛，遭到盾果草刺扎到疼痛不已而发出哀叫声，结果被苏格兰军察觉，随即起来反击，最后大获全胜。所以盾果草的花语是"老天保佑"。

用途 全草可入药，能治咽喉痛。研末用桐油合，外敷能治乳痛、疔疮。

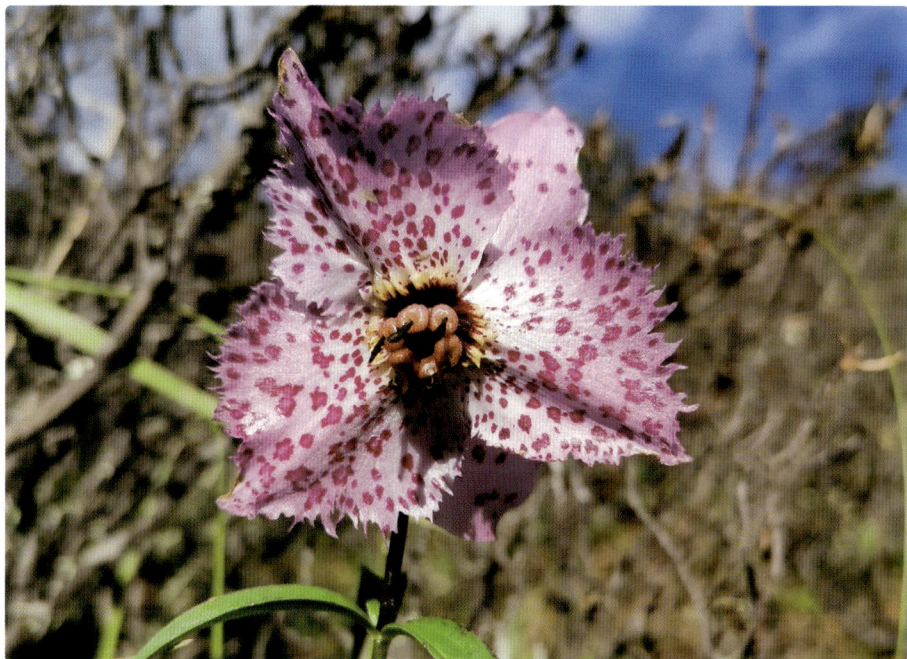

多斑豹子花

Lilium meleagrinum

🌿 无毒　💧 株高 25~50 厘米　🌱 花期 6~7 月　🌞 果期 8~9 月

● 百合科百合属　别名／多斑百合

识别特征 多年生草本。鳞茎卵形，白色。叶轮生，窄披针形至椭圆状披针形，有的边缘有明显的乳头状突起。总状花序，花白色或粉红色，下垂。外轮花被片椭圆形至卵状椭圆形，具紫红色斑块，全缘。内轮花被片卵形至宽椭圆形，基部均匀地布满紫红色斑点。蒴果矩圆状卵形，淡褐色。

产地与生境 产于云南（西北部）、四川和西藏（东南部）。生于山坡杂木林下或林缘，海拔 2 800~4 000 米。

趣味文化 在所有豹子花中，多斑豹子花是最好辨认的。密密麻麻的豹斑洒满了整朵花，故戏称其为"麻子脸"。本种与宽瓣豹子花很相似，但本种花被片椭圆形，长大于宽，内轮花被片基部均匀地密布紫红色的斑点，向上斑点逐渐扩大成斑块可以区别。

用途 形态、花色奇异艳丽，可作盆花及庭院地被种植。

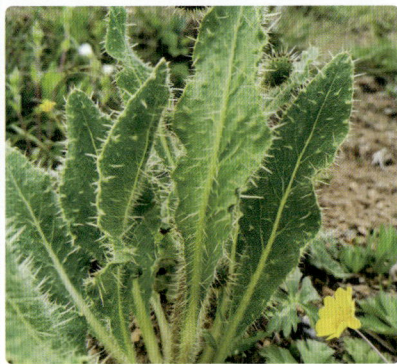

多刺绿绒蒿

Meconopsis horridula

⚠ 全株微毒　🌿 株高 20~100 厘米　🌸 花期 6~9 月　🌰 果期 6~9 月

● 罂粟科绿绒蒿属　别名 / 刺儿恩、喜马拉雅蓝罂粟

识别特征　一年生草本。全体被黄褐色或淡黄色、坚硬而平展的刺。主根肥厚而延长，圆柱形。叶全部基生，叶片披针形，边缘全缘或波状，两面被黄褐色或淡黄色平展的刺。花葶坚硬，绿色或蓝灰色，密被黄褐色平展的刺。花瓣宽倒卵形，蓝紫色。蒴果倒卵形或椭圆状长圆形。

产地与生境　广泛分布在西藏地区。生于海拔 3 600~5 100 米的草坡、石砾缝中。

趣味文化　《晶珠本草》有记载："险峰生达尔亚干，花蓝色有光泽，叶被刺，深裂，为刺绿绒蒿。"其采集过程极为困难。

用途　全株可入药，性苦、寒，有微毒，活血化瘀，镇痛，燥湿，利咽，用于跌打损伤。

多花麻花头

Klasea centauroides subsp. *polycephala*

🌿 无毒　🌱 株高 80 厘米　🌼 花期 6~9 月　🍂 果期 6~9 月

● 菊科麻花头属　别名 / 多头麻花头

识别特征 多年生草本。根状茎极短，粗厚。全部茎枝被多细胞长节毛，基部叶及下部茎叶片长倒披针形、椭圆状披针形或长椭圆形，羽状深裂；头状花序在茎枝顶端排成伞房花序，花冠紫色或粉红色。瘦果淡白色或褐色，楔状长椭圆状。

产地与生境 分布于我国辽宁、山西、河北及内蒙古。生于山坡、路旁或农田中，海拔600~2 000 米。

趣味文化 总苞片呈覆瓦状排列，向内层渐长，外层与中层呈三角形、三角状卵形至卵状披针形，顶端急尖，全部小花红色，红紫色或白色状似"麻花"，故名多花麻花头。

用途 在整个生育期内均可被家畜采食。为典型的放牧利用型植物，用机械收贮，是良好的冬贮饲草。

多裂叶荆芥

Schizonepeta multifida

🌿 无毒　🌱 株高 25~60 厘米　🌼 花期 7~9 月　🍂 果期 9~10 月

● 唇形科裂叶荆芥属　别名 / 香荆芥、线芥

识别特征 多年生草本。根状茎木质化。茎直立，被白色多节长柔毛。叶有柄，叶片羽状深裂或浅裂，背面有树脂状腺点。多数轮伞花序组成顶生穗状花序；苞片叶状，绿色或变紫色，具树脂状腺点，被白色多节长柔毛；花冠蓝紫色，干后变黄色，花药紫蓝色。小坚果扁长圆形，腹部略具棱，黄褐色，平滑，基部渐狭。

产地与生境 产于内蒙古、河北、山西、陕西、甘肃，俄罗斯、蒙古也有分布。生于海拔 1 300~2 000 米的松林林缘、山坡草丛中或湿润的草原上。

趣味文化 传说，很早以前，有位年过 30 的妇人，初次怀孕生下一个男孩，然而产妇却突然昏睡不醒，门外来了一个白发老者，老者从身上的衣兜里随手掏出一个小瓶，从中取出一些黄褐色的粉末（原料为多裂叶荆芥），用绍兴酒调匀，将药液灌于产妇服下。不多时产妇成功醒来，恢复正常。

用途 可入药，祛风、止血、感冒发烧、喉咙肿痛等。全株含芳香油，油透明淡黄色，味清香，适于制香皂用。

鹅肠菜

Stellaria aquatica

✅ 无毒 🌱 株高 50~80 厘米 🌸 花期 5~6 月 🍂 果期 6~8 月

● 石竹科繁缕属 别名 / 牛繁缕、鹅儿肠、石灰菜

识别特征 二年生或多年生草本。茎上升，多分枝，叶片卵形或宽卵形。顶生二歧聚伞花序，花瓣白色，裂片线形或披针状线形，子房长圆形，花柱短，线形。蒴果卵圆形，种子近肾形，稍扁，褐色，具小疣。

产地与生境 产于我国南北各省，北半球温带及亚热带以及北非也有分布。生于海拔350~2 700 米的河流两旁冲积沙地的低湿处或灌丛林缘和水沟旁。

趣味文化 据说，在遥远的过去，一群美丽的天鹅为了寻找它们钟爱的牛繁缕，飞越千山万水，最终在四川找到了它们的心仪之物，并在此安家落户。岁月如梭，天鹅逐渐适应了这里的生活，并演变成了家鹅。自此以后，牛繁缕便逐渐被人们称为鹅肠菜。

用途 全草可入药，驱风解毒，外敷治疖疮。幼苗可作野菜和饲料。

繁缕

Stellaria media

⚠️ 全株有毒　🌿 株高 30 厘米　🌼 花期 6~7 月　🍂 果期 7~8 月

● 石竹科繁缕属　别名 / 鸡儿肠、鹅耳伸筋

识别特征 一年生或二年生草本。主根细长，具多数细根。茎柔弱，匍地生长，鲜绿色，自基部多分枝。叶片卵形，先端急尖，基部心形或平截，两面无毛，具点数点状突起。疏聚伞花序顶生，花瓣白色，长椭圆形，种子卵圆形至近圆形，稍扁，红褐色，表面具半球形瘤状突起。

产地与生境 为常见田间杂草，亦为世界广布种。

趣味文化 《本草纲目》对繁缕的记载："此草茎蔓甚繁，中有一缕，故名。""繁"是指它长得繁茂，"缕"说的是茎中空，折断后仍有一缕相连。

用途 茎、叶及种子供药用，嫩苗可食。

繁缕景天

Sedum stellariifolium

🌿 无毒　🌱 株高 10~15 厘米　🌼 花期 6~8 月　🍂 果期 8~9 月

● 景天科景天属　别名 / 火焰草、卧儿菜、繁缕叶景天

识别特征　一年生或二年生草本。植株被腺毛。茎直立，有多数斜上的分枝，基部呈木质。叶互生，三角形或三角状宽卵形，先端尖，基部宽楔形或平截，全缘。总状聚伞花序，花顶生；萼片 5 枚，披针形至长圆形，先端渐尖；花瓣 5 枚，黄色，披针状长圆形。种子长圆状卵形，长 0.3 毫米，有纵纹，褐色。

产地与生境　产于云南西北部、贵州、四川、湖北、湖南西部、甘肃、陕西、河南、山东、山西、河北、辽宁、台湾。生于上坡或山谷土上或石缝中。

趣味文化　茎叶与繁缕相似，但其本质是一种景天科植物。叶片在秋季会变成红色，像火焰一样，故又名火焰草。

用途　繁缕景天是一种具有较大盆栽观赏价值的草本植物，可做多肉植物种植。全株可入药。

反枝苋

Amaranthus retroflexus

🌿 无毒　💧 株高 20~80 厘米　🌸 花期 7~8 月　🍂 果期 8~9 月

● 苋科苋属　别名 / 西风谷

识别特征 一年生草本。茎直立，稍具钝棱，密生短柔毛。叶互生，菱状卵形或椭圆卵形，顶端微凸，具小芒尖，两面和边缘有柔毛。花单性或杂性，集成顶生和腋生的圆锥花序，由多数穗状花序形成，顶生花穗较侧生者长；苞片和小苞片干膜质，钻形，背面有 1 个龙骨状突起，花被片 5 枚，白色，具一淡绿色中脉。胞果扁球形，小，淡绿色。种子近球形，棕色或黑色。

产地与生境 分布于我国东北、西北地区及山东、江苏。生于田园边、农地旁及村落草地上。

趣味文化 反枝苋在世界许多地方被列为恶性杂草。反枝苋适应性强，传播方式多样，原产美洲热带。为入侵种，主要危害棉花、豆类、花生、瓜类、薯类、蔬菜等多种旱作物。

用途 既可食用，也可入药。性凉，味甘，具有清热解毒、抗炎消肿的功效。

防风

Saposhnikovia divaricata

🌱 无毒　📏 株高 30~80 厘米　🌿 花期 8~9 月　🍂 果期 9~10 月

● 伞形科防风属　别名/北防风、关防风(东北)、哲里根呢(内蒙古)

识别特征 多年生草本。根粗壮,茎单生,有细棱,基生叶丛生,有扁长叶柄,基部有宽叶鞘。叶片卵形,有柄。茎生叶较基生叶小,顶生叶简化。复伞形花序白色,无毛。

产地与生境 产于我国东北、华北、西北地区。生长于草原、丘陵、多砾石山坡。

趣味文化 李时珍曰:"屏风者,防风隐语也。防者,御也。其功疗风最要,故名防风。"防风在中国作为祛风药已有 2 000 年历史。

用途 防风以根入药。味辛、甘,性温。有解表发汗、祛风除湿作用。叶、花也可供药用。

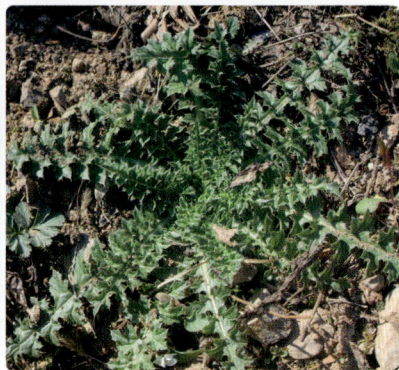

飞廉

Carduus nutans

🌿 无毒　　🌱 株高 50~100 厘米　　🌸 花期 6~10 月　　🍂 果期 6~10 月

● 菊科飞廉属　别名 / 刺打草、雷公菜、枫头棵

识别特征 二年生或多年生草本。茎单生或簇生，茎枝疏被蛛丝毛和长毛，中下部茎生叶长卵形或披针形，羽状半裂或深裂，侧裂片 5~7 对，斜三角形或三角状卵形。头状花序下垂或下倾，单生茎枝顶端，总苞钟状或宽钟状。瘦果灰黄色，楔形，稍扁。

产地与生境 分布于新疆天山、阿拉套山、准噶尔盆地地区。生于山谷、田边或草地。

趣味文化 相传三国时，庞统在一次与敌作战过程中，身中数箭，血流如注，兵士中有懂医药者，忙从道旁采来一种草药，揉搓后将其捂按在箭伤处，很快便止住了伤口流出的血。据说这位兵士用的草药就是飞廉。

用途 可入药，主骨节热、胫重酸疼、头眩顶重、皮间邪风。在民间常被作为饲料。

飞蓬

Erigeron acris

● 无毒　● 株高 50~60 厘米　● 花期 7~9 月　● 果期 7~10 月

● 菊科飞蓬属　别名 / 小白酒草、小蓬草

识别特征 二年生草本。茎被硬长毛，兼有疏贴毛。头状花序下部常被具柄腺毛。茎基部叶倒披针形，长 1.5~10 厘米。瘦果长圆披针形。

产地与生境 分布于新疆、内蒙古、吉林、辽宁、河北、山西、陕西、甘肃、宁夏、青海、四川和西藏等省区，生于牧场及林缘。

趣味文化 飞蓬是古诗文中常见的意象，它在古诗文中有两个意义：一个是形容人的头发很乱；另一个是形容人的漂泊无定所。

用途 在园林中可布置于花境、花坛或丛植篱旁，也可作切花。亦可入药。

费菜

Phedimus aizoon

🌿 无毒　🌱 株高 20~30 厘米　🌸 花期 6~7 月　🍂 果期 8~9 月

● 景天科费菜属　别名 / 土三七、旱三七、景天三七

识别特征 多年生肉质草本。无毛。根状茎粗厚，近木质化，地上茎直立，不分枝。叶互生或近乎对生，边缘具细齿或近全缘，基部渐狭。伞房状聚伞花序顶生，无柄或近乎无柄，花瓣 5 枚，黄色。蓇葖果 5 枚，呈成星芒状排列。

产地与生境 产于四川、湖北、江西、安徽、浙江、江苏、青海、宁夏、甘肃、内蒙古、宁夏、河南、山西、陕西、河北、山东、辽宁、吉林、黑龙江。生于山坡阴地。

趣味文化 普米族认为植被遭到破坏会造成地动山摇，这给了景天三七一席生存之地。也正是普米族对大自然的信赖和崇敬，让费菜在高寒之地茁壮成长，最终费菜成为普米族最闪耀的文化传承。

用途 费菜有散瘀止血、宁心安神，解毒等功效。也可用作地被花卉或盆栽花卉。

凤仙花

Impatiens balsamina

⚠ 微毒　🌿 株高 60~100 厘米　🌱 花期 7~10 月　🌰 果期 8~10 月

● 凤仙花科凤仙花属　别名 / 指甲花、急性子、凤仙透骨草

识别特征 一年生草本。茎粗壮，肉质，直立，无毛或幼时被疏柔毛。叶互生，最下部叶有时对生，叶片披针形、狭椭圆形或倒披针形。花单生或 2~3 朵簇生于叶腋，无总花梗，唇瓣深舟状，基部急尖成长内弯距。花白色、粉红色或紫色，单瓣或重瓣。蒴果宽纺锤形。种子多数，圆球形，黑褐色。

产地与生境 产于中国、印度和马来西亚。喜阳光，怕湿，耐热不耐寒，适生于疏松肥沃微酸土壤中。

趣味文化 小时候村里总有种凤仙花的人家，村里的男孩女孩们都愿意用凤仙花来包指甲，颜色既天然又好看。

用途 可入药，具有活血化瘀、消除肿胀、祛风止痛、解毒的功效。还可用作观赏。

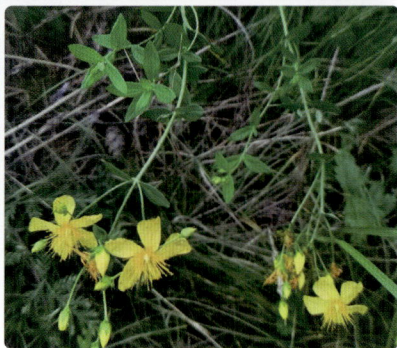

赶山鞭

Hypericum attenuatum

🚫 无毒　　🌱 株高（15~）30~74 厘米　　🌸 花期 7~8 月　　🍂 果期 8~9 月

● 金丝桃科金丝桃属　　别名 / 小金丝桃、小茶叶、小旱莲

识别特征 多年生直立草本。茎圆柱形，并散生黑色腺或黑点。单叶对生，无柄。聚伞花序；萼片 5 枚，卵形，先端急尖，表面及边缘有黑色腺点；花瓣 5 枚，淡黄色，不等边形，旋转状排列，沿表面及边缘有稀疏的黑色腺点。蒴果卵圆状长椭圆形，室间开裂。

产地与生境 分布于我国东北、华北地区及陕西、甘肃、山东、江苏、安徽、江西、河南、湖北、广东、广西等地。生于山坡杂草中。

趣味文化 传说，在远古时期，老子门前有一座大山名为"隐阳山"，荒山乱石，杂草丛生，交通不便，给当地人的生活造成了很大不便。老子在成仙前为了把大山移开，用铁铸成了一根赶山鞭，几鞭下去山平了。老子飞升时他的赶山鞭变成了一株植物，它的种子洒满人间，成为一味中药。

用途 可入药，用于治疗吐血、咯血、崩漏、外伤出血、风湿痹痛、跌打损伤等。

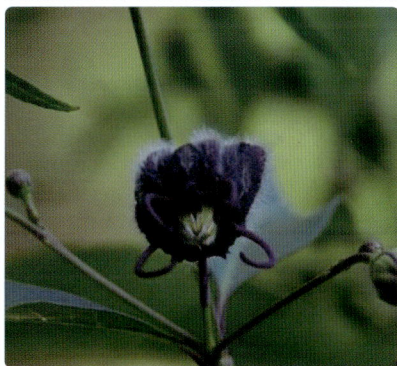

杠柳

Periploca sepium

⚠ 有毒　🌿 株高 1.5 米　🌼 花期 5~6 月　🍂 果期 7~9 月

● 夹竹桃科杠柳属　别名 / 五加皮、山五加、皮北五加

识别特征 落叶蔓性灌木。具乳汁，除花外全株无毛。叶对生，膜质，卵状矩圆形。聚伞花序腋生，花冠紫红色，花冠裂片 5 枚，内面被疏柔毛，副花冠环状，顶端 5 裂，裂片丝状伸长，被柔毛。蓇葖果双生，圆柱形。

产地与生境 分布于我国东北、华北、西北、华东地区及河南、贵州、四川等省区。生于平原及低山丘的林缘、沟坡。

趣味文化 杠柳并不是柳，它是落叶灌木，因其细长的叶片颇像柳树的叶子，其枝干则像棍子，故称杠柳。

用途 茎叶乳汁含弹性橡胶。种子可榨油。茎根皮、茎皮可药用，能祛风湿、壮筋骨强腰膝，有毒，需适量服用。

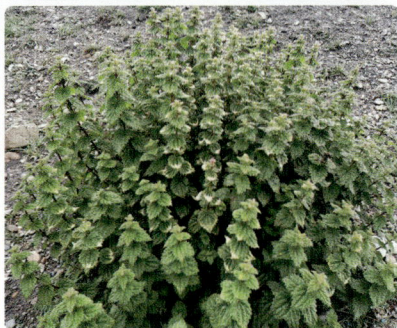

高原荨麻

Urtica hyperborea

🌿 无毒　💧 株高 10~50 厘米　🌱 花期 6~7 月　🌰 果期 8~9 月

● 荨麻科荨麻属

识别特征 多年生草本。具木质化的粗地下茎。茎下部圆柱状，上部稍四棱形，干时麦秆色并常带紫色，具稍密的刺毛和稀疏的微柔毛。叶干时蓝绿色，卵形或心形，上面有刺毛和稀疏的细糙伏毛，下面有刺毛和稀疏的微柔毛，钟乳体细点状，伸达上部齿尖或与邻近的侧脉网结。花序短穗状，稀近簇生状，花被外面疏生微糙毛。瘦果长圆状卵形，压扁，熟时苍白色或灰白色，光滑。

产地与生境 产于西藏南部至北部和青海等地。生于海拔 4 200~5 200 米的高山石砾地、岩缝或山坡草地。

趣味文化 每年 3 月底至 5 月初，藏族同胞们会聚在一起品尝用高原荨麻制作的藏荨麻粥，以此纪念藏传佛教噶举派的重要祖师米拉日巴大师，并学习他的坚韧不拔和无私奉献精神。

用途 茎皮纤维可作纺织原料，也可制麻绳。干枯后粗蛋白质含量较高，粗纤维少，牛、羊均喜食，也可刈割作为冬、春季的饲草。

勾儿茶

Berchemia sinica

🟣 无毒　🌱 株高 1~5 米　🌿 花期 6~8 月　🟠 果期翌年 5~6 月

● 鼠李科勾儿茶属　别名 / 牛鼻圈、牛鼻足秧、光枝勾儿茶

识别特征 藤状或攀缘灌木。叶纸质或厚纸质，在长枝上互生，在短枝顶端簇生，卵状椭圆形或卵状长圆形，先端圆或钝，常有小尖头，基部圆或近心形，下面脉腋被短柔毛，侧脉 8~10 对，叶柄细，带红色，无毛。花黄色或淡绿色，单生或数个簇生，无或有短总花梗。果实核果圆柱形，宿存花盘皿状，熟时紫红或黑色。

产地与生境 产于河南、山西、陕西、甘肃、四川、云南、贵州、湖北。常生于山坡、沟谷灌丛或杂木林中，海拔 1 000~2 500 米。

趣味文化 因枝干喜欢缠绕，可做牛鼻圈，故在陕西称它"牛鼻圈"，在四川、贵州等地则称作牛儿藤，在广州则称它牛鼻拳、牛鼻角秧。

用途 味苦涩无毒，具有止血、散血、通经、解毒、壮筋骨的功效。

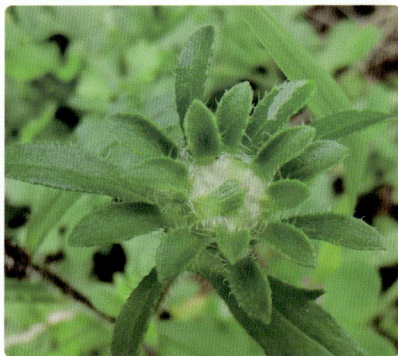

狗娃花

Aster hispidus

🌱 无毒　　🌿 株高 30~50 厘米　　🌼 花期 7~9 月　　🍂 果期 8~9 月

● 菊科紫菀属　别名／布荣黑

识别特征 一年生或二年生草本。全部叶质薄，两面被疏毛或无毛，边缘有疏毛，基部及下部叶倒卵形，全缘或有疏齿；中部长圆状披针形成线形，常全缘；上部叶条形。头状花序径长 3~5 厘米，舌状花约 30 余个，舌片蓝紫色，条状矩圆形。瘦果倒卵形。

产地与生境 分布于我国北部、西北部及东北部。生于海拔 2 400 米的荒地、路旁、林缘及草地。

趣味文化 花语是拥抱未来，拥抱希望。在万物枯黄、瑟瑟秋风中，狗娃花依然在角落里肆意地开成花海，给人以希望和力量。

用途 根可入药，能解毒消肿，治疮肿、蛇咬。花大而艳丽，可栽培，供观赏。

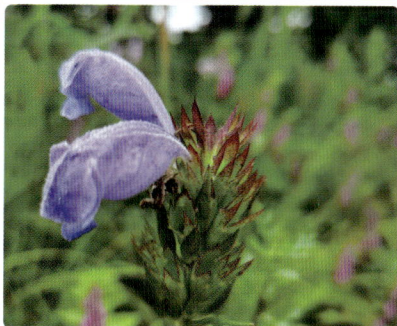

光萼青兰

Dracocephalum argunense

🛡 无毒　🌱 株高 35~57 厘米　🌼 花期 6~8 月

● 唇形科青兰属　别名 / 北青兰

识别特征　多年生草本。茎多数，自根茎生出，直立，不分枝。茎下部叶具短柄，叶片长圆状披针形，先端钝，基部楔形。轮伞花序生于茎顶 2~4 个节上，多少密集，苞片绿色，椭圆形或匙状倒卵形，先端锐尖，边缘被睫毛。花萼下部密被倒向的小毛，中部变稀疏，上部几乎无毛，2 裂近中部，齿锐尖，常带紫色，上唇 3 裂约至本身 2/3 处，中齿披针状卵形，较侧齿稍宽，侧齿披针形，下唇 2 裂几乎至本身基部，齿披针形。花冠蓝紫色，外面被短柔毛。

产地与生境　产于黑龙江、吉林、辽宁、内蒙古东部、河北北部。生于海拔 180~750 米的山坡草地或草原、江岸沙质草甸或灌丛中。

趣味文化　光萼青兰是一种富趣味性的植物，盛开的花朵如果朝某个方向弯曲，整株植物会维持这种状态生长下去。因此，这种花又叫"顺从草"，花语就是顺从。

用途　具有药用价值，属民间用药，也被用作园林观赏花卉。

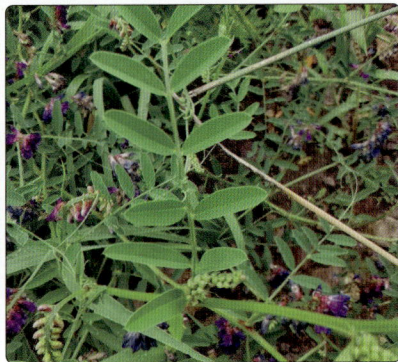

广布野豌豆

Vicia cracca

🚫 无毒　　💧 株高 40~150 厘米　　🌱 花期 5~9 月　　🍂 果期 5~9 月

（● 豆科野豌豆属　　别名 / 鬼豆角、落豆秧、草藤、灰野豌豆）

识别特征 多年生草本。根细长，多分支。茎攀缘或蔓生，有棱，被柔毛。总状花序与叶轴近等长，花多数，密集生于一面，着生于总花序轴上部。花冠紫色、蓝紫色或紫红色，旗瓣长圆形，中部缢缩呈提琴形，先端微缺，瓣柄与瓣片近等长，翼瓣与旗瓣近等长，明显长于龙骨瓣，先端钝。荚果长圆形或长圆菱形。

产地与生境 广泛分布于我国各省区。生于草甸、林缘、山坡、河滩草地及灌丛。

趣味文化 《广志》一书中记载："苕草青黄，紫花，十月初下种，蔓延其殷，可以美田，叶可食。"可见其用途广泛。

用途 可作为水土保持绿肥作物。嫩时为牛羊等牲畜喜食饲料，早春为蜜源植物之一。

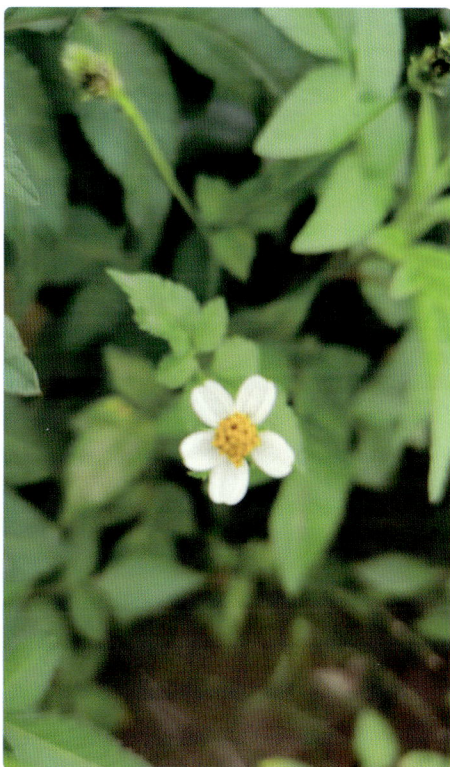

鬼针草

Bidens pilosa

🍃 无毒　✎ 株高 30~100 厘米　🌱 花期 7~9 月　🍂 果期 8~11 月

● 菊科鬼针草属　别名 / 鬼钗草、虾钳草、蟹钳草

识别特征 一年生草本。茎直立，钝四棱形。两侧小叶椭圆形或卵状椭圆形。无舌状花，盘花筒状，花白色、淡黄色。瘦果黑色，条形，略扁。

产地与生境 在华东、华中、华南、西南等地有分布。常生于村旁、路边及荒地中。

趣味文化 种子的顶端有三四枚芒刺，有人路过便会粘在人的裤脚上，所以又叫粘人草。

用途 全草可入药，具有清热解毒、散瘀消肿等功效。鬼针草是一种修复重金属污染土壤的理想材料，但在农业上属于有害杂草。

过江藤

Phyla nodiflora

- 无毒
- 株高 10~40 厘米
- 花期 6~10 月
- 果期 6~10 月

● 马鞭草科过江藤属　别名 / 苦舌草、水马齿苋、大二郎箭

识别特征 多年生草本。全株被平伏"丁"字状毛，宿根木质，多分枝。叶匙形、倒卵形或披针形，长 1~3 厘米，宽 0.5~1.5 厘米。花冠白色、粉红色或紫红色，无毛，雄蕊短小，不伸出花冠。果淡黄色，内藏于膜质的花萼内，坚果。

产地与生境 分布于江苏、江西、湖北、湖南、福建、台湾、广东、四川、贵州、云南及西藏。常见于海拔 300~2 300 米的山坡、平地、河滩等湿润地方。

趣味文化 喜欢长在水边，且生长速度快，能迅速在水面和岸边生根长藤，甚至堵塞河道，故名过江藤。

用途 过江藤的各个部分都有一定的药用价值，主要有镇痛、止血、解热、消肿功效。此外，也可以作为一种饮料和茶叶使用，含有丰富的营养成分和抗氧化物质，能够清热解毒、舒缓情绪等。

何首乌

Pleuropterus multiflor us

⚠ 全株有毒　🌿 株高 2~4 米　🌸 花期 8~9 月　🍂 果期 9~10 月

(● 蓼科何首乌属　别名 / 首乌、赤首乌、地精)

识别特征 多年生草本。茎缠绕，多分枝，具纵棱，无毛，微粗糙，下部木质化。叶卵形或长卵形，顶端渐尖，基部心形或近心形，两面粗糙，边缘全缘，托叶鞘膜质。花序圆锥状，顶生或腋生。瘦果卵形，黑褐色，有光泽，包于宿存花被内。

产地与生境 产于陕西南部、甘肃南部、四川、云南等地。生于山谷灌丛、山坡林下、沟边石隙，海拔 200~3 000 米。

趣味文化 《本草纲目》记述："汉武时，有马肝石能乌人发，故后人隐此（何首乌）名，亦曰马肝石。"可见其药用价值。

用途 块根入药，有安神、养血、活络的功效。

Indigofera bungeana

河北木蓝

🌿 无毒　🌱 株高 40~100 厘米　🌼 花期 5~6 月　🍂 果期 8~10 月

（● 豆科木蓝属　别名 / 八角金盘、满天星、天蓝木）

识别特征 直立落叶灌木。羽状复叶，叶轴上面有槽。总状花序腋生，花药圆球形，先端具小凸尖，花冠紫色或紫红色。荚果。

产地与生境 分布于我国辽宁、内蒙古、河北、山西、陕西。常生于海拔 600~1 000 米的山坡、草地或河滩地。

趣味文化 花语是灵魂高尚，寓意纯洁与高贵。这种花语和寓意使得河北木蓝在文化中具有一定的象征意义，人们常常用它来表达对高尚品质的赞美和追求。

用途 具有清热解毒的功效，可以用于治疗发热、咽喉肿痛、口腔溃疡等症状。可作背景材料或观花地被而后用于绿地中。

盒子草

Actinostemma tenerum

🌿 无毒　　🌱 株高 1~2 米　　🌾 花期 7~9 月　　🍂 果期 9~11 月

（● 葫芦科盒子草属　　别名 / 合子草、盒儿藤、天球草）

识别特征　一年柔弱草本。枝纤细，叶形变异大，叶片心状戟形、心状狭卵形或披针状三角形。雄花总状，有时圆锥状，花序轴细弱，花白绿色。果实绿色，卵形，果盖锥形。

产地与生境　分布于我国辽宁、河北、河南、山东、江苏、浙江、安徽、湖南、四川、西藏南部、云南西部等地区，朝鲜、日本、印度、中南半岛也有分布。多生于水边草丛中。

趣味文化　唐代著名医学家鄞县人陈藏器在《本草拾遗》中也说："合子草蔓生岸旁，叶尖花白，子中有两片如合子。"此处提到"合子草"，就是盆子草的一个别名。

用途　种子及全草可入药，有利尿消肿、清热解毒、去湿之效。种子含油，可制肥皂，油饼可做肥料及猪饲料。

红花

Carthamus tinctorius

● 无毒　● 株高 30~120 厘米　● 花期 5~8 月　● 果期 5~8 月

● 菊科红花属　别名 / 刺红花、红蓝花、草红花

识别特征 一年生草本。茎直立，上部分枝，光滑，无毛。叶片质地坚硬，革质，有光泽，基部无柄，两面无毛无腺点，半抱茎。头状花序排成伞房花序，为苞叶所包，苞片椭圆形或卵状披针形，边缘有针刺或无针刺，总苞卵形。小花红色、橘红色，全部为两性。瘦果倒卵形。

产地与生境 产于中亚地区。俄罗斯有野生也有栽培，日本、朝鲜均有栽培。我国在黑龙江、辽宁、吉林、河北、山西、内蒙古、陕西、甘肃、青海、山东、浙江、贵州、四川、西藏，特别是新疆都广有栽培。喜温暖、干燥气候，抗寒性强，耐贫瘠。

趣味文化 古代把红花素浸入淀粉中，也可以做胭脂。古代红花所染为"真红"，而且可直接在纤维上染色，故在红色染料中红花占有极为重要的地位。

用途 花可入药，通经、活血，主治妇女病。种子含油率极高，多属不饱和脂肪酸油类，适合作食用油。

红瑞木

Cornus alba

🍃 无毒 📏 株高 3 米 🌱 花期 6~7 月 🌰 果期 8~10 月

● 山茱萸科山茱萸属   别名 / 凉子木、红瑞山茱萸

识别特征 落叶灌木。树皮紫红色，幼枝有淡白色短柔毛，老枝红白色，散生灰白色圆形皮孔及略为突起的环形叶痕。叶对生，纸质，椭圆形、稀卵圆形，边缘全缘或波状反卷，上面暗绿色。伞房状聚伞花序顶生，被白色短柔毛，花较小，白色或淡黄白色。果实为扁圆球形。

产地与生境 产于黑龙江、吉林、辽宁、内蒙古、河北、陕西、甘肃、青海、山东、江苏、江西等省区。生于海拔 600~1 700 米(在甘肃可高达 2 700 米)的杂木林或针阔叶混交林中，喜潮湿温暖的生长环境。

趣味文化 红瑞木有一个十分美好的花语，那就是——勤勉！春萌芽，夏叶繁，秋生果，叶始红，冬叶落，枝鲜红。一载春秋，四季可赏。

用途 种子含油量约为 30%，可供工业用。常引种栽培作庭院观赏植物。

胡枝子

Lespedeza bicolor

🛡 无毒　🌿 株高 1~3 米　🌱 花期 7~9 月　🍂 果期 9~10 月

● 豆科胡枝子属　别名 / 扫皮、随军茶、萩

识别特征 直立落叶灌木。多分枝，小枝黄色或暗褐色，有条棱，被疏短毛。芽卵形，具数枚黄褐色鳞片。小叶质薄，卵形、倒卵形或卵状长圆形，具短刺尖，全缘，上面绿色，无毛，下面色淡，被疏柔毛，老时渐无毛。总状花序腋生，常构成大型、较疏松的圆锥花序。花萼 5 浅裂，先端尖，外面被白毛，花冠红紫色，极稀白色，具较长的瓣柄。荚果斜倒卵形。

产地与生境 国内大部分地区都有生长。常见于海拔 150~1 000 米的山坡、林缘、路旁、灌丛及杂木林间。

趣味文化 胡枝子在日本古老的诗歌集《万叶集》中称为萩，有"秋季七草之首"的美誉。

用途 种子油可供食用或作机器润滑油。叶可代茶。枝可编筐。耐旱，为护林及混交林的伴生树种。

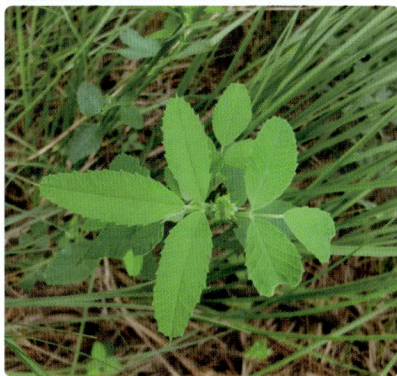

花苜蓿

Medicago ruthenica

🌿 无毒　🌱 株高可达 80 厘米　🌼 花期 6~9 月　🍂 果期 8~10 月

● 豆科苜蓿属　别名 / 奇尔克、苜蓿草、扁蓿豆

识别特征 多年生草本。茎直立或上升，有分枝。三出复叶，托叶呈披针状锥形，有时基部有锯齿。顶生小叶片倒卵形至长圆状倒披针形，或线形，中脉延伸成小尖头，基本锲形，边缘中部以上有锯齿。总状花序腋生，总花梗细长，有花，花黄色，带紫色，萼片钟状。荚果扁平。

产地与生境 分布于我国河北围场、沽源、赤城。生于沙质地草原、草甸、山坡荒地上。

趣味文化 花苜蓿常被视为幸运和希望的象征。其旺盛的生长势和顽强的生命力，象征着在困境中坚持生长、追求幸福的精神。

用途 嫩的茎、叶可作家禽饲料。可作为防风固土（沙）、保持水土的优良植物。

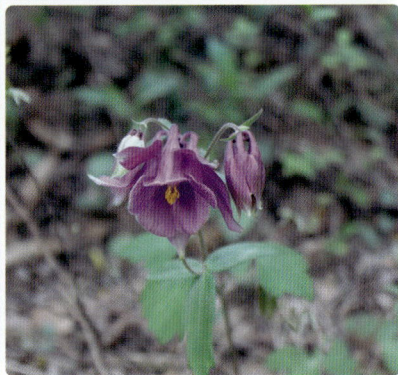

华北耧斗菜

Aquilegia yabeana

🌿 无毒　🌱 株高 40~60 厘米　🌸 花期 5~6 月　🍂 果期 5~6 月

● 毛茛科耧斗菜属　别名 / 紫霞耧斗、五铃花、黄花华北耧斗菜

识别特征 多年生草本。根圆柱形。茎有稀疏短柔毛和少数腺毛，上部分枝。基生叶数个，有长柄，为一或二回三出复叶，叶表面无毛，背面疏被短柔毛。花序有少数花，密被短腺毛；花瓣紫色，顶端圆截形，距末端钩状内曲，外面有稀疏短柔毛。种子黑色，狭卵球形。

产地与生境 分布于四川东北部、陕西南部、河南西部、山西、山东、河北和辽宁西部。生于山地草坡或林边。

趣味文化 耧斗菜因花形很像农具耧车的斗，故得名。纤细的茎上开满铃铛似的小花，花瓣 5 枚，因此，也叫五铃花。

用途 根含糖类，可作饴糖或酿酒。种子含油，可供工业用。花姿独特，花期长，是良好的绿化、观赏植物。

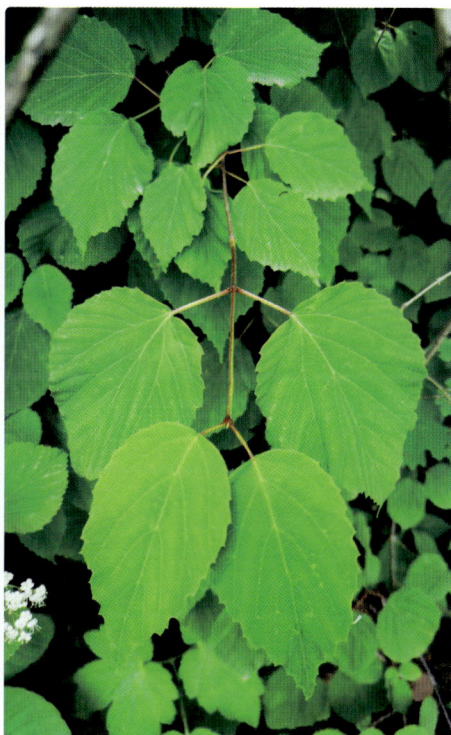

桦叶荚蒾

Viburnum betulifolium

🌿 无毒　🌱 株高 10~30 厘米　🌸 花期 6~7 月　🍂 果期 9~10 月

● 荚蒾科荚蒾属　别名 / 阔叶荚蒾、毛花荚蒾

识别特征 落叶灌木或小乔木。小枝紫褐色或黑褐色，散生圆形、突起的浅色小皮孔。叶厚纸质或略带革质，干后变黑色，宽卵形至菱状卵形或宽倒卵形。复伞形聚伞花序顶生或生于具 1 对叶的侧生短枝上，花冠白色，辐状，雄蕊常高出花冠，柱头高出萼齿。核果，红色，近圆形。

产地与生境 分布于陕西南部、甘肃南部、四川、贵州、云南北部和西藏。生于海拔 1 300 ~3 100 米的山谷杂木林中或山坡灌丛中。

用途 根部入药，味涩、性平，具有调理、涩精的功效。果鲜红光亮，秋季果期尤其美丽，可植于庭院草地边、林缘、花坛、墙垣。果可食及酿酒。茎皮纤维可制绳索及造纸。

黄菖蒲

Iris pseudacorus

🌿 无毒　🌱 株高 40~60 厘米　🌸 花期 5 月　🌾 果期 6~8 月

● 鸢尾科鸢尾属　别名 / 黄鸢尾、水生鸢尾、黄花鸢尾

识别特征 多年生草本。根状茎粗壮。基生叶灰绿色，宽剑形，中脉明显。花茎粗壮，苞片 3~4，膜质，绿色，披针形，中肋明显，并具横向网状脉。花茎稍高出于叶，垂瓣上部长椭圆形，基部近等宽，具褐色斑纹或无，旗瓣淡黄色。蒴果长条形，内有种子多数，种子褐色，有棱角。

产地与生境 产于欧洲，中国各地常见栽培。喜生于河湖沿岸的湿地或沼泽地上。

趣味文化 相传公元 5 世纪，弗兰克斯国王克洛维斯来到莱茵河，河水湍急，随行将士们无法过河，后面追兵紧追不舍，大家急得团团转。就在这个时候，国王发现有一个地区生长着黄菖蒲，他由此推断出，这个地区的水流不深，可以保证部队通过。果然，将士们从黄菖蒲生长区域顺利过河，从此这种花代替了横幅上的三个蟾蜍，成为法国皇室的徽章。

用途 可在水池边露地栽培，亦可在水中挺水栽培。春夏之交，用几支黄菖蒲瓶插点缀客厅，令人心旷神怡。黄菖蒲也是一味良药，干燥的根茎可缓解牙痛、调经、治腹泻。

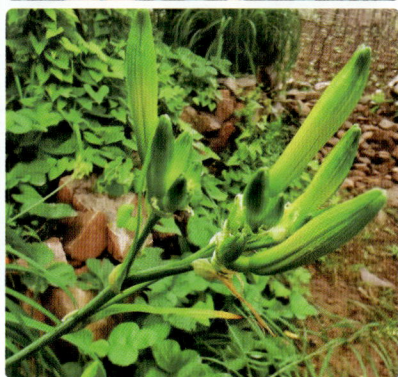

黄花菜

Hemerocallis citrina

⚠ 花蕊、根有毒　　🌿 株高 30~65 厘米
🌱 花期 5~9 月　　🌼 果期 5~9 月

● 阿福花科萱草属　　别名 / 金针菜

识别特征 多年生草本。根近肉质。花葶一般稍长于叶，基部三棱形，苞片披针形，花梗较短，通常长不到 1 厘米，花多朵，最多可达 100 朵以上，花被淡黄色，花蕾顶端带黑紫色，花被管长 3~5 厘米。蒴果钝三棱状椭圆形，长 3~5 厘米。种子 20 多个，黑色，有棱。

产地与生境 产于秦岭以南各省区（包括甘肃和陕西的南部，不包括云南）以及河北、山西和山东。生于海拔 2 000 米以下的山坡、山谷、荒地或林缘。

用途 黄花菜是重要的经济作物。花经过蒸、晒，加工成干菜，远销国内外，是很受欢迎的食品，还有健胃、利尿、消肿等功效。根可以酿酒。叶可以造纸和编织草垫。

黄精

Polygonatum sibiricum

● 无毒　● 株高 50~100 厘米　● 花期 5~6 月　● 果期 8~9 月

（● 天门冬科黄精属　别名 / 鸡爪参、老虎姜、爪子参）

识别特征　多年生草本。根状茎圆柱状，由于结节膨大，因此节间一头粗、一头细，在粗的一头有短分枝。茎有时呈攀缘状。叶轮生，每轮 4~6 枚，条状披针形，先端拳卷或弯曲成钩。花序通常具 2~4 朵花，似成伞形状，苞片位于花梗基部，膜质，钻形或条状披针形，具 1 脉，花被乳白色至淡黄色。浆果，黑色，具 4~7 颗种子。

产地与生境　产于我国黑龙江、吉林、辽宁、河北、山西、陕西、内蒙古、宁夏、甘肃、河南、山东、安徽、浙江，朝鲜、蒙古和俄罗斯西伯利亚东部地区也有分布。生于林下、灌丛或山坡阴处，海拔 800~2 800 米。

趣味文化　黄精入药最大的作用就是补，不仅可以补气，还可以滋阴。黄精与黄金音相近，可以说，黄精真是中药中的"黄金"了。

用途　根状茎为常用中药"黄精"，可入药，可食用。

黄芩

Scutellaria baicalensis

- 🍃 无毒
- 🌱 株高 30~120 厘米
- 🌼 花期 7~8 月
- 🍂 果期 8~9 月

● 唇形科黄芩属 别名 / 空心草、山茶根、土金茶根

识别特征 多年生草本。肉质根茎肥厚，叶坚纸质，披针形至线状披针形，总状花序在茎及枝上顶生，花冠紫、紫红至蓝色，花丝扁平，花柱细长，花盘环状，子房褐色。小坚果卵球形。

产地与生境 在我国产于黑龙江、辽宁、内蒙古、河北、河南等地，俄罗斯西伯利亚地区、蒙古、朝鲜、日本也有分布。生于向阳草坡地、荒地上，海拔 60~1 300 米。

趣味文化 相传在李时珍年少时因日夜苦读身患伤风，咳嗽不止，久治不愈，后遇一游方道士，以单味黄芩煎汤，以泻肺经气热之邪，后痊愈。经此之后李时珍对医学产生极大兴趣，并将平身所学记录成书，编写了医学著作《本草纲目》。

用途 味苦，性平，无毒，主治诸热、黄痘，去水肿、恶疮、火疡等。

火炬花

Kniphofia uvaria

- 无毒
- 株高 80~120 厘米
- 花期 6~10 月
- 果期 9 月

● 阿福花科火把莲属　别名 / 火把莲

识别特征 多年生草本。茎直立。叶丛生，草质，剑形，叶片的基部常内折，抱合成假茎，假茎横断面呈菱形。总状花序着生数百朵筒状小花，呈火炬形，花冠橘红色。蒴果黄褐色，种子棕黑色，呈不规则三角形。

产地与生境 产于南非，中国也有广泛种植。生长在海拔 1 800~3 000 米的高山及沿海岸浸润线的岩石泥炭层上。

趣味文化 "火炬擎立翠叶间，红黄缀妍绽婵娟。"它的总状花序，红红火火酷似奥运火炬，人们就形象地称其为"火炬花"了。

用途 适合布置多年生混合花境和在建筑物前配植，也可作切花。

火绒草

Leontopodium leontopodioides

🌿 无毒　✒ 株高 5~45 厘米　🌱 花期 7~10 月　🐛 果期 7~10 月

● 菊科火绒草属　别名 / 老头草、薄雪草、雪绒花

识别特征 多年生草本。地下茎粗壮，无莲座状叶丛。茎直立，叶条形或条状披针形，无鞘，无柄，两面被白色柔毛。头状花序大。瘦果有乳头状突起或密被粗毛。

产地与生境 产于欧洲和南美洲的高海拔地区，蒙古、朝鲜、日本、俄罗斯、中国也有分布。常生于海拔 100~3 200 米的干旱草原、黄土坡地、石砾地、山区草地，稀生于湿润地。

趣味文化 火绒草是藏族古老文化中的神圣之花，更属于中药范围内的中药藏药蒙药，实用性强，并且历史悠久。火绒草也是奥地利国花，象征着勇敢。因植株含水分较少，被用以引火，所以叫"火绒草"。

用途 火绒草是美丽的高山花卉，适用于岩石园栽植或盆栽观赏及作干花欣赏。地上部分入药，能清热凉血、利尿。全草药用，对治疗蛋白尿及血尿有效。

鸡冠爵床

Odontonema tubaeforme

🌿 无毒　🌱 株高 1~4 米　🌸 花期 7~9 月　🍂 果期 10~11 月

● 爵床科鸡冠爵床属　别名 / 红楼花、红苞花、鸡冠红

识别特征 常绿灌木。全株呈丛生状，茎枝自地下伸长，分枝稀少，小枝四棱形。单叶对生，卵状披针形，叶脉凸出，全缘，先端渐尖，叶色鲜绿有光泽，叶面有皱褶。总状花序顶生，具多面密的花，花红色，花冠管状，二唇形，喉部稍见肥大。瘦果。

产地与生境 产于中美洲热带雨林，在热带地区普遍栽培，中国华南地区有种植。

趣味文化 花序梗顶部会缀化为扁平的鸡冠状，故名鸡冠爵床。长花梗上承载着红花穗，如同拔地而起的高楼一般，故又名"红楼花"。

用途 可作庭院观赏和作花篱，用于公园、绿地的路边，是林下绿化的优良材料。

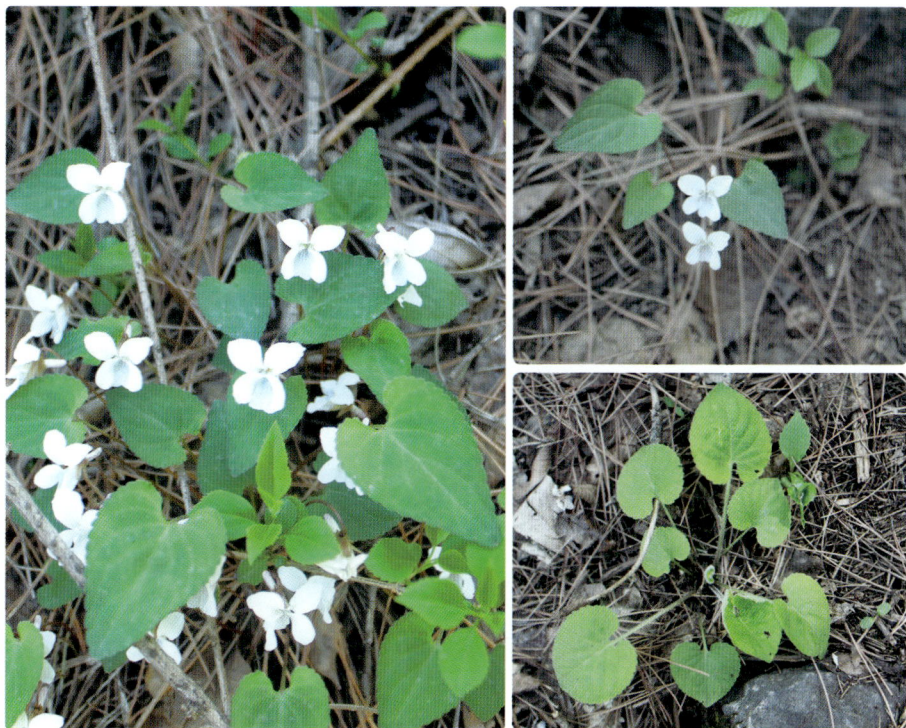

鸡腿堇菜

Viola acuminata

🌿 无毒　　🌱 株高 10~40 厘米　　🌸 花期 5~9 月　　🍂 果期 5~9 月

● 堇菜科堇菜属　别名 / 鸡腿菜、胡森堇菜、红铧头草

识别特征 多年生草本。无基生叶，叶片心形、卵状心形或卵形。根状茎较粗，垂直或倾斜，密生多条淡褐色根。茎直立，通常 2~4 条丛生，无毛或上部被白色柔毛。花淡紫色或近白色，具长梗，花梗细，被细柔毛。果实蒴果，无毛，通常有黄褐色腺点。

产地与生境 产于黑龙江、吉林、辽宁、内蒙古、河北、山西、河南等地。生于杂木林下、林缘、灌丛、山坡草地或溪谷湿地等。

趣味文化 根其实并不像鸡腿，叶片通常羽状深裂呈流苏状或浅裂呈牙齿状，颇似毛腿鸡的腿，故名"鸡腿堇菜"，有的人也把它称作"鸡腿菜"。

用途 全草为民间供药用，能清热解毒、排脓消肿。嫩叶可作蔬菜。

假龙头花

Physostegia virginiana

🌿 无毒　💧 株高 60~120 厘米　🌱 花期 7~9 月　🌰 果期 7~9 月

● 唇形科假龙头花属　别名 / 假龙头草、随意草、芝麻花

识别特征 多年生宿根草本。茎四方形、丛生而直立。单叶对生，披针形，亮绿色，边缘具锯齿。穗状花序顶生，每轮有花 2 朵，花冠唇形，花筒长约 2.5 厘米，唇瓣短，花色淡紫红。

产地与生境 产于北美，我国各地常见栽培。喜温暖、阳光和疏松肥沃、排水良好的沙质壤土。

趣味文化 因其花朵排列在花序上酷似芝麻的花，唯密度稠一些，故名"芝麻花"。

用途 在园林绿化中主要用作地被植物，进行片植，也可布置花坛和花境，或路边、疏林、草坪，或坡地丛植、片植。

尖叶铁扫帚

Lespedeza juncea

🛡 无毒　🌿 株高 100 厘米　🌱 花期 6~9 月　🍂 果期 10 月

● 豆科胡枝子属　别名 / 夜关门、扁座、野鸡花

识别特征 落叶小灌木。三出复叶互生，密集，小叶极小，叶柄短。花 1~4 朵生于叶腋，花冠蝶形，黄白色。荚果细小，无柄。

产地与生境 分布于中国黑龙江、吉林、辽宁、内蒙古、河北、山西、甘肃及山东等省区，朝鲜、日本、蒙古、俄罗斯（西伯利亚）也有分布。生于海拔 1 500 米以下的山坡灌丛间。

趣味文化 小孩在小时候经常尿床，就可以采一些尖叶铁扫帚熬水喝，喝完夜里就不会尿床了，"夜关门"这个别名就是由此而来。

用途 可饲用，绿肥用，可做冬贮饲料，并可做为北方野生优良牧草加以驯化，以治理风沙，保持水土，改良土壤增加地力。也可药用。

坚硬女娄菜

Silene firma

🌿 无毒　🌱 株高 50~100 厘米　🌸 花期 6~7 月　🍂 果期 7~8 月

（● 石竹科蝇子草属　别名 / 光萼女娄菜、粗壮女娄菜、无毛女娄菜）

识别特征 一年生或二年生草本。全株无毛，有时仅基部被短毛。茎单生或疏丛生，粗壮，直立。叶片椭圆状披针形或卵状倒披针形。假轮伞状间断式总状花序，花梗直立，常无毛，苞片狭披针形，花萼卵状钟形，无毛，雌雄蕊柄极短或近无，花瓣白色，不露出花萼，副花冠片小，具不明显齿。蒴果长卵形，比宿存萼短。种子圆肾形，灰褐色。

产地与生境 在我国分布于北部和长江流域。生于海拔 300~2 500 米的草坡、灌丛或林缘草地。

用途 嫩苗和嫩茎叶可食用，春季采其幼苗及嫩茎叶，凉拌，炒菜。种子可入药，为中药王不留行的代用品种，具有活血通经、下乳消肿、利尿通淋的功效。

角蒿

Incarvillea sinensis

🌿 无毒　🍃 株高 80 厘米　🌸 花期 5~9 月　🌰 果期 10~11 月

（● 紫葳科角蒿属　别名 / 莪蒿、萝蒿、大一枝蒿（陕西））

识别特征 一年生至多年生草本。茎具分枝。叶互生，小叶不规则细裂。顶生总状花序，花冠淡玫瑰色或粉红色，钟状漏斗形，基部收缩成细筒。蒴果淡绿色。

产地与生境 产于东北地区及河北、河南、山东、山西、陕西、宁夏、青海、内蒙古、甘肃西部、四川北部、云南西北部、西藏东南部。生于海拔 500~3 850 米的山坡、田野。

趣味文化 在《家塾事亲》中有记载，七日取角蒿置毡褥书籍中，可以避蠹。此外，角蒿在七夕这天采摘并晒干后，还可以放在书里或褥子下面避虫、避蛇。

用途 味辛，苦，微甘，有祛风湿、解毒、杀虫的功效，嫩茎叶可作为野菜食用。

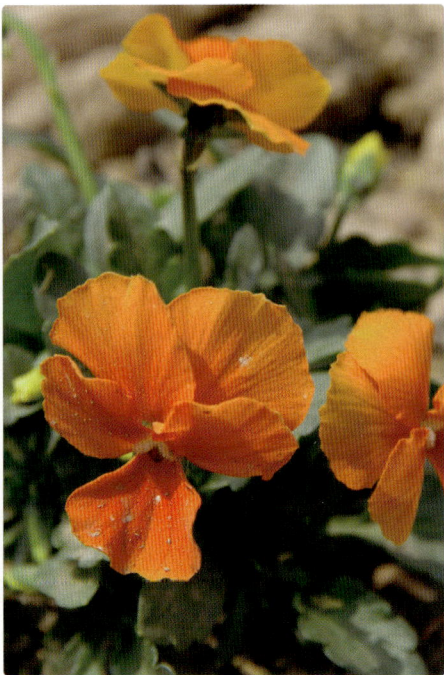

角堇

Viola cornuta

- 无毒
- 株高 10~20 厘米
- 花期 4~7 月
- 果期 9~11 月

● 堇菜科堇菜属　别名 / 小三色堇

识别特征 一二年生草本。具根状茎，地上茎短。叶为单叶，长卵形，先端钝圆，基部近心形，叶边缘具缺刻。花梗从叶腋抽生而出，顶生，花小，直径 3 厘米左右，花瓣 5，具各种颜色，冠幅 20~30 厘米。

产地与生境 产于西班牙和比利牛斯山脉，世界多地和中国均有栽培。在野生环境中，生于海拔 1 000~2 300 米的山区。

趣味文化 花语是让我们交往、思念我、沉思。在古代欧洲虽然有不同的阶层，但仍然会有相亲会，让不认识的年轻男女找到他们喜欢的对象，这时可以准备一束角堇花，送给自己最喜欢的人，对方接受则表明相亲成功。在情侣分别的时候也可以送角堇花表达自己的思念。

用途 观赏价值很高，用于花坛周边景观、林地装饰、花园、床前、窗台，是在容器中生长的植物。

Platycodon grandiflorus

桔梗

⊘ 无毒　🌱 株高 20~120 厘米　🌼 花期 7~9 月　🍂 果期 9 月

● 桔梗科桔梗属　别名 / 包袱花、铃铛花、僧帽花

识别特征 多年生草本。有白色乳汁。茎通常无毛，偶密被短毛，不分枝，极少上部分枝。叶全部轮生，部分轮生至全部互生，无柄或有极短的柄，叶片卵形，卵状椭圆形至披针形，基部宽楔形至圆钝。花单朵顶生，或数朵集成假总状花序，或有花序分枝而集成圆锥花序，花冠蓝色、紫色或白色。蒴果。

产地与生境 分布于东北、华北、华东、华中各省以及广东、广西（北部）、贵州、云南东南部（蒙自、砚山、文山）、四川（平武、凉山以东）、陕西。常生于阳处草丛、灌丛中，少生于林下。

趣味文化 桔梗花开代表着幸福再度降临。可是有的人能抓住幸福，有的人却注定与它无缘，抓不住它，也留不住花，于是桔梗有着双层含义：永恒的爱和无望的爱。

用途 桔梗具有观赏和药用价值。其根部可入药，有止咳祛痰等作用，是中国传统中药材之一。

金荞麦

Fagopyrum dibotrys

- 无毒
- 株高 50~100 厘米
- 花期 7~9 月
- 果期 8~10 月

● 蓼科荞麦属　别名 / 天荞麦、赤地利、透骨消

识别特征　多年生草本。根状茎木质化，黑褐色。茎直立，分枝，具纵棱，无毛。叶三角形，顶端渐尖，基部近戟形，边缘全缘，两面具乳头状突起或被柔毛。托叶鞘筒状。花序伞房状，顶生或腋生，苞片卵状披针形，顶端尖，边缘膜质，花梗中部具关节。花被白色，花被片长椭圆形。瘦果宽卵形，具 3 锐棱，黑褐色，无光泽。

产地与生境　产于陕西及华东、华中、华南、西南地区。生于海拔 250~3 200 米的山谷湿地、山坡灌丛。

趣味文化　以形态而得名。始载于《新修本草》，言其"主赤白冷热诸痛，断血破血，带下赤白，生肌肉"，简述了金荞麦的功效。

用途　可食用充饥，由于其口感比较好，一些人比较喜欢吃金荞麦。块根供药用，清热解毒、排脓去瘀。

金丝梅

Hypericum patulum

🔖 无毒　🌿 株高 30~150 厘米　🌸 花期 6~7 月　🍂 果期 8~10 月

● 金丝桃科金丝桃属　别名 / 芒种花、云南连翘、断痔果

识别特征 落叶灌木。丛状。茎淡红至橙色。叶具柄，叶片披针形或长圆状披针形至卵形或长圆状卵形。花序伞房状，花瓣金黄色，无红晕。蒴果宽卵珠形。种子深褐色，呈圆柱形。

产地与生境 分布于我国陕西、江苏、安徽、浙江、江西、福建、湖北、湖南、广西、四川、贵州等省区。生于海拔 300~2 400 米的山坡或山谷的疏林下、路旁或灌丛中。

趣味文化 密密匝匝、灿若金丝的雄蕊楚楚动人，根根分明，顶着花药的尾梢部分微微内收，微微合拢，共同呵护正中雌蕊。雄蕊有小葫芦般的子房，鹅黄嫩绿的蕊柱，"鹤立蕊群"坦然接受上百根雄蕊众星捧月。简单概括金丝梅的"两性关系"，大约可以借用一句诗："无边风月关不住，金丝万缕吐相思。"

用途 非常珍贵的野生观赏灌木，适合植于庭院内、假山旁及路边、草坪等处，也可配置专类园和花径，还可盆栽观赏，亦能作切花，是西部地区城市绿化的良好材料。全株可入药，清热利湿解毒，疏肝通络，祛瘀止痛。

金银忍冬

Lonicera maackii

🌀 有毒　💧 株高 3~4 米　🌱 花期 5~6 月　🌻 果期 8~10 月

● 忍冬科忍冬属　别名 / 金银木、王八骨头

识别特征 落叶灌木。茎干直径较大且挺直。幼枝、花苞、茎叶外面都有细毛。叶纸质，叶片较硬且形状变化较大，通常为椭圆形和卵状披针形，叶片顶端渐尖，基部呈圆形。花冠先白后黄，花芽较小且为圆形，总花梗比叶柄短。果实是暗红色的球形。

产地与生境 在我国产于黑龙江、吉林、辽宁及华北、华中至西南各地，朝鲜、日本和俄罗斯远东地区也有分布。生于林中或林缘溪流附近的灌木丛中。

趣味文化 "金银"指的是花的颜色，初开为白，对应银，快凋谢时为黄，对应金，忍冬顾名思义耐寒，故名金银忍冬。花语代表相互陪伴、财源广进、勇敢顽强。

用途 茎皮可制人造棉，花可提取芳香油，种子榨成的油可制肥皂。可入药，可祛风、清热、解毒，叶片对变形杆菌有抗菌作用。金银忍冬也是园林绿化中最常见的树种之一。

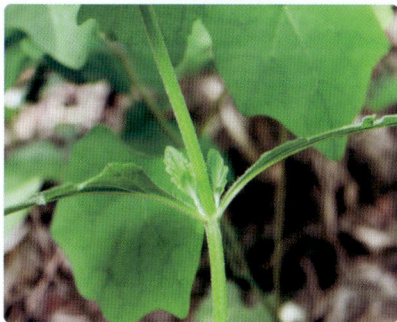

筋骨草

Ajuga ciliata

🌿 无毒　　📏 株高 20~40 厘米　　🌱 花期 4~8 月　　🍂 果期 7~9 月

● 唇形科筋骨草属　别名 / 白毛夏枯草、散血草、破血丹

识别特征 多年生草本。茎紫红或绿紫色，常无毛，幼时被灰白色长柔毛。叶卵状椭圆形或窄椭圆形。轮伞花序组成穗状花序，花萼漏斗状钟形，花冠紫色，具蓝色条纹，雄蕊 4 枚，二强，稍超出花冠，着生于冠筒喉部。坚果，被网纹。

产地与生境 产于河北、山东、河南、山西、陕西、甘肃、四川及浙江。生于海拔 340~1 800 米的山谷溪旁、阴湿的草地上、林下湿润处及路旁草丛中。

趣味文化 关于筋骨草，背后有个神奇的故事。宋代有个官员名叫李东杰，因为他刚正不阿，得罪了朝中位高权重的大臣，于是被贬谪到一个偏远的地方担任县令。一年夏天，当地发生了旱情，为了不让百姓忍饥挨饿，李东杰向朝廷申请了赈灾粮，率领手下挨家挨户送粮食。途中，李东杰的风湿病再次发作，他双腿无法行走。一个长者用草药煎水后让他服下，连续服用几天，他的腿就恢复如初。于是，李东杰将这种草药改名为筋骨草。

用途 全草可入药，治肺热咯血、跌打损伤、扁桃腺炎、咽喉炎等。

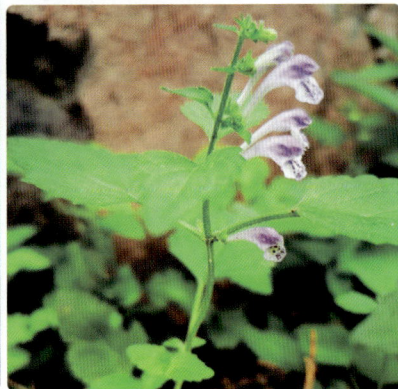

京黄芩

Scutellaria pekinensis

🌿 无毒　💧 株高 24~40 厘米　🌱 花期 6~8 月　🍂 果期 7~10 月

● 唇形科黄芩属　别名 / 北京地黄丹、气地黄、南山地黄丹

识别特征 一年生草本。根茎细长，茎直立，四棱形。叶草质，卵圆形或三角状卵圆形。花对生，苞片除花序上最下面一对较大且叶状外，余均细小，狭披针形，花冠蓝紫色，花丝扁平，中部以下被纤毛。坚果。

产地与生境 分布于吉林、河北、山东、河南、陕西、浙江等地。常生于海拔 600~1 800 米的石坡、潮湿谷地或林下。

用途 可入药，有清热解毒、凉血降火的功效，对于发热、头痛、口咽干燥、咳嗽等有很好的治疗作用。

荆条

Vitex negundo var. *heterophylla*

🌿 无毒　💧 株高 1~5 米　🌱 花期 6~8 月　🍂 果期 7~10 月

● 唇形科牡荆属　别名 / 荆子、荆梢子、荆棵

识别特征 落叶灌木或小乔木。幼枝方形有 4 棱，老枝圆柱形，灰白色，被柔毛。掌状复叶对生或轮生，叶缘呈大锯齿状或羽状深裂。花序顶生或腋生，先由聚伞花序集成圆锥花序，花冠紫色或淡紫色，萼片宿存形成果苞。果实核果，球形，黑褐色，外被宿萼。

产地与生境 分布于我国辽宁、河北、山西、山东、河南、陕西、甘肃、江苏、安徽、江西、湖南、贵州、四川等省份，日本也有分布。生于山坡路旁。

趣味文化 著名典故"负荆请罪"的"荆"指的就是荆条。当然它也是形容古代妇女着装朴素的"荆钗布裙"的荆，所以才会有"拙荆"一词的出现。也因为荆条总是与棘相伴，阻塞山道使人难行，所以才会有"荆天棘地"的说法。

用途 叶秀丽，花清雅，是景观设计的优良材料，也可以制作树桩盆景。茎、果实和根均可入药。花含蜜汁，是极好的蜜源植物。

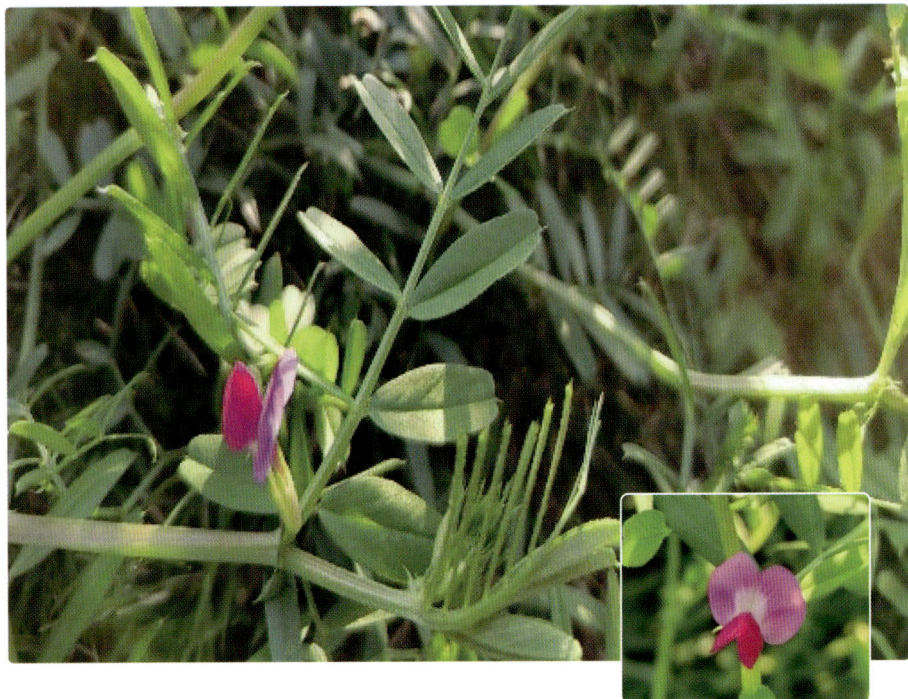

救荒野豌豆

Vicia sativa

⚠ **全株有毒**　🌿 株高 15~100 厘米　🌼 花期 4~7 月　🍂 果期 7~9 月

● 豆科野豌豆属　别名 / 大巢菜、野菉豆、野豌豆

识别特征 一年生或二年生草本。偶数羽状复叶，叶轴顶端卷须，托叶戟形，小叶 2 ~ 7 对，长椭圆形或近心形，先端圆或平截有凹，具短尖头，基部楔形，侧脉不甚明显，两面被贴伏黄柔毛。花 1~4 腋生，近无梗，花冠紫红色。荚果近长圆形。

产地与生境 我国各地均有分布，广为栽培。生于海拔 50 ~ 3 000 米的荒山、田边草丛及林中。

趣味文化 《尔雅》中对救荒野豌豆的记载极富美感，即"垂水"。《品汇精要》中对救荒野豌豆的称呼有三种，分别为"薇菜""巢菜""野豌豆"。而《草木便方》中的称呼是标准的重庆叫法，为"野麻碗"。

用途 绿肥及优良牧草。全草药用。花果期及种子有毒，国外曾有用其提取物抗肿瘤的报道。

菊芋

Helianthus tuberosus

● 无毒　● 株高 1~3 米　● 花期 8~9 月　● 果期 9~10 月

菊科向日葵属　别名 / 鬼子姜、洋羌、洋姜

识别特征　多年生宿根草本。有块状的地下茎及纤维状根。茎直立，有分枝，被白色短糙毛或刚毛。叶通常对生，有叶柄，但上部叶互生，下部叶卵圆形或卵状椭圆形，有长柄，基部宽楔形或圆形。头状花序较大，少数或多数，单生于枝端，管状花花冠黄色。瘦果小，楔形。

产地与生境　产于北美洲，经欧洲传入中国，现中国大多数地区有栽培。耐瘠薄，对土壤要求不严，废墟、宅边、路旁都可生长。

趣味文化　传说，有个叫刘明的小伙子偶得一块人心，在水里洗了一下后变成一个美丽的姑娘，于是两人结了婚。而他嫂子却以为那姑娘是个妖怪，就把那人心剁成碎块埋到了房后的井台上。姑娘托梦给刘明，说她已化成鬼子姜，每年开花与他相会。此后，刘明梦醒后非常伤心，每年收获鬼子姜时，他都不肯挖完，盼望与妻子重逢。鬼子姜即菊芋。

用途　菊芋是优良的多汁饲料。块茎可加工成制成酱菜，可制菊糖及酒精，还可制生物柴油，被称为 21 世纪"人畜共用作物"。

聚花风铃草

Campanula glomerata subsp. speciosa

🌿 无毒　💧 株高 50~120 厘米　🌼 花期 7~9 月　🍂 果期 7~9 月

● 桔梗科风铃草属　别名 / 灯笼花

识别特征 多年生宿根草本。茎直立，茎生叶下部的具长柄，上部的无柄，长卵形至卵状披针形。花数朵集成头状花序，生长于茎中上部叶腋间，花冠紫色、蓝紫色或蓝色，管状钟形。蒴果倒卵状圆锥形。

产地与生境 分布于我国东北地区和内蒙古，在朝鲜、日本、俄罗斯等国也有分布。多生于山坡、草地、路边、林缘或林间草地。

趣味文化 花形别致，像一个个小铃铛，花色也很清新。花语是嫉妒、感恩、来自远方的祝福、温暖的爱等。

用途 花朵形状犹如风铃，可用作园林观赏。此外，全草可入药，味苦，性凉，有清热解毒、止痛的功效。

卷苞风毛菊

Saussurea tunglingensis

🌿 无毒　　🌱 株高 20~60 厘米　　🌼 花期 7~9 月　　🍂 果期 7~9 月

● 菊科风毛菊属　　别名 / 八棱麻、八楞麻、三棱草

识别特征 多年生草本。根状茎粗短。叶片椭圆状披针形、卵形或卵状披针形，头状花序单生茎端。总苞宽钟状，小花紫红色，瘦果圆锥状，有棱，淡褐色。

产地与生境 分布于辽宁、内蒙古、河北、北京等地。生于山坡、草地、林缘及山沟。

用途 具有祛风除湿，通络舒筋的功效；也具有很高的观赏价值，可于园林绿化和景观设计中。

开萼鼠尾草

Salvia bifidocalyx

🌿 无毒   💧 株高 33 厘米   🌱 花期 7 月   🍂 果期 8 月

● 唇形科鼠尾草属   别名 / 洋苏草、普通鼠尾草、庭院鼠尾草

识别特征 多年生草本。根茎粗短，覆以残余的老叶柄，其下有粗达 7 毫米的扭曲条状主根，主根外皮黑褐色。茎少数，自根茎生出，丛生，纤细，连花序高达 33 厘米，基部斜上升，钝四棱形，具四槽，密被微柔毛，脉网在下面极明显，顶生总状或总状圆锥花序，花柱超出雄蕊之上，成熟小坚果未见。

产地与生境 产于云南西北部。生于海拔 3 500 米的石山上。

趣味文化 传说，在圣母玛利亚带着孩子逃亡的时候，请求周围的花卉帮助隐藏自己，谁知他们全部拒绝了。于是玛利亚又去恳求鼠尾草的帮助，鼠尾草听后努力长高将它包住，从而让玛利亚顺利逃过追捕。玛利亚为了表达感激之情，就为它祷告，让它成为有很多疗效的植物，让人们永远记住它。

用途 性味苦、辛、平，它的功效与作用是清热利湿、活血调经、解毒消肿。

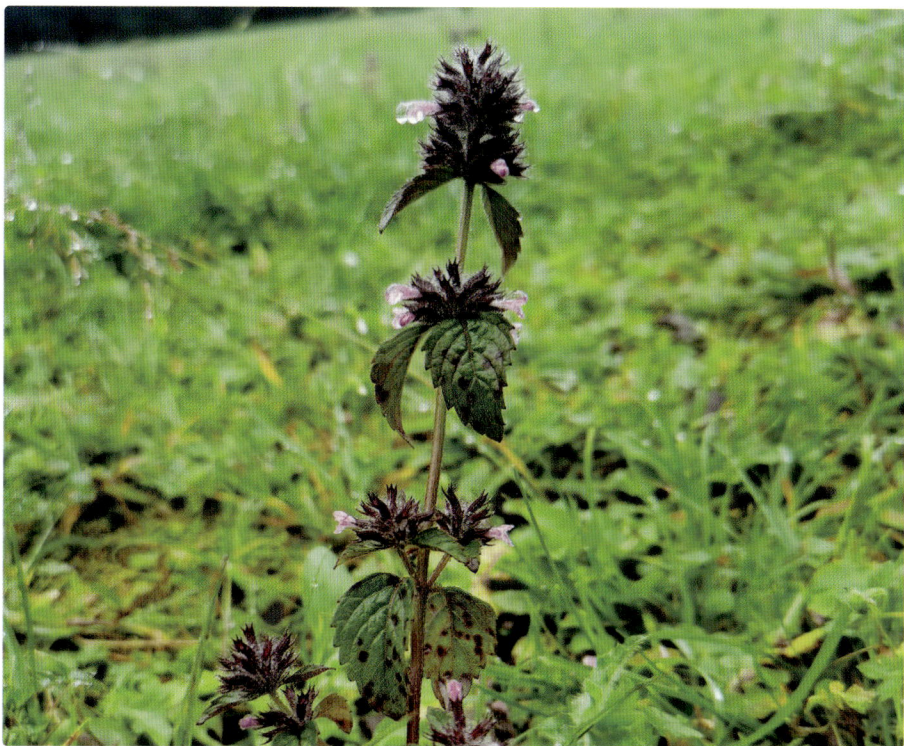

康藏荆芥

Nepeta prattii

🌿 无毒 　📏 株高 70~90 厘米 　🌱 花期 7~10 月 　🌸 果期 8~11 月

● 唇形科荆芥属　别名 / 野藿香、康滇荆芥

识别特征 多年生草本。茎四棱形，具细条纹。叶卵状披针形、宽披针形至披针形。轮伞花序，苞叶与茎叶同形，花萼疏被短柔毛及白色小腺点，喉部极斜，雄蕊短于下唇或后对略伸出，花柱先端近相等 2 裂，伸出上唇之外。小坚果，倒卵状长圆形。

产地与生境 分布于西藏东部、四川西部、青海西部、甘肃南部、陕西南部、山西及河北北部，为中国特有。生于海拔 1 920~4 350 米的山坡草地湿润处。

趣味文化 《康藏荆芥野藿香》中描述："四川康藏小荆芥，晋冀陕甘野藿香。青叶百丛瑶珮饰，紫花千簇喇叭扬。三江激浪春风烈，五岳披云夏雨狂。妙药除疴铭本草，芳心惠世著华章。"

用途 全草可入药，味辛，凉，可疏风、解表、利湿、止血、止痛，有清热利湿的功效。

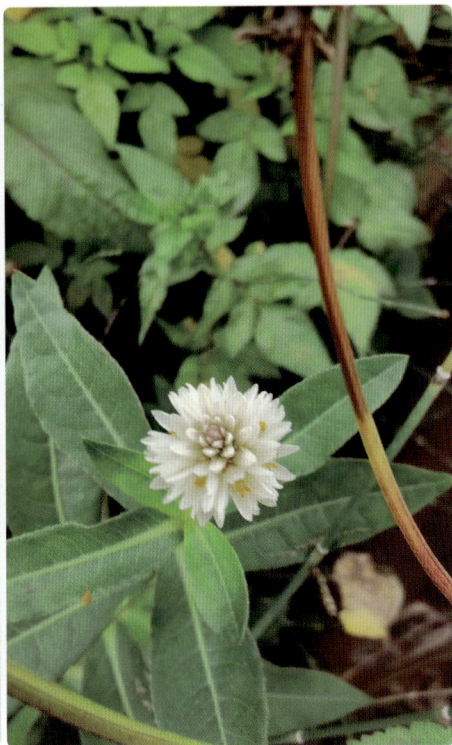

空心莲子草

Alternanthera philoxeroides

🛡 无毒　🌿 株高 20~120 cm　🌼 花期 5~7 月　🌰 果期 8~10 月

苋科莲子草属　别名 / 喜旱莲子草、水花生、革命草

识别特征 多年生草本。其茎基部匍匐，上部斜升，中空，有分枝。叶对生，叶片为长圆形，前端急尖或圆钝，基部渐狭，上面有贴生毛，边缘有睫毛。头状花序单生于茎上部的叶腋，球形，花被片长圆形，白色，基部带粉红色，有光泽。

产地与生境 产于巴西，引种我国后，逸为野生，现已成为危害较大的入侵植物，秦岭南北坡普遍分布。生长在池沼、水沟内。

趣味文化 《中国植物志》中以喜旱莲子草为正名收载，别名空心苋。

用途 全草可入药，味苦、微甘、性寒；具有清热利尿，凉血解毒的功效。可用作牛、猪、羊、马饲料。农业上为恶性杂草。

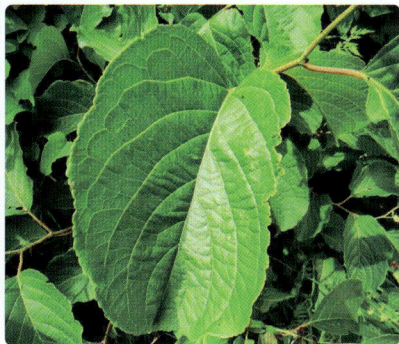

苦皮藤

Celastrus angulatus

⚠ 花蜜和花粉有毒　🌱 花期 5~6 月　☀ 果期 6~7 月

● 卫矛科南蛇藤属　别名 / 棱枝南蛇藤、苦树皮、马断肠

识别特征 藤状落叶灌木。小枝常具 4~6 纵棱，皮孔密生。叶长圆状宽椭圆形、宽卵形或圆形，先端圆，具渐尖头，基部圆，具钝锯齿。聚伞圆锥花序顶生，花梗短。蒴果近球形。种子椭圆形。

产地与生境 产于华北、华东、华中、西南东部地区及陕西、甘肃、广东、广西等省区。生于海拔 1 000 ~ 2 500 米的山地丛林及山坡灌丛中。

趣味文化 苦皮藤为有毒蜜源植物，花蜜和花粉有毒，对成年蜂和幼虫都有伤害。蜜蜂采食后腹部胀大，身体痉挛，尾部变黑，吻伸出呈钩状死亡。

用途 根可入药，有祛风除湿、舒筋活络、消肿止血、清热解毒之功效。树皮纤维可供造纸及人造棉原料；果皮及种子含油脂，可供工业用；根皮及茎皮为杀虫剂和灭菌剂。入秋后叶色变红，具有较高观赏价值，是庭院理想的棚架绿化材料。

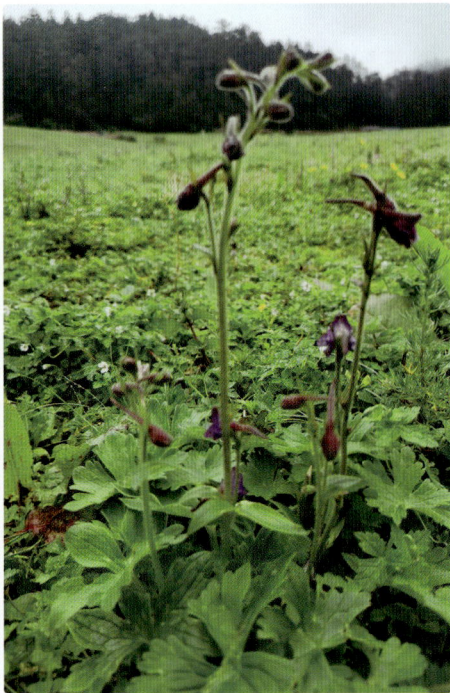

宽苞翠雀花

Delphinium maackianum

⚠ 全株有毒　　◉ 株高 1.1~1.4 米　　❀ 花期 7~8 月

● 毛茛科翠雀属　　别名 / 宽苞翠雀、马氏飞燕草、飞燕草

识别特征 多年生草本。叶片五角形。顶生总状花序狭长，有多数花，基部苞片叶状，其他苞片带蓝紫色，花瓣黑褐色，无毛，退化雄蕊黑褐色，雄蕊无毛。种子金字塔状四面体形，密生成层层排列的鳞状横纹。

产地与生境 分布于我国辽宁、吉林和黑龙江的东部，朝鲜及俄罗斯远东地区也有分布。生于山地林边或草坡。

趣味文化 数朵蓝色的小花排成一列，在高海拔的蓝天里舒展着花瓣，花后方伸出的距就像雀鸟高高翘起的尾羽，五枚萼片微微反卷如飞翔中的羽翼。每一朵花都像停在枝头的一只小鸟，给人一种这些蓝色小花随时都要乘风飞走的错觉。

用途 根可入药，可调经止痛，治月经不调、痛经。

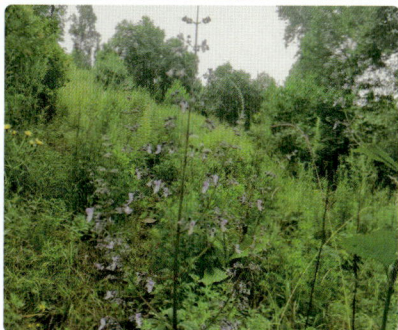

蓝萼香茶菜

Isodon japonicus var. glaucocalyx

🌿 无毒　💧 株高达 150 厘米　🌱 花期 7~8 月　🍂 果期 9~10 月

● 唇形科香茶菜属　别名 / 蓝萼毛叶香茶菜

识别特征 多年生草本。根茎木质，粗大，向下有细长的侧根。茎直立，茎叶对生。叶疏被短柔毛及腺点，顶齿卵形或披针形而渐尖，锯齿较钝。花萼常带蓝色，外面密被贴生微柔毛。成熟小坚果卵状三棱形，黄褐色，无毛，顶端具疣状突起。

产地与生境 产于黑龙江、吉林、辽宁、山东、河北及山西。生于山坡、路旁、林缘、林下及草丛中，海拔可达 1 800 米。

趣味文化 在中国古代，蓝萼香茶菜有"蓝萼香草"的雅致名字，这个名字源自它独特的蓝紫色花萼和沁人心脾的香气。《本草纲目》中记载："其萼如天空之色，香似兰蕙之馨。"相传在唐代，蓝萼香茶菜便与文人结下了不解之缘。李白曾写道："幽香入怀抱，清气满山林"，正是对蓝萼香茶菜的赞美。

用途 全草可入药，清热解毒，活血化瘀，用于感冒、咽喉肿痛、扁桃体炎、胃炎等。

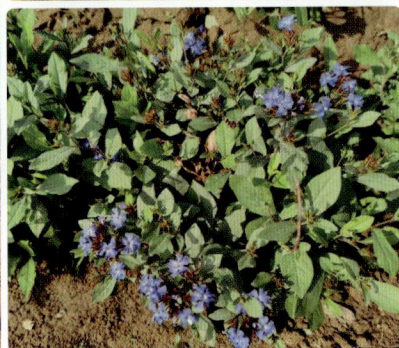

蓝雪花

Ceratostigma plumbaginoides

🌿 无毒　💧 株高 30~60 厘米　🌸 花期 7~9 月　🍂 果期 8~10 月

● 白花丹科蓝雪花属　别名 / 蓝花丹、角柱花、假靛

识别特征 多年生草本。根茎多分枝，茎细弱，上部疏被硬毛，基部无芽鳞。叶宽卵形或倒卵形，先端短渐尖，基部楔形，两面近无毛。花序顶生及腋生，花萼沿脉疏被长硬毛，花冠裂片蓝色，筒部紫红色，先端稍凹，具窄三角形短尖，雄蕊稍伸出花冠喉部，花药蓝色，花柱异长，短花柱分枝内藏，长花柱分枝伸出花药之上。蒴果，种子红褐色。

产地与生境 分布于河南境内，北沿太行山（山西）至北京，东至江苏（徐州）、上海与浙江舟山群岛（衢山）。常见于浅山山麓和平地上。

趣味文化 传说古时有个战士爱上了亡国公主，却战死沙场，公主知道后用蓝色布条上吊自杀，死去的地方正是一片蓝雪花。

用途 可作盆栽点缀阳台，多用于场馆周边、道路、立交桥等环境。

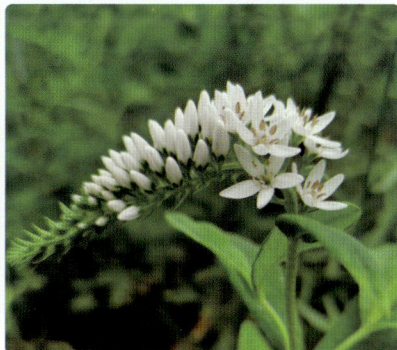

狼尾花

Lysimachia barystachys

🌿 无毒　🌱 株高 30~100 厘米　🌼 花期 5~8 月　🍂 果期 8~10 月

● 报春花科珍珠菜属　别名 / 珍珠菜、虎尾草

识别特征 多年生草本。全株密被卷曲柔毛，具横走根茎。叶互生或近对生，披针形。总状花序顶生，花密集，常转向一侧，花萼裂片长圆形，先端圆；花冠白色，裂片舌状长圆形。蒴果。

产地与生境 分布于黑龙江、吉林、辽宁、内蒙古、河北、山西、陕西、甘肃、四川、云南、贵州、湖北、河南、安徽、山东、江苏、浙江等省区。常生于草甸、山坡路旁灌丛间。

趣味文化 相传，狼尾草是一种能够驱鬼避邪的草药，可以保护人们免受邪恶之物的侵害。因此，狼尾草被视为吉祥之物，常被用于制作符咒、护身符等物品。

用途 云南民间用全草治疮疖、刀伤，具有活血利水、解毒消肿的功效。

老鹳草

Geranium wilfordii

⚠ 全株有毒　🌿 株高 50 厘米　🌸 花期 7~8 月　🟠 果期 8~9 月

● 牻牛儿苗科老鹳草属　别名 / 鸭脚草、五叶草、老贯筋

识别特征 多年生草本。根茎直生，粗壮，具簇生纤维状。叶基生，茎生叶对生。花、果期直立，花瓣白色或淡红色，倒卵形。雄蕊稍短于萼片，雌蕊被短糙状毛，花柱分枝紫红色。蒴果。

产地与生境 分布于我国东北、华北、华东、华中地区和陕西、甘肃、四川等省份，俄罗斯远东、朝鲜和日本有分布。生于海拔 1 800 米以下的低山林下、草甸。

趣味文化 相传在隋唐时期，孙思邈云游四川峨眉山上的真人洞，许多患风湿病的患者上山求医。但孙思邈对于风湿病束手无策，偶然一次上山采药时发现有一只年迈的老鹳鸟在啄食一株草，并使得身体明显健壮。随即命徒儿采回这种小草，煎熬成浓汁，让患者服用，患者均有所好转。但被治愈的病人认为此等好事应归功于老鹳鸟，故给此草取名为"老鹳草"。

用途 全草供药用，有祛风通络的功效。

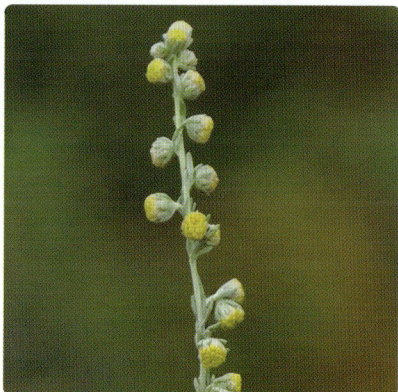

冷蒿

Artemisia frigida

◐ 无毒　◐ 株高 10~70 厘米　◐ 花期 7~10 月　◐ 果期 7~10 月

菊科蒿属　别名 / 白蒿、小白蒿、兔毛蒿

识别特征 多年生草本。全体密被灰白色或淡黄色绢毛。根状茎横走，不定根发达。茎基部木质，叶具短柄或无柄。花半球形，花冠细管状，黄白色。果短圆形，褐色。

产地与生境 产于宁夏、甘肃、青海及新疆。生于海拔 2 000~2 600 米的山坡。

趣味文化 在草原牧民中间也流传着一种说法："羊要肥壮，多吃冷蒿。"牧民对其评价极高，被认为是有助于羊抓膘、保膘与催乳的植物之一，生长冷蒿之多少成为选择草场的条件之一。

用途 全草入药，有止痛、消炎、镇咳作用。在牧区冷蒿可为牲畜提供良好的营养价值。

冷水花

Pilea notata

🌿 无毒   💧 株高 25~70 厘米   🌸 花期 6~9 月   🍂 果期 9~11 月

● 荨麻科冷水花属   别名 / 长柄冷水麻

识别特征 多年生草本。具匍匐茎，茎肉质，纤细，中部稍膨大，叶柄纤细，常无毛，稀有短柔毛；托叶大，带绿色。花雌雄异株，花被片绿黄色，花药白色或带粉红色，花丝与药隔红色。瘦果小，圆卵形，熟时绿褐色。

产地与生境 分布中国广西、广东，越南、日本有分布。生于海拔 300~1 500 米的山谷、溪旁或林下阴湿处。

趣味文化 花语是爱的别离，寓意着两个相爱的人别离，却又相互思念的情感。叶子上的花纹像是流下来的两行眼泪，所以有一个花语是分离的眼泪，表示对对方的不舍。叶子温度比较低，样子很清新、高傲，所以花语也有了高傲的意思。

用途 全草可入药。清热利湿，破瘀消肿。具吸收有毒物质的能力，可作室内绿化材料。

藜芦

⚠ 全株有毒　🔵 株高 1 米　🌱 花期 7~9 月　🌰 果期 7~9 月

Veratrum nigrum

● 藜芦科藜芦属　别名 / 葱苒、葱葵、山葱

识别特征 多年生草本。植株粗壮，基部的鞘枯死后残留物为黑色纤维网。叶椭圆形、宽卵状椭圆形或卵状披针形。圆锥花序密生黑紫色花；侧生总状花序近直立伸展，通常具雄花；顶生总状花序常较长，几乎全部着生两性花；小苞片披针形。蒴果直立。

产地与生境 分布于我国东北、华北地区及陕西、甘肃、山东、河南、湖北、四川、贵州等地。生于海拔 1 200~3 000 米的山坡林下或草丛中。

趣味文化 藜芦最早起源于南美洲的安第斯山脉，被认为是由印加文明培育的农作物之一，被誉为"高山谷物"。在印加文明时期，藜芦是一种重要的食物来源，甚至被视为神圣的作物。

用途 根及根茎可入药，能催吐、祛痰、杀虫，主治中风痰壅、癫痫、喉痹等；外用治疥癣、恶疮、杀虫蛆。

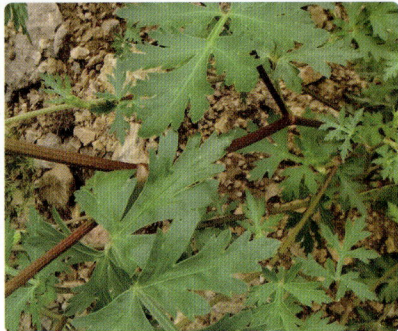

辽藁本

Conioselinum smithii

🟣 无毒　🔵 株高可达 80 厘米　🟢 花期 8 月　🟠 果期 9~10 月

● 伞形科山芎属　别名 / 热河藁本

识别特征 多年生草本。根茎较短。茎直立，圆柱形，中空。叶具柄，叶片轮廓宽卵形，三出式羽状全裂，羽片轮廓卵形。复伞形花序顶生或侧生，总苞片线形，粗糙，边缘狭膜质，小总苞片钻形，被糙毛，小伞形花序具花，花柄不等长，萼齿不明显，花瓣白色，长圆状倒卵形。

产地与生境 分布于我国吉林、辽宁、河北、山西、山东。生于海拔 1 250~2 500 米的林下、草甸及沟边等阴湿处。

趣味文化 辽藁本作为传统中药材，有着悠久的历史传承。其药用价值和功效在《神农本草经》《本草纲目》等古代医学典籍中均有详细记载，体现了其在中医药文化中的重要地位。

用途 根及根茎可入药，散风寒燥湿，治风寒头痛、寒湿腹痛、泄泻，外用治疗癣、神经性皮炎等皮肤病。

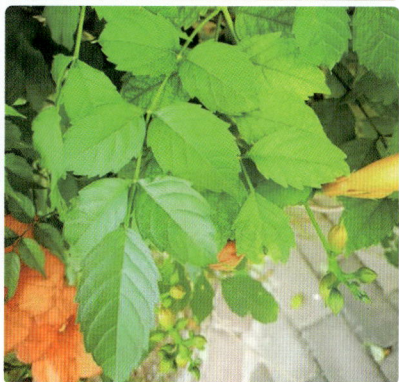

凌霄

Campsis grandiflora

⊘ 无毒　🍃 株高 3~8 米　🌸 花期 5~8 月　🍂 果期 11 月

● 紫葳科凌霄属　别名 / 上树龙、五爪龙、九龙下海

识别特征 攀缘藤本。奇数羽状复叶，卵形或卵状披针形先端尾尖，基部宽楔形。花冠内面鲜红色，外面橙黄色，花药黄色。蒴果。

产地 在我国长江流域各地以及河北、山东、河南、福建、广东、广西、陕西、台湾均有栽培，日本、越南、印度等国也有栽培。

趣味文化 宋代贾昌朝在《咏凌霄花》中描述："披云似有凌霄志，向日宁无捧日心。珍重青松好依托，直从平地起千寻。"赞美了凌霄的凌云壮志和向上精神。

用途 为庭院中棚架、花门的良好绿化材料。花为通经利尿药，可根治跌打损伤等。

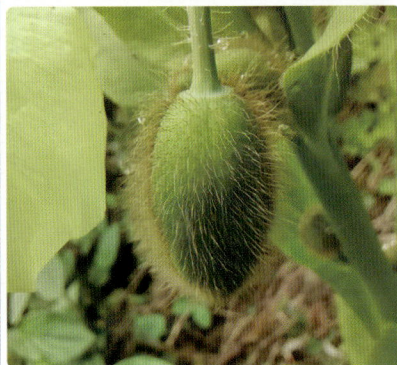

硫磺绿绒蒿

Meconopsis sulphurea

⚠ 全株微毒　🌿 株高 30~100 厘米　🌱 花期 6~8 月　🍂 果期 8~10 月

● 罂粟科绿绒蒿属

识别特征 多年生草本。叶面具有柔长的茸毛。自叶丛中抽出花莛，茎上着花，一茎数花；花单瓣，黄色。

产地与生境 分布于西藏、云南、四川、青海、甘肃、陕西等省区。多生于滇西北海拔 3 000~5 000 米的雪山草甸、高山灌丛、流石滩，少数种类在滇中、滇东北的亚高山地带。

趣味文化 在西藏文化中，硫黄绿绒蒿被视为格桑花的一种原型，象征着幸福和吉祥。此外，还有关于硫黄绿绒蒿的美丽传说，如牧羊女发现并照料硫黄绿绒蒿，使其开出金黄色的小花，为当地人们带来惊喜和欣喜。

用途 不仅具有很高的观赏价值，有些种类还可入药治病。

柳兰

Chamerion angustifolium

🍃 无毒　💧 株高 20~130 厘米　🌱 花期 6~9 月　🌰 果期 8~10 月

● 柳叶菜科柳兰属　别名 / 铁筷子、火烧兰、三伏花

识别特征　多年生粗壮草本，直立，丛生。根状茎，茎不分枝或上部分枝，圆柱状。叶螺旋状互生，披针状长圆形至倒卵状。花序直立无毛，萼片紫红色长圆状披针形，花药长圆形。蒴果密被白灰色柔毛。

产地与生境　分布于我国黑龙江、吉林、内蒙古、河北、山西、宁夏、甘肃、青海、新疆等地区，在欧洲、日本、蒙古、朝鲜半岛以及北美洲也有分布。常成片生于林缘及林间隙地、森林草原。

趣味文化　叶片像柳树叶，花朵像兰花，故名柳兰。

用途　根茎味辛、苦，性平，有活血祛瘀、接骨、止痛的功效。先锋植物与重要蜜源植物，嫩苗可食用，茎叶可作猪饲料，全草含鞣质，可制栲胶。适合做花境的背景材料，也可用于插花。

柳叶菜

Epilobium hirsutum

🌿 无毒　🌱 株高 20~120 厘米　🌾 花期 6~8 月　🔥 果期 7~9 月

● 柳叶菜科柳叶菜属　别名 / 水丁香、地母怀胎草、菜籽灵

识别特征 多年生半灌木状草本。茎多分枝，根状茎粗壮。叶草质，对生，茎上部的互生，披针状椭圆形、窄倒卵形或椭圆形。花玫瑰红、粉红或紫红色，蒴果。

产地与生境 在我国华南和华北地区广泛分布。生于海拔 500~2 800 米的林下湿处、沟边或沼泽地。

趣味文化 因其叶披针形似柳叶，且嫩叶可食，故名"柳叶菜"。

用途 嫩叶可食。根或全草入药，清热解毒，利湿止泻，消食理气，活血接骨。花形奇特，植株姿态优美，且香气宜人，为世界广泛应用的园林植物。

柳叶马鞭草

Verbena bonariensis

🌿 无毒　💧 株高 1~1.5 米　🌱 花期 5~9 月

马鞭草科马鞭草属 别名 / 铁马鞭、龙芽草、风颈草

识别特征 多年生草本。茎为正方形，全株有纤细茸毛。叶生长初期为椭圆形，边缘有缺刻，两面有粗毛。花茎抽高后叶转为细长型如柳叶状，聚伞穗状花序，花冠呈紫红色或淡紫色。

产地与生境 产于南美洲、巴西、阿根廷等地，中国华中、华东及以南地区均有栽培。喜温暖气候，在全日照的环境下生长为佳。对土壤要求不严，耐旱能力强。

趣味文化 穗状花序细长如马鞭，叶形如柳叶，所以被称为柳叶马鞭草。花语代表正义、期待。

用途 可入药，具有解毒消肿、解痉等功效。用于园路边、滨水岸边、墙垣边群植，也可作花境的背景材料。

龙葵

⚠ 全株有毒　🖊 株高 25~100 厘米　🌸 花期 5~8 月　🍂 果期 7~11 月

Solanum nigrum

● 茄科茄属　别名 / 野辣虎、小苦菜、野伞子

识别特征 一年生直立草本。茎无棱或棱不明显，绿色或紫色，近无毛或被微柔毛。叶卵形。蝎尾状花序腋外生，花冠白色，花药黄色。浆果球形，熟时黑色。种子多数，近卵形。

产地与生境 中国几乎各地都有分布，广泛分布于欧洲、亚洲、美洲的温带至热带地区。喜生于田边、荒地及村庄附近。

趣味文化 花语代表沉不住气，寓意着比较冲动、不太稳重。

用途 全株入药，可散瘀消肿、清热解毒。龙葵本身具有一定观赏性，可以移栽到家中，作盆栽观赏。

龙须菜

Asparagus schoberioides

🟣 无毒　🔵 株高 1 米　🟢 花期 5~6 月　🟠 果期 8~9 月

● 天门冬科天门冬属　别名 / 雉隐天冬

识别特征 多年生直立草本。茎上部和分枝具纵棱，分枝有时有极狭的翅。叶状枝通常每 3~4 枚成簇，窄条形，镰刀状，基部近锐三棱形，上部扁平。鳞片状叶近披针形，基部无刺。花每 2~4 朵腋生，黄绿色，雌花和雄花近等大。浆果。

产地与生境 产于我国黑龙江、吉林、辽宁、河北、河南（西部）、山东、山西、陕西（中南部）和甘肃（东南部），也分布于日本、朝鲜和俄罗斯西伯利亚地区。常生于海拔 400~2 300 米的草坡或林下。

趣味文化 因其嫩茎似龙须而得名，有"素菜之珍"的美誉，营养价值比较高，有很好的食疗作用和医药作用。

用途 根状茎和根在河南常被作为中药与"白前"混用，瘰结热气，利小便。

耧斗菜

Aquilegia viridiflora

🛡 无毒　🌱 株高 50 厘米　🌸 花期 5~6 月　🍂 果期 7~8 月

● 毛茛科耧斗菜属　别名 / 五铃花、蓝毛代金

识别特征 多年生草本。茎有稀疏柔毛或少腺毛。基生叶具长柄，二回三出复叶。小叶楔状倒卵形，宽长近相等或更宽，3 裂，疏生圆齿，上面无毛，下面被短柔毛或近无毛。茎生叶较小。花序具 3~7 花，萼片黄绿色，窄卵形；花瓣黄绿色。蓇葖果长 2~2.5 厘米。

产地与生境 在我国分布于青海东部、甘肃、宁夏、陕西、山西、山东、河北、内蒙古、辽宁、吉林、黑龙江。生于海拔 200~2 300 米的山地路旁、河边和潮湿草地。

趣味文化 耧斗菜还有一个名字叫"血见愁"，一针见血地指出它的止血效果。耧斗菜的花瓣也极有意思，看似它有两层花瓣，其实最外面那层带尖尖的是它的萼片，里面一层圆润的部分才是真正的花。

用途 花色美，花期长，具有较高的观赏价值，可用于盆栽、插花观赏，还可用作花坛、花境以及岩石园的栽植材料。具有凉血止血以及清热解毒的作用，可以治疗痛经、崩漏、痢疾。

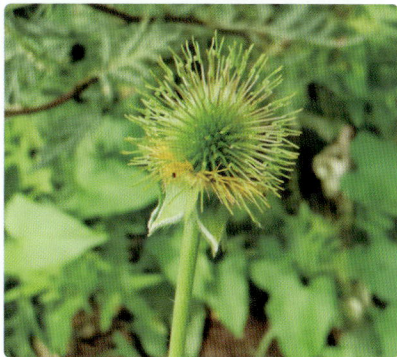

路边青

Geum aleppicum

🛡 无毒　🌿 株高 30~100 厘米　🌱 花期 7~10 月　🍂 果期 7~10 月

（● 蔷薇科路边青属　别名 / 大青根、淡婆婆、水杨梅）

识别特征 多年生草本。茎直立。基生叶为大头羽状复叶，叶片边缘常浅裂，顶生小叶披针形或倒卵披针形。花序顶生，疏散排列，萼片卵状三角形，副萼片狭小，花瓣黄色，近圆形。聚合果倒卵状球形。

产地与生境 广布于北半球温带及暖温带。生于山坡草地、沟边、地边、河滩、林间隙地及林缘。

趣味文化 常生于人们日常行走的道路附近，因此得名"路边青"。其花朵或果实形状与杨梅相似，因此，也叫水杨梅。

用途 色彩丰富，用其进行绿化造景，可以快速覆盖裸露环境和空地，满足人们对环境绿化、美化的不同要求。

露蕊乌头

Gymnaconitum gymnandrum

⚠ 有毒　🔵 株高 20~100 厘米　🌱 花期 6~8 月　🟠 果期 7~9 月

● 毛茛科露蕊乌头属　别名 / 罗砧巴、泽兰、嘎吾迪洛

识别特征 多年生草本。茎被疏或密的短柔毛，下部有时变无毛，等距地生叶，常分枝。基生叶与最下部茎生叶通常在开花时枯萎。叶片宽卵形或三角状卵形，表面疏被短伏毛。总状花序，基部苞片似叶，小苞片生花梗上部或顶部，萼片蓝紫色，少有白色，外面疏被柔毛。花丝疏被短毛，子房有柔毛。蓇葖果。

产地与生境 分布于我国西藏、四川西部、青海等地。生于海拔 1 550~3 800 米的山地草坡、田边草地或河边沙地。

趣味文化 全身都有较强的毒性，花茎叶根都有毒，金秋时节，出门游玩的时候，碰到该植物，就离它们远一点吧。

用途 叶、花、根皆可入药，味辛，性温，具祛风镇静、驱虫杀蛆的功效，可用于治疗关节疼痛、风湿等，全草具有较强的毒性。

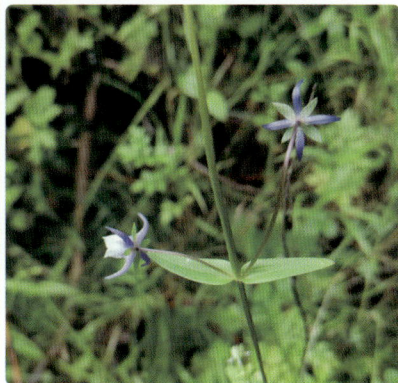

卵萼花锚

Halenia elliptica

🛡 无毒　🌿 株高 15~60 厘米　🌱 花期 7~9 月　🍂 果期 7~9 月

● 龙胆科花锚属　别名 / 黑及草、紫白花锚、假斗那拉玛

识别特征　一年生草本。根具分枝，黄褐色。茎直立，无毛，四棱形，上部具分枝。基生叶椭圆形，有时略呈圆形，全缘，具宽扁的柄。茎生叶卵形，先端圆钝或急尖，基部圆形或宽，抱茎。聚伞花序腋生和顶生。花萼裂片椭圆形或卵形，花冠蓝色或紫色，裂片卵圆形或椭圆形。蒴果宽卵形，上部渐狭，淡褐色。

产地与生境　产于西藏、新疆、湖北等地。生于海拔 700~4 100 米的高山林下及林缘、山坡草地、灌丛中、山谷水沟边。

用途　全草入药，清热利湿，可治急性黄疸型肝炎等症。全株入药，可用于风湿，腰痛。

轮叶黄精

Polygonatum verticillatum

🌿 无毒　💧 株高 20~80 厘米　🌱 花期 5~6 月　🍂 果期 8~10 月

● 天门冬科黄精属　别名 / 红果黄精、地吊

识别特征 草本植物。根状茎一头粗，一头较细，粗的一头有短分枝，少有根状茎为连珠状。叶通常为 3 叶轮生，间有少数对生或互生的，少有全株为对生的，矩圆状披针形至条状披针形或条形，先端尖至渐尖。花单朵或 2~4 朵成花序，苞片不存在或微小而生于花梗上，花被淡黄色或淡紫色。浆果红色，具 6~12 颗种子。

产地与生境 产于西藏（东部和南部）、云南（西北部）、四川（西部）、青海（东北部）、甘肃（东南部）、陕西（南部）、山西（西部）。生于海拔 2 100~4 000 米的林下或山坡草地。

趣味文化 最初轮叶黄精是道家服用的食品，因为人们认为"久服成仙"，有乌须发、延年益寿功能的传说。

用途 性味甘、平，具有补脾益肺、养阴生津之功效，可用于治疗体虚瘦弱、气血不足和肺痨。

轮叶马先蒿

Pedicularis verticillata

🟣 无毒　🌱 株高 15~35 厘米　🌸 花期 7~8 月

● 列当科马先蒿属　别名 / 万叶马先蒿

识别特征 多年生草本。主根肉质。茎直立。叶片长圆形至线状披针形，羽状深裂至全裂。花序总状，常稠密，苞片叶状，花冠紫红色，花柱稍稍伸出。蒴果。种子黑色，半圆形，有极细而不显明的纵纹。

产地与生境 广布于北温带较寒地带，北极和欧亚大陆北部及北美西北部也有分布，东亚分布于俄罗斯、蒙古、日本及中国。生于海拔 2 100~3 350 米的湿润处，在北极则生于海岸及冻原中。

趣味文化 轮叶马先蒿作为一种独特的植物资源，吸引了众多植物学家和生物学家的关注。此外，在植物猎人时代，轮叶马先蒿等中国特有的植物被引种到世界各地，成为了连接东西方文化的重要桥梁。

用途 适合盆栽观赏。植于花坛边缘成为环状，更是特别雅致。瓶插亦宜。可入药。

轮叶沙参

Adenophora tetraphylla

🌿 无毒　　🌱 株高 150 厘米　　🌸 花期 7~9 月　　🍂 果期 8~10 月

● 桔梗科沙参属　　别名／四叶沙参、泡参、南沙参

识别特征 多年生草本。含有白色乳汁，茎高大，茎生叶轮生，叶片卵圆形至条状披针形，边缘有锯齿。花序狭圆锥状，花序分枝（聚伞花序）大多轮生。花萼无毛，筒部倒圆锥状，花冠筒状细钟形，蓝色、蓝紫色，花盘细管状。蒴果球状圆锥形或卵圆状圆锥形。种子黄棕色，矩圆状圆锥形，稍扁。

产地与生境 在我国分布于东北、华北、华中、华东、华南地区及陕西、四川、贵州。生于草地和灌丛中。

趣味文化 《吴普本草》首先记载沙参的形态，云："三月生如葵，叶青，实白如芥，根大，白如芜菁。三月采。"

用途 根可入药，冲药味甘、微苦，性微寒。蒙药味甘，性凉、锐、软。

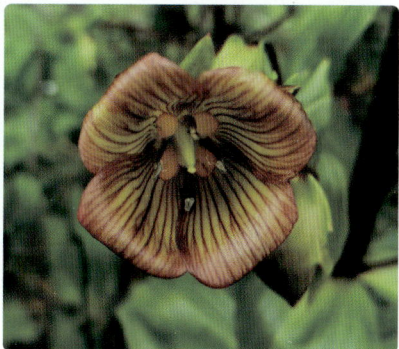

轮叶獐牙菜

Swertia verticillifolia

🍃 无毒　🌿 株高 80~100 厘米　🌱 花期 7~9 月　🍂 果期 7~9 月

● 龙胆科獐牙菜属　别名 / 巴芫色保

识别特征 多年生草本。茎直立，中空，近圆形，粗壮，具细条棱，常带紫色。茎生叶轮生，椭圆形或椭圆状卵形，边缘平滑，基部钝或渐狭，细而弧形，在背面明显。塔形复聚伞花序似轮伞状，有间断，具细条棱。花冠黄绿色，有深紫色脉纹，钟状，裂片倒卵形，有不明显的、不规则的细波状齿。蒴果无柄，卵形。

产地与生境 产于我国西藏。生于海拔 3 800~4 200 米的灌丛中。

趣味文化 现已列入《世界自然保护联盟濒危物种红色名录》，等级为近危。

用途 植物提取物具有较强的抗炎作用，民间广泛用于治疗急慢性黄疸性肝炎、胆囊炎等。獐牙菜苦苷能明显抑制中枢神经系统，具有明显镇静和镇痛作用。

罗布麻

Apocynum venetum

⚠ 全株有毒　🌿 株高 1.5~3 米　🌸 花期 6~7 月　🌰 果期 9~10 月

夹竹桃科罗布麻属 别名 / 红麻、茶叶花、红柳子

识别特征 亚灌木。茎直立，多分枝。叶对生，叶片椭圆状披针形或卵圆状披针形。花冠钟状，粉红色。蓇葖果双生，下垂。

产地与生境 产于新疆罗布泊及其附近地区，现在分布于辽宁、河北、山西、内蒙古等地。对土壤要求不严，盐碱、沙荒地均能种植。

趣味文化 最早是在新疆罗布泊所形成的罗布平原被发现的，又因它可以纺纱织布，故取名为罗布麻。

用途 根可清热利尿，用于治水肿、小便不利（浮肿尿少）而有热象者。其嫩叶蒸炒揉制后当作茶叶饮用，有清凉去火、防止头晕和强心的功用。花多、美丽、芳香，花期较长，具有发达的蜜腺，是一种良好的蜜源植物。

萝藦

Cynanchum rostellatum

🌿 有毒　💧 株高 8 米　🌱 花期 7~8 月　🍂 果期 9~12 月

● 夹竹桃科鹅绒藤属　别名 / 老鸹瓢、斫合子

识别特征 多年生草质藤本，具乳汁。茎圆柱状，下部木质化，上部较柔韧，表面淡绿色，有纵条纹，幼时密被短柔毛，老时被毛渐脱落。叶膜质，卵状心形。总状式聚伞花序腋生或腋外生，花蕾圆锥状，顶端尖，花冠白色，有淡紫红色斑纹。蓇葖果叉生，纺锤形，平滑无毛；种子扁平。卵圆形，褐色。

产地与生境 分布于我国东北、华北、华东地区和甘肃、陕西、贵州、河南、湖北等省区，日本、朝鲜和俄罗斯也有分布。生于林边荒地、山脚、河边、路旁灌木丛中。

趣味文化《诗经》中《卫风·芄兰》曾记载："芄兰之支，童子佩觿。""芄兰之叶，童子佩韘。""芄兰"即"萝藦"。

用途 全株可入药，果可治劳伤、虚弱、腰腿疼痛、缺奶、白带、咳嗽等；根可治跌打、蛇咬、疔疮、瘰疬、阳痿；茎叶可治小儿疳积、疔肿；种毛可止血。茎皮纤维坚韧，可造人造棉。

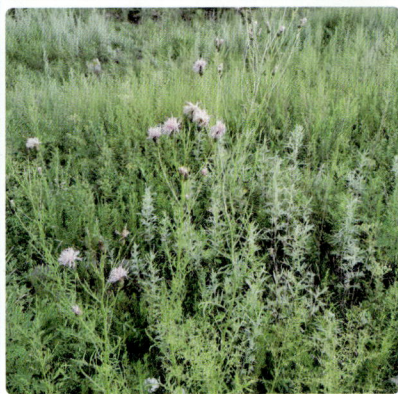

麻花头

Klasea centauroides

🌿 无毒　　✏ 株高 40~100 厘米　　🌱 花期 6~9 月　　🍂 果期 6~9 月

● 菊科麻花头属　　别名 / 单蕊败酱、介头草、黄凤仙

识别特征 多年生草本。根状茎横走，黑褐色。茎直立，基生叶及下部茎叶长椭圆形，羽状深裂，全部裂片长椭圆形至宽线形，头状花序单生茎枝顶，瘦果楔状长椭圆形。

产地与生境 分布于我国黑龙江、辽宁、吉林、内蒙古等地。生于山坡林缘、草原、草甸、路旁或田间。

趣味文化 花朵形似麻花，因此在一些地区被称为吉祥和幸福的特征。

用途 早春返青后的基生叶片，牛、马、羊均喜食。冬季放牧时各种家畜均采食。属中等饲用植物。花大美丽，可作观赏植物。具有清热解毒的功效，大多用于痈肿疮疡。

麻叶荨麻

Urtica cannabina

⚠ 蜇毛有毒　🖊 株高 50~150 厘米　🌱 花期 7~8 月　🌰 果期 8~10 月

● 荨麻科荨麻属　别名 / 火麻草、蜇麻子、蝎子草

识别特征 多年生草本。茎四棱形，叶片轮廓五角形，掌状 3 全裂、稀深裂，一回裂片再羽状深裂，自下而上变小，叶柄长 2~8 厘米，托叶每节 4 枚，离生。花雌雄同株，雄花序圆锥状。瘦果狭卵形，顶端锐尖。

产地与生境 分布于我国新疆、甘肃、四川西北部、陕西、山西、河北、内蒙古、辽宁、吉林和黑龙江。生于海拔 800~2 800 米的丘陵性草原或坡地、沙丘坡上、河漫滩、河谷、溪旁等处。

趣味文化 茎叶上的蜇毛有毒性，一旦碰上，就像被蝎子蜇了一样，刺痛难忍，还会出现红肿的小斑点，往往要过一段时间才能消退，故名"蝎子草"。

用途 全草可入药，其味苦、辛，性温，有毒，具有祛风定惊、消食通便之功效。还可食用，人们采其嫩枝叶作蔬菜或制作馅饼食用，其味道清雅、味美可口。

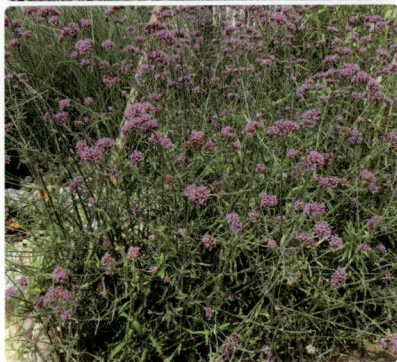

马鞭草

Verbena officinalis

🌿 无毒　　💧 株高 120 厘米　　🌱 花期 6~8 月　　🍂 果期 7~10 月

● 马鞭草科马鞭草属　别名 / 蜻蜓饭、风须草、兔子草

识别特征 多年生草本。茎 4 棱，节及棱被硬毛。叶卵形、倒卵形或长圆状披针形，长 2~8 厘米。花冠淡紫色或蓝色，穗状花序顶生。

产地与生境 产于秦岭以南各省份及新疆，全世界的温带至热带地区均有分布。常生于路边、溪边、山坡或林旁。

趣味文化 穗状花序似马鞭，因此得名"马鞭草"。verbena 源于一位欧洲医生的名字，这位医生发现马鞭草对身体有益，故植物以此得名。

用途 全草供药用，性凉，味微苦，有凉血、散瘀、通经、清热、解毒、止痒、驱虫、消胀的功效。

马㼎瓜

Cucumis melo var. agrestis

☑ 无毒　🌱 株高 40~75 厘米　🌿 花期 6~7 月　🍂 果期 7~8 月

● 葫芦科黄瓜属　别名 / 生瓜、马泡瓜、马宝

识别特征　一年生匍匐或攀缘草本。蔓生，蔓上每节有一根卷须。叶有柄，呈楔形或心脏形，叶柄具槽沟及短刚毛。叶片厚纸质，近圆形或肾形。花黄色，雌雄同株同花，花冠3~5 裂。瓜有大有小，最大的像鹅蛋，最小的像纽扣。瓜味有香有甜，有酸有苦，瓜皮青色或白色带青条。果实小，长圆形、球形或陀螺状。种子卵形或长圆形。

产地与生境　产于非洲，朝鲜也有分布，山东单县有大量种植基地。普遍为野生。常生于路边、庄稼地里。

趣味文化　马㼎瓜是幼时枯燥无聊做农活中的一丝乐趣，也承载着人们对童年的美好回忆和对家乡的深深眷恋。

用途　属于一般性杂草，可食用，成熟后为黄色，为香甜口味，不熟的为苦味。或作观赏。

马兜铃

Aristolochia debilis

- 无毒
- 株高可达 1.5 米
- 花期 7~8 月
- 果期 9~10 月

● 马兜铃科马兜铃属　别名 / 兜铃根、独铃根、青木香

识别特征 草质藤本。外皮黄褐色。茎柔弱，暗紫色或绿色，有腐肉味。叶纸质，卵状三角形，长圆状卵形或戟形，两面无毛。花单生或 2 朵聚生于叶腋，开花后期近顶端常稍弯，基部具小苞片，易脱落。蒴果近球形，顶端圆形而微凹。

产地与生境 分布于长江流域以南各省区以及山东、河南等，广东、广西常有栽培。生于海拔 200~1 500 米的山谷、沟边、路旁阴湿处及山坡灌丛中。

趣味文化 马兜铃因其成熟果实如挂于马颈下的响铃而得名。传说春秋战国时期的鬼谷子用此花为庞涓算卦，告诫庞涓，这种花一开十二朵，暗喻享受十二年富贵；这花是采于鬼谷，现在枯萎了，鬼旁加一个委字正好是一个"魏"，暗示他一定和魏国有缘。他还送给庞涓八个字："遇羊而荣，遇马而卒"。之后庞涓入魏国，正赶上魏王用膳，庖厨送上来一头蒸羊，庞涓果然从此发迹。后来与鬼谷子的另一个学生孙膑争斗，败后在马陵道被万剑穿身而死，果然是遇马而卒！

用途 有清肺降气、止咳平喘、清肠消痔的功效。其茎称天仙藤，有理气、祛湿、活血止痛的功效。其根称青木香，有行气止痛、解毒消肿的功效。

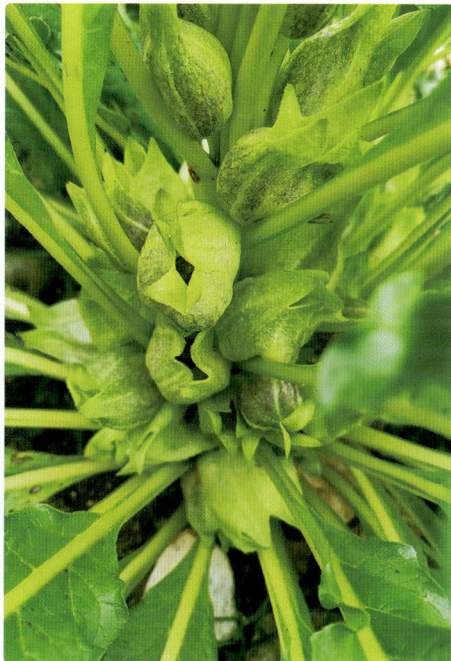

马尿脬

Przewalskia tangutica

⚠ 根部有毒　🍃 株高 35 厘米　🌼 花期 6~7 月　🍂 果期 7~8 月

● 茄科马尿脬属　别名 / 唐古特马尿泡、唐冲嘎保、唐传尔保、马尿泡

识别特征　多年生草本。全体生腺毛，根粗壮，肉质。叶生于茎顶端，密集生，长椭圆状卵形至长椭圆状倒卵形，边缘全缘或微波状，有短缘毛。总花梗腋生，花梗被短腺毛。花萼筒状钟形，外面密生短腺毛。花冠檐部黄色，筒部紫色，筒状漏斗形，外面生短腺毛，花丝极短。蒴果球状，果萼椭圆状或卵状。

产地与生境　产于青海、甘肃、四川和西藏。多生于海拔 3 200~5 000 米的高山沙砾地及干旱草原。

趣味文化　马尿脬是我国特有的珍稀濒危植物，含有剧毒，不能食用。若误食，会出现中毒、过敏等症状，严重的还将危及生命。

用途　马尿脬辛、苦，寒，有毒，可以解毒消肿，外用治无名肿毒。根药用有镇痛、镇痉及消肿功效。主要含莨菪碱，根部生物碱含量 1.2%~2.8%。

麦冬

Ophiopogon japonicus

🛡 无毒　　🌱 株高 30~50 厘米　　🌿 花期 5~8 月　　🍂 果期 8~9 月

● 天门冬科沿阶草属　别名 / 沿阶草、麦门冬、小麦冬

识别特征 多年生草本。根较粗，中间或近末端具椭圆形或纺锤形小块根，小块根淡褐黄色。地下走茎细长。叶基生成丛，禾叶状。总状花序，花被片常稍下垂不开展，披针形，白色或淡紫色。种子球形。

产地与生境 产于广东、广西、福建、台湾、浙江、江苏、江西、湖南、湖北、四川、云南、贵州、安徽、河南、陕西和河北。生于海拔 2 000 米以下的山坡阴湿处、林下或溪旁。

趣味文化 麦冬也被称为"禹韭"，其来历有这样一个传说：大禹治水成功后，就命令下属把剩余的粮食倒进河中，河中便长出了一种草，即麦冬，人们称此草为"禹余粮"。

用途 小块根是中药麦冬，有生津解渴、润肺止咳之效，栽培很广，历史悠久（杭麦冬、川麦冬均属本种）。

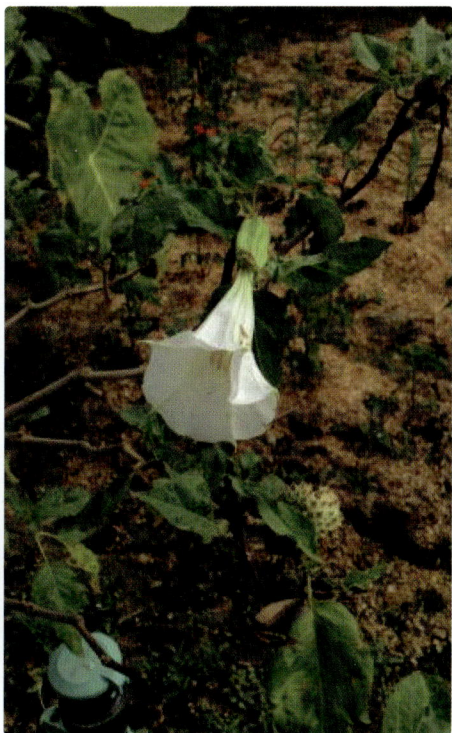

曼陀罗

Datura stramonium

⚠ 全株有毒　💧 株高 150 厘米　🌱 花期 6~10 月　🍂 果期 7~11 月

● 茄科曼陀罗属　别名 / 醉心花闹羊花、狗核桃、枫茄花

识别特征 多年生草本或亚灌木状。植株无毛或幼嫩部分被短柔毛。叶宽卵状，淡绿色，上部白色或淡紫色，具不规则波状浅裂，裂片具短尖头，侧脉 3~5 对。花直立，花后自近基部断裂，宿存部分增大并反折，花冠漏斗状，下部淡绿色，上部白或淡紫色，雄蕊内藏，子房密被柔针毛。蒴果直立，被坚硬针刺或无刺，淡黄色。种子扁黑色。

产地与生境 产于我国各省区，广泛分布于世界各大洲。常生于村旁、路边。

趣味文化 李时珍和朋友饮酒时，拿出曼陀罗酒。饮至迷醉，随后，便将自己亲自体验曼陀罗花酒麻醉致幻的情景写入书中。

用途 用于园林绿化或盆栽美化室内环境。可入药，麻醉止痛、祛风除湿。

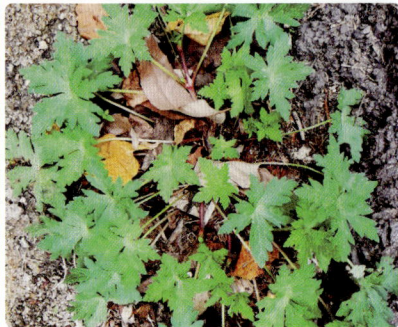

牻牛儿苗

Erodium stephanianum

🌿 无毒　🌱 株高 10~50 厘米　🌼 花期 6~8 月　🍂 果期 8~9 月

● 牻牛儿苗科牻牛儿苗属　别名 / 山蒿苣、山蝴蝶、屎莲草

识别特征 多年生草本。根为直根，较粗壮，少分枝。茎多数，仰卧或蔓生，具节，被柔毛。叶对生，托叶三角状披针形。伞形花序腋生，明显长于叶，花柱紫红色，总花梗被开展长柔毛和倒向短柔毛。蒴果。

产地与生境 分布于长江中下游以北的华北、东北、西北地区和四川、西藏。常生于山坡、农田边、沙质河滩地和草原凹地等。

趣味文化 牻牛儿苗的命名词源不仅与牛有关，也与驴有关。"牻牛"一词在古代指的是牛和驴的杂交品种，因其具有蹄牛的体型和黑白相间鬣毛的颜色特征而得名。牻牛儿苗的花朵形状酷似驴蹄，所以也被称为"驴蹄花"。

用途 牻牛儿苗是一种中草药，具有一定的药用价值，主要用于治疗腹泻、消化不良、咳嗽，还可用于保持皮肤健康。

猫耳菊

Hypochaeris ciliata

🌿 无毒　🌱 株高 20~60 厘米　🌿 花期 6~9 月　🐝 果期 6~9 月

● 菊科猫耳菊属 别名 / 猫儿菊、小蒲公英、黄金菊

识别特征 多年生草本。茎直立，不分枝。头状花序单生于茎端。瘦果圆柱状，浅褐色。总苞宽钟状或半球形，直径 2.2~2.5 厘米。

产地与生境 分布于中国、俄罗斯、蒙古、朝鲜，在中国分布于北京、黑龙江及河南（伊阳、嵩县、卢氏、西峡）。生于海拔 850~1 200 米的山坡草地、林缘路旁或灌丛中。

趣味文化 花语被赋予了"温柔的爱"和"秘密的憧憬"的美好寓意，它象征着深藏心底的纯真感情，以及对未来无尽的美好期望。它还被看作是夜晚的守护者，用它那独有的光芒照亮着归途，为人们指引方向，让人感受到一种特别的安全感和归属感。

用途 味淡，性平。归肝、脾、肾三经。利水消肿。

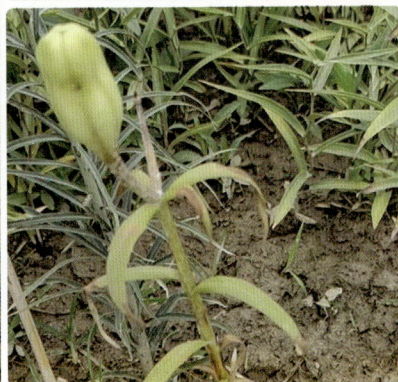

毛百合

Lilium pensylvanicum

🌿 无毒   🌱 株高 80~130 厘米   🌼 花期 6~7 月   🍂 果期 8~9 月

● 百合科百合属   别名 / 朝鲜百合

识别特征 多年生草本。鳞茎卵状球形，白色，有节或无节。叶散生，在茎顶端有 4~5 枚叶片轮生，基部有一簇白棉毛。花 1~2 朵顶生，橙红色或红色。蒴果。

产地与生境 分布于黑龙江、吉林、辽宁、内蒙古和河北。常生于山坡灌丛间、疏林下、路边及湿润的草甸。

趣味文化 因其鳞茎由许多白色鳞片层环抱而成，状如莲花，因而取"百年好合"之意命名。

用途 鳞茎入药，可治疗阴虚久咳、痰中带血、虚烦惊悸、精神恍惚等。其幼苗可食用。可用于花坛、花境，也可以作切花置于室内，具有较高的观赏价值。

毛萼香芥

Clausia trichosepala

🚫 无毒　💧 株高 10~60 厘米　🌸 花期 5~8 月　🌰 果期 5~8 月

● 十字花科香芥属　别名 / 香花芥、香芥草、香芥

识别特征 一年生或二年生草本。直立，多为单一，有时数个，不分枝或上部分枝，具疏生单硬毛。基生叶在花期枯萎，茎生叶长圆状椭圆形或窄卵形，顶端急尖，基部楔形，边缘有不等尖锯齿，两面及叶柄有极少毛。总状花序顶生；直立，外轮 2 片，条形，内轮 2 片，窄椭圆形；花瓣倒卵形，基部具线形长爪，花柱极短，柱头显著 2 裂。

产地与生境 产于吉林、内蒙古、河北、山西、山东。多生于山坡。

用途 性微寒，归心经和肝经，有清除人体内火热毒邪、疏通血脉、缓解疼痛的作用，可以用于治疗扁桃体发炎或者咽喉疼痛、肿胀等。

毛花猕猴桃

Actinidia eriantha

🛡 无毒　🌱 株高 10 米以上　🌿 花期 5~6 月　🍂 果期 11 月

● 猕猴桃科猕猴桃属　别名 / 生地、毛冬瓜、白藤梨

识别特征 大型落叶藤本。小枝、叶柄、花序和萼片密被乳白色或淡污黄色直展的茸毛或交织压紧的棉毛。小枝往往在当年一再分枝，着花小枝长 10~15 厘米，直径 4~7 毫米，大枝可达 40 毫米以上。隔年枝大多或厚或薄地残存皮屑状的毛被，皮孔大小不等，茎皮常从皮孔的两端向两方裂开。髓白色，片层状。

生境 产于浙江、福建、江西、湖南、贵州、广西、广东等省区。生于山地上的高草灌木丛或灌木丛林中。

趣味文化 毛花猕猴桃是猕猴桃的一个品种，以前在农村山里是可以见到的，而现在却成了深山里稀有的野果，果实长满了毛。

用途 果实营养极为丰富，维生素含量很高，比被称为"果中之王"的中华猕猴桃果实所含的维生素 C 高 8~10 倍，并含有 15 种氨基酸。

毛蕊花

Verbascum thapsus

⚠ 全株有毒　🌿 株高 150 厘米　🌼 花期 6~8 月　🍂 果期 7~10 月

● 玄参科毛蕊花属　别名 / 大毛叶、海绵蒲、兴格色尔杰

识别特征 二年生草本。全株被密而厚的浅灰黄色星状毛。基生叶和下部的茎生叶倒披针状矩圆形，基部渐狭成短柄状，边缘具浅圆齿，上部茎生叶逐渐缩小而渐变为矩圆形至卵状矩圆形，基部下延成狭翅。穗状花序圆柱状，花密集，花梗很短。花冠黄色，花药基部多少下延而成"个"字形。蒴果卵形，约与宿存的花萼等长。

产地与生境 广布于北半球，我国新疆、西藏、四川有分布。生于海拔 1 400~3 200 米的山坡草地、河岸草地。

趣味文化 在古老的传说中，毛蕊花被认为能带来保护，具有神奇的能量，能够防止噩梦和邪恶的影响。人们相信，把毛蕊花塞进枕头里可以远离噩梦，享受宁静的梦乡。此外，毛蕊花的茎秆还常被用作蜡烛的灯芯，以增强蜡烛的魔力。在一些地区，毛蕊花还被用作火把和染色剂。

用途 整株植物皆可作为药材使用。对止血散瘀、清热解毒有很好的疗效，是一种非常难得的野生药材。

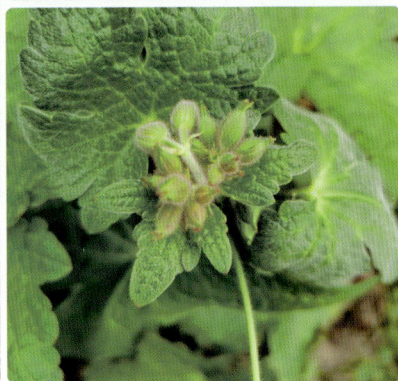

毛蕊老鹳草

Geranium platyanthum

🌿 无毒　🌱 株高 30~80 厘米　🌼 花期 6~7 月　🍂 果期 8~9 月

● 牻牛儿苗科老鹳草属　别名 / 高山老鹳草、短嘴老鹳草

识别特征 多年生草本。根茎短粗，直生或斜生，叶基生和茎上互生，花序通常为伞形聚伞花序，顶生或有时腋生，花瓣淡紫红色，宽倒卵形或近圆形，经常向上反折。蒴果长约 3 厘米，被开展的短糙毛和腺毛，种子肾圆形，灰褐色。

产地与生境 分布于我国东北、华北、华东、华中地区及陕西、甘肃和四川，俄罗斯远东地区、朝鲜和日本也有分布。生于山地林下、灌丛和草甸。

用途 叶形美观，叶色鲜艳，花色多，花美观，植株矮小，适合做地被植物用。全草供药用，祛风通络。

茅莓

Rubus parvifolius

🌿 无毒　🌱 株高 1~2 米　🌼 花期 5~6 月　🍂 果期 7~8 月

● 蔷薇科悬钩子属　别名 / 婆婆头、牙鹰勒、蛇泡勒

识别特征 灌木。枝呈弓形弯曲，被柔毛和稀疏钩状皮刺。小叶菱状圆形或倒卵形。伞房花序顶生或腋生，稀顶生花序成短总状，花瓣卵圆形或长圆形，粉红至紫红色，基部具爪。果实卵球形，红色。

生境 产于我国大部湿润、半湿润区，日本、朝鲜也有分布。生于海拔 400~2 600 米的山坡杂木林下、向阳山谷、路旁或荒野。

趣味文化 生命力顽强和旺盛，象征着坚韧不拔和勇往直前的精神。果实酸甜可口，寓意生活中的苦与甜、挫折与希望并存。因此，茅莓常被赋予积极向上的文化寓意，鼓励人们在面对困难时保持乐观和坚韧不拔的态度。

用途 果实酸甜多汁，可供食用、酿酒及制醋等。根和叶含单宁，可提取栲胶。全株可入药，有止痛、活血、祛风湿及解毒的功效。

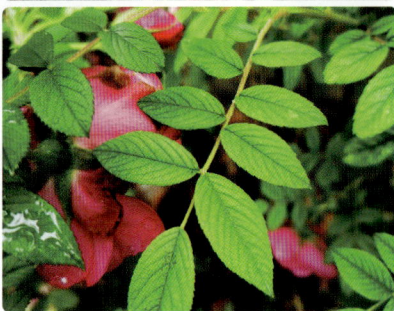

玫瑰

Rosa rugosa

🛡 无毒　🌿 株高 2 米　🌼 花期 5~6 月　🍒 果期 8~9 月

● 蔷薇科蔷薇属　别名 / 滨茄子、滨梨、海棠花

识别特征 直立灌木。茎粗壮，丛生。小枝密被茸毛，并有针刺和腺毛，有直立或弯曲、淡黄色的皮刺，皮刺外被茸毛。小叶片椭圆形或椭圆状倒卵形，边缘有尖锐锯齿，上面深绿色，无毛，有褶皱，下面灰绿色，密被茸毛和腺毛。花单生于叶腋，或数朵簇生，苞片卵形，边缘有腺毛，外被茸毛。花瓣倒卵形，重瓣至半重瓣，芳香，紫红色至白色。果扁球形，砖红色。

产地 产于我国华北地区以及日本、朝鲜，我国各地均有栽培。

趣味文化 19 世纪，欧洲贵族社会中会用一枝银制的玫瑰作为爱情的象征，传递这枝爱情信物的人被称为"玫瑰骑士"。直到现代社会，情人节互送玫瑰表达爱意已固化成一种场景。

用途 鲜花可以蒸制芳香油，供食用及化妆品用，花瓣可以制饼馅、玫瑰酒、玫瑰糖浆，干制后可以泡茶，花蕾入药治肝、胃气痛、胸腹胀满和月经不调。果实含丰富的维生素 C、葡萄糖、果糖、蔗糖、枸橼酸、苹果酸及胡萝卜素等。种子含油约 14%。

美国薄荷

Monarda didyma

🌿 无毒　🌱 株高 70 厘米　🌼 花期 7 月　🍂 果期 8~10 月

● 唇形科美国薄荷属　别名 / 马薄荷、佛手甜

识别特征　一年生草本。茎锐四棱形，具条纹，近无毛，中肋在上面明显凹陷，下面十分隆起，网脉仅在下面清晰可见。轮伞花序多花，苞片叶状，红色，短于花序，具短柄，全缘，疏被柔毛，下面具凹陷腺点，小苞片线状钻形。坚果。

产地与生境　我国各地园圃有栽培。常生于天然花园中或栽于林下、水边，也可以丛植或行植在水池、溪旁作背景材料。

趣味文化　美国薄荷在烹饪和糕点制作中受到人们的青睐。它的花瓣和叶子都可以用于食物和饮料中，增添味道和香气。在西方国家，美国薄荷更是一种传统的口腔清新剂和口香糖添加剂，因其强烈的口感和芳香气味在市场上备受欢迎。

用途　美国薄荷是一种多功能的植物资源，不仅可以用于烹饪调味，还可以做成草本茶饮、口腔护理产品、中药以及工业产品等。

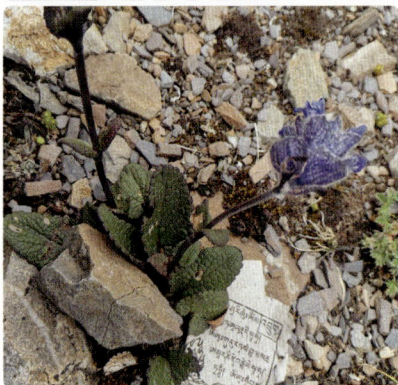

美花毛建草

Dracocephalum wallichii

⚠ 全株有毒　　🖊 株高 24~50 厘米　　🌱 花期 7~9 月

● 唇形科青兰属

识别特征 多年生草本。茎直立或渐升，钝四棱形或近圆柱形，密被倒向的短毛，下部变稀疏。基生叶具长柄，叶片卵形或宽卵形，先端圆或钝，基部心形。轮伞花序密集，苞片向上渐成膜质，均紫绿色，具紫黑色脉，沿脉及边缘密被柔毛。花萼上部染以紫黑色，下部紫脉极明显。花冠深紫色，外面被柔毛，有深色斑点，中裂片倒卵形。小坚果椭圆状倒卵形，暗褐色。

产地与生境 产于西藏（帕里）。生于海拔 4 700 米的高山灌丛边或草甸多石处。

用途 花序较密，花色呈鲜艳的蓝紫色，花朵较大，有较高的观赏价值。全草可作药用，可解热消炎、凉肝止血，主治胸脘胀满、消化不良、风湿头痛、喉痛咳嗽等。

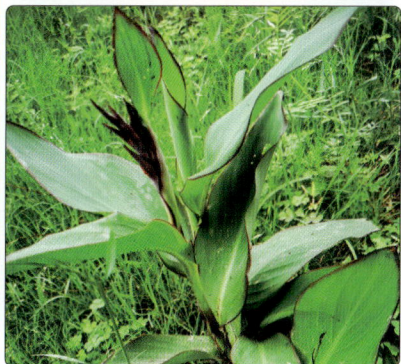

美人蕉

Canna indica

🌿 无毒　💧 株高 100~150 厘米　🌱 花期 6~10 月　🟠 果期 10 月

● 美人蕉科美人蕉属　别名 / 美人花、艳姿、芳兰花、仙人花

识别特征 多年生宿根草本。根茎肥大。单叶互生，阔椭圆形，具鞘状的叶柄。总状花序自茎顶抽出，花瓣直伸，具 4 枚瓣化雄蕊，花色有乳白、鲜黄、橙黄等。蒴果。

产地与生境 分布于印度、中国等国家。常用于土壤改良、抗风固沙、水土保持、生态环保等方面。

趣味文化 因其叶似芭蕉且花色艳丽，故名"美人蕉"。在唐宋以前只有红色花，因而叫"红蕉"，后来产生了其他颜色的花，明清以后才称之为"美人蕉"。

用途 美人蕉是一种非常实用的花卉，无论是作为观赏植物还是食疗、药用等，都有很高的价值。

绵枣象牙参

Roscoea scillifolia

🌿 无毒　💧 株高 10~27 厘米　🌱 花期 6~8 月

● 姜科象牙参属

识别特征 多年生直立草本。常具无叶片的叶鞘 3 枚，叶 1~5 枚，叶片线形至狭披针形，叶有时镰刀状，先端锐尖或钝，叶舌近半圆形。花序梗明显突出叶鞘，微具肋，花鲜紫红色、淡紫红色或白色，单朵开放，花萼管状，花柱白色，线形，无毛，柱头白色，具睫毛。

产地与生境 产于丽江、大理等地。生于海拔 2 700~3 400 米的林下或林缘阴湿处。

趣味文化 花上 1 对雄蕊附属物为白色，伸出花外，得名"象牙"。

用途 根可入药，味苦，性凉，可润肺止咳，补虚，主治咳嗽、哮喘、病后体虚、虚性水肿。

棉团铁线莲

Clematis hexapetala

🌿 无毒　🌱 株高 100 厘米　🌸 花期 6~8 月　🍂 果期 7~10 月

● 毛茛科铁线莲属　别名 / 棉花花、野棉花、山蓼

识别特征 多年生直立草本。老枝圆柱形，叶片近革质绿色，单叶至复叶。网脉突出。花序顶生，圆锥状聚伞花序，花单生，萼片白色，长椭圆形或狭倒卵形，花蕾时象棉花球，雄蕊无毛。瘦果倒卵形。

产地与生境 分布于中国、朝鲜、蒙古、俄罗斯（西伯利亚东部），在中国分布于甘肃东部、陕西、山西、河北、内蒙古、辽宁、吉林、黑龙江、安徽。生于固定沙丘、干山坡或山坡草地，尤以东北及内蒙古草原地区较为普遍。

趣味文化 每年 7~10 月，棉团铁线莲花谢之时，瘦果外面宿存一根根卷曲的羽毛状花柱，仿佛是银装素裹后从高空中抛掷至林间的棉团，取名"棉团铁线莲"再合适不过了。与蒲公英、柳兰类似，棉团铁线莲借助这些羽状棉团顺势飞至远方，觅得一处安身之所。

用途 茎和根可入药，有行气活血、祛风湿、止痛作用。春天采摘嫩茎叶食用，新鲜嫩茎叶水炒凉拌，也可晒干食用，冬季食用可以增强抗风寒能力。棉团铁线莲又是优质的绿化植物，花洁白秀雅，适用于公园、城市绿地、高速公路边、假山等，也可用于花坛或盆栽。

岷江百合

Lilium regale

| 🌿 无毒 | 📏 株高 50 厘米 | 🌸 花期 6~7 月 | 🍂 果期 8~9 月 |

● 百合科百合属　别名／千叶百合、王百合、崖半花

识别特征 多年生草本。稀近基部带紫色，有小乳头状突起。叶散生，条形，具 1 脉，边缘和下面中脉具乳头状突起。花 1 至数朵生于顶端，芳香，喇叭形，白色，喉部黄色，外轮花被片披针形，内轮花被片倒卵形，先端急尖而基部变窄。

产地与生境 分布于四川。常生于山坡岩石边上、河旁。

趣味文化 因鳞茎由许多白色鳞片层环绕而成，有"百年好合"之意。南北朝时期萧詧云："接叶有多种，开花无异色。"

用途 可做切花、球根专类园等。根晒干可煮汤。植株多个部分可入药。

墨江百合

Lilium henrici

🟣 无毒 🌿 株高 60~120 厘米 🌼 花期 7 月 🔶 果期 7 月

● 百合科百合属

识别特征 多年生草本。鳞茎卵圆形或近球形，鳞片披针形，叶散生，长披针形，先端长渐尖，具 3 条脉，无毛。花近钟形，极个别的花例外，通常 5~6 朵排成总状花序。花钟形，白色，里面基部有明显的深紫红色斑块。花被片近矩圆状披针形，蜜腺绿色，无乳头状突起。

产地与生境 产于云南（西北部）和四川（西部）。生于海拔 2 800 米的杂木林下。

趣味文化 以云南普洱市墨江哈尼族自治县命名，百合清秀异常，散生的细条形叶就像一根根绿丝带，白色的花朵呈钟形，内面基部有一圈深紫红色斑块是其最显著的特征。列入《世界自然保护联盟濒危物种红色名录》（IUCN），等级为易危（VU）。

用途 鲜花含芳香油，可作香料。鳞茎含丰富淀粉，是一种名贵食品，亦作药用，有润肺止咳、清热、安神和利尿等功效。

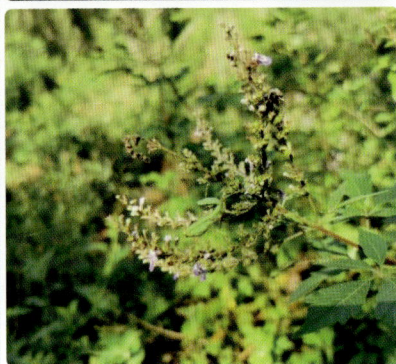

牡荆

Vitex negundo var. cannabifolia

🌿 无毒　🌱 株高 50~120 厘米　🌸 花期 6~7 月　🍂 果期 8~11 月

● 唇形科牡荆属　别名 / 小荆

识别特征 落叶灌木或小乔木。小枝四棱形。叶对生，掌状复叶，小叶 5，少有 3，小叶片披针形或椭圆状披针形，顶端渐尖，基部楔形，边缘有粗锯齿，表面绿色，背面淡绿色，通常被柔毛。圆锥花序顶生，长 10~20 厘米，花冠淡紫色。果实近球形，黑色。

产地与生境 产于我国华东各省份及河北、湖南、湖北等地，日本也有分布。生于山坡路边灌丛中。

趣味文化 古代用荆楚一词，意为荒芜之地。荆，是指牡荆。

用途 微苦、辛，温，具有调和胃气、止咳平喘的功效。树姿优美，老桩苍古奇特，可广泛用于草坪、花境、园林、建筑基础栽培，也是杂木类树桩盆景的优良树种。

苜蓿

Medicago sativa

🌿 无毒　🌱 株高 0.3~1 米　🌿 花期 5~7 月　🍂 果期 6~8 月

● 豆科苜蓿属　别名/紫苜蓿、金花菜

识别特征 多年生草本。茎直立、丛生以至平卧。羽状三出复叶，托叶大，卵状披针形，顶生小叶柄比侧生小叶柄稍长。花序总状或头状，花冠淡黄、深蓝或暗紫色，花瓣均具长瓣柄。荚果。

产地与生境 全国各地都有栽培或呈半野生状态。常生于田边、路旁、旷野、草原、河岸及沟谷等地。

趣味文化 古人吃苜蓿的记载，在《群芳谱》中体现尤多，简直是不胜备录。《食疗本草》论苜蓿谓："利五脏，轻身健人。洗去脾胃间邪热气，通小肠热毒。"它是在汉代由"西域"传入中原地区的。

用途 苜蓿以"牧草之王"著称，草质优良，各种畜禽均喜食。鲜苜蓿有较好的清热利尿、防出血的功效。全草提取物能抑制结核杆菌的生长，并对小鼠脊髓灰白质炎有效。

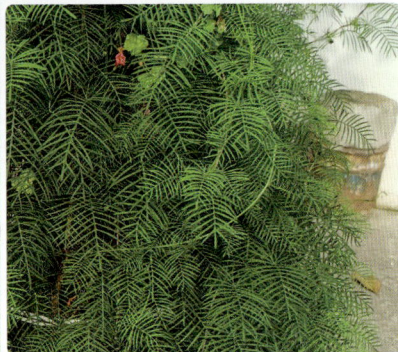

茑萝

Ipomoea quamoclit

🚫 无毒　　🌿 缠绕茎长达 4~5 米　　🌱 花期 7~10 月　　🔆 果期 9~11 月

● 旋花科番薯属　别名/金丝线、锦屏封、五角星花

识别特征 一年生柔弱缠绕草本。单叶互生，羽状深裂，裂片线形，细长如丝，叶柄基部常具假托叶。聚伞花序腋生，花冠高脚碟状，鲜红色，冠檐开展，直径 1.7~2 厘米，5 浅裂，雄蕊及花柱伸出。蒴果卵形，种子黑褐色。

产地与生境 产于热带美洲，现广布于全球温带及热带，我国广泛栽培。喜温暖湿润环境，喜光，不耐寒。

趣味文化 因叶似鸟羽，又为爬蔓性草木，故名"茑萝"。又因开花鲜红色，形似五角星，又称"五角星花"。

用途 可作为小型棚架绿化材料，也可作庭院及阳台的盆栽观赏。也可入药，具有清热消肿、祛风除湿、通筋活络、凉血止痢的功效。

牛蒡

Arctium lappa

🛡 无毒　💧 株高 2 米　🌱 花期 6~9 月　🍂 果期 6~9 月

● 菊科牛蒡属　别名 / 大力子、恶实、牛蒡子

识别特征 二年生草本。具粗大的肉质直根，长达 15 厘米，径可达 2 厘米，有分枝支根。茎直立，高达 2 米，粗壮，茎枝有短毛及褐黄色小点。叶片为宽卵形。头花序梗粗，总苞为绿色，无毛，近等长。花为紫红色。果实为倒长卵圆形或偏斜倒长卵圆形，浅褐色。

产地与生境 广布欧亚大陆，在中国分布于全国各地。常生于山谷、林缘、灌木丛、河边潮湿地、村庄路旁或荒地。

趣味文化 传说一农夫赶牛耕地完在林下歇息，牛吃完某种草后力气大了不少，故将这种植物命名为牛蒡。

用途 果实具有疏散风热、宣肺透疹、散结解毒的功效；根具有清热解毒、疏风利咽的功效。根具独特的芳香，可加工制作茶饮，也可食用。

牛膝

Achyranthes bidentata

🌿 无毒　🌱 株高 70~120 厘米　🌸 花期 7~9 月　🍂 果期 9~10 月

● 苋科牛膝属　别名 / 牛磕膝、倒扣草、怀牛膝

识别特征 多年生草本。根圆柱形，土黄色。茎有棱角或四方形，绿色或带紫色，有白色柔毛，或近无毛，分枝对生。叶片椭圆形或椭圆披针形，少数倒披针形。穗状花序顶生及腋生，有白色柔毛，花多数，密生，花被片披针形。胞果矩圆形，黄褐色。种子矩圆形，黄褐色。

产地与生境 除东北外全国广布。生于海拔 200~1 750 米的林缘、山坡草丛及林下。

趣味文化 传说，牛二母亲患腿疾，疼痛难忍。牛二听闻山中老中医言牛膝可治，便毅然上山寻找。经艰难跋涉，终得牛膝。按老中医嘱咐，煎汤给母亲服用，母亲腿疾渐愈。牛二感激不已，再访老中医致谢。老中医赞其孝顺之心胜似良药。

用途 根入药，生用，活血通经，治产后腹痛、月经不调、闭经等；熟用，补肝肾，强腰膝，治腰膝酸痛、肝肾亏虚、跌打瘀痛。兽医用作治牛软脚症、跌伤断骨等。

牛膝菊

Galinsoga parviflora

🟣 无毒　💧 株高 10~80 厘米　🌿 花期 7~10 月　🍂 果期 7~10 月

● 菊科牛膝菊属　别名/辣子草、向阳花、珍珠草

识别特征 一年生草本。茎纤细，不分枝或自基部分枝，分枝斜升，全部茎枝被疏散或上部稠密的贴伏短柔毛和少量腺毛。叶对生，卵形或长椭圆状卵形。头状花序半球形，白色。瘦果黑色或黑褐色，被白色微毛。

产地与生境 产于四川、云南、贵州、西藏等省区。生于林下、河谷地、荒野、河边、田间、溪边或市郊路旁。

趣味文化 花虽然迷你小巧，但特别好看。花的外边舌状花有三个角，中间管状花黄色，非常有特色。而"结"如牛膝，故名"牛膝菊"。

用途 以嫩茎叶供食，有特殊香味，风味独特，可炒食、做汤、作火锅用料。全株可入药，有止血、消炎之功效。

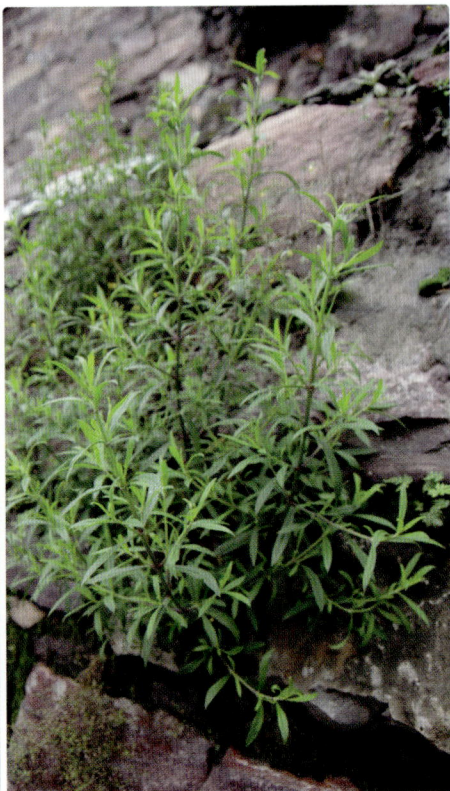

女娄菜

Silene aprica

🌿 无毒　　🌱 株高 30~70 厘米　　🌼 花期 5~7 月　　🍂 果期 6~8 月

● 石竹科蝇子草属　　别名 / 桃色女娄菜

（**识别特征**）一二年生草本。主根较粗壮，稍木质。茎单生或数个，直立，分枝或不分枝。基生叶与茎生叶都呈倒披针形。圆锥花序较大型。蒴果卵形，与宿存萼近等长或微长。种子圆肾形，灰褐色，肥厚，具小瘤。

（**产地与生境**）产于我国大部分省区，朝鲜、日本、蒙古和俄罗斯也有分布。生于平原、丘陵或山地。

（**用途**）全草可入药，治乳汁少、体虚浮肿，有健脾、利湿、解毒的功效。

飘香藤

Mandevilla laxa

🌿 无毒　🌱 株高可达 1 米以上　🌸 花期主要为夏、秋两季

● 夹竹桃科飘香藤属　别名 / 双喜藤、文藤、红文藤

识别特征 多年生常绿藤本。叶对生，全缘，叶片长卵圆形，先端急尖，革质，叶面有皱褶，叶色浓绿并富有光泽。花腋生，花冠漏斗形，似喇叭的花儿大而直挺，花茎能达到 6~8 厘米，花为红色、桃红色、粉红色。

产地 产于美洲热带地区。

趣味文化 在开花期间，往往会呈现花多于叶的盛况，每当微风袭来，扑鼻的清香会使人心旷神怡，因此便有了"飘香藤"这个名字。

用途 室内室外都可以种植，室内可以做成盆栽，室外可用于篱垣、棚架、天台、小型庭院美化。

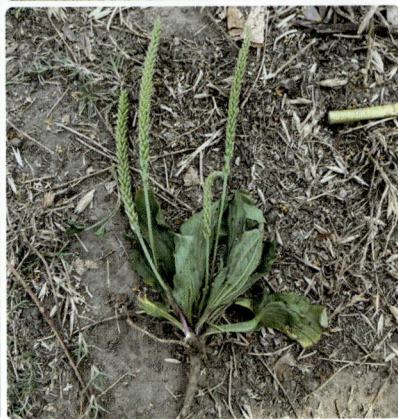

平车前

Plantago depressa

🌿 无毒　🌱 株高 20~50 厘米　🌿 花期 5~7 月　🍂 果期 7~9 月

● 车前科车前属　别名 / 车前草、车串串、小车前

识别特征 一年生或二年生草本。直根长，具多数侧根，多少肉质。根茎短。叶基生，呈莲座状，纸质，椭圆形、椭圆状披针形或卵状披针形，两面疏生白色短柔毛。穗状花序 3~10 个，雄蕊着生花冠筒内面近顶端，同花柱明显外伸，花药顶端具宽三角状小突起，鲜时白或绿白色，干后变淡褐色。蒴果。

产地与生境 产于黑龙江、吉林、辽宁、内蒙古、河北、山西、陕西、宁夏、甘肃、青海、新疆、山东、江苏、河南、安徽、江西、湖北、四川、云南、西藏等省区。生于海拔 5~4 500 米的草地、河滩、沟边、草甸、田间及路旁。

用途 种子可入药，有清热利尿、渗湿通淋、清肝明目，用于治疗淋病尿闭、目赤肿痛、痰多咳嗽、视物昏花。嫩叶经过水煮和清水浸泡后可食用。也可作草坪绿化观赏植物。

千屈菜

Lythrum salicaria

🌿 无毒　💧 株高 40~120 厘米　🌱 花期 7~9 月　🍂 果期 9~10 月

● 千屈菜科千屈菜属　别名 / 水柳、中型千屈菜、光千屈菜

识别特征 多年生草本。根茎横卧于地下，粗壮。茎直立，多分枝，全株青绿色，略被粗毛或密被茸毛，枝通常具 4 棱。叶对生或三叶轮生，披针形或阔披针形，顶端钝形或短尖，基部圆形或心形，有时略抱茎，全缘，无柄。

产地与生境 分布于亚洲、欧洲、非洲的阿尔及利亚、北美洲和澳大利亚东南部，我国各地亦有栽培。生于河岸、湖畔、溪沟边和潮湿草地。

趣味文化 古时春季蔬菜缺乏，便有了采摘千屈菜作为野菜的风俗，千屈菜的花艳丽繁多，但不可食用，其嫩茎叶可食。一般 4~5 月在野外采摘，洗净后入沸水，凉拌、炒食、做汤均可，还可制成干菜在冬春食用，有着另一番美味。

用途 在华北、华东地区常栽培于水边或作盆栽，供观赏。全草可入药，治肠炎、痢疾、便血；外用于外伤出血。

茜草

Rubia cordifolia

⊘ 无毒　🌿 株高 1.5~3.5 米　🌼 花期 8~9 月　🍂 果期 10~11 月

● 茜草科茜草属　别名 / 血茜草、血见愁

识别特征 草质攀缘藤木。根状茎和节上的须根均为红色。叶通常 4 片轮生，纸质，披针形或长圆状披针形。聚伞花序腋生和顶生，花冠淡黄色，干时淡褐色。果球形，成熟时橘黄色。

产地与生境 产于我国东北、华北、西北地区和四川（北部）、西藏（昌都地区）等地，朝鲜、日本和俄罗斯远东地区也有分布。常生于疏林、林缘、灌丛或草地中。

趣味文化 "茜草"之名，出自《汉官仪》："染园出卮茜，供染御服。"作家、博物学家普林尼在他的《自然史》中写道："染色茜草是穷人的作物——他们依靠茜草获得相当大的利润"。这种植物的根被用来染羊毛和皮革。

用途 具有凉血化瘀、止血通经的功效。根可作红色染料，用于染动物性或植物性纤维。

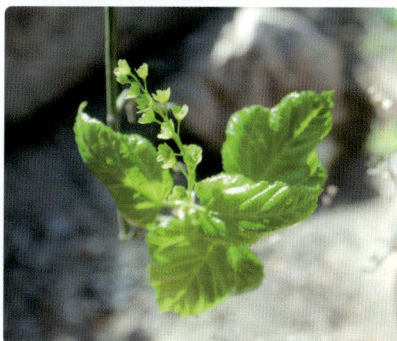

青楷槭

Acer tegmentosum

🟣 无毒　　🟢 株高 10~15 米　　🌿 花期 5~6 月　　🌰 果期 9 月

● 无患子科槭属　别名 / 辽东槭、青楷子

识别特征　落叶乔木。树皮灰至深灰色，平滑，具裂纹。小枝无毛。叶纸质，近圆形或卵形，裂片三角形，先端具短尖，基部圆或近心形，具钝尖重锯齿，下面淡绿色，脉腋具淡黄色簇生毛。总状花序，无毛。翅果，黄褐色。

产地与生境　产于黑龙江、吉林、辽宁等省份。生于海拔 500~1 000 米的背阴沟谷、溪流两侧，阴坡、半阴坡的疏林内也常见之。

趣味文化　树皮灰绿色且光滑，具有南国竹枝的韵味，叶大而美，秋季落叶前变成金黄色，让人赏心悦目，翅果成串缀于枝头，近熟时金黄色，微风吹过，枝果摇动，别有风致。

用途　树形优美，是优良的观赏树种。具有经济价值，木材可用于制作小器具、农具、手柄等。

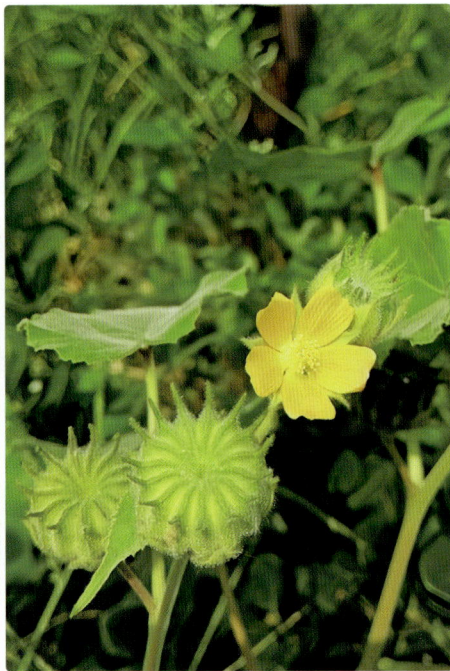

苘麻

Abutilon theophrasti

⚠ 有毒　🌿 株高 1~2 米　🌸 花期 6~10 月　🍂 果期 6~10 月

● 锦葵科苘麻属　别名 / 车轮草、磨盘草、桐麻

识别特征　一年生亚灌木状草本。茎枝被柔毛。叶互生，圆心形，边缘具细圆锯齿，两面均密被星状柔毛，叶柄被星状细柔毛。花单生于叶腋，被柔毛，近顶端具节，花萼杯状，密被短茸毛，花黄色，花瓣倒卵形，长约 1 厘米。蒴果半球形，种子肾形，褐色，被星状柔毛。

产地与生境　我国除青藏高原外，其他各省区均有分布，东北各地有栽培，越南、印度、日本等国家以及欧洲、北美洲也有分布。常生于路旁、荒地和田野间。

趣味文化　在中秋节等传统节日里，苘麻果子不仅成为孩子们的玩具，还被用作"印章"，在月饼面皮上印出寓意吉祥的图案。此外，民间还流传着苘麻种子能辟邪、保平安的信念，人们常将苘麻籽放置在屋内以求驱邪避害、祈求平安。

用途　茎皮可编织麻袋、搓绳索、编麻鞋等纺织材料。种子供制皂、油漆和工业用润滑油。种子作药用称"冬葵子"，全草也作药用。

秋英

Cosmos bipinnatus

🧭 无毒 　🍃 株高 1~2 米 　🌱 花期 6~8 月 　🍂 果期 9~10 月

● 菊科秋英属 　别名 / 格桑花、波斯菊、大波斯菊

识别特征 一年生或多年生草本。茎无毛或稍被柔毛。叶二回羽状深裂。头状花序单生，径 3~6 厘米，总苞片外层披针形或线状披针形，近革质，淡绿色，具深紫色条纹，舌状花紫红、粉红或白色，舌片椭圆状倒卵形，管状花黄色，管部短，上部圆柱形，有披针状裂片。瘦果黑紫色，无毛。

产地与生境 产于美洲墨西哥，中国栽培甚广，云南、四川西部有大面积归化。在路旁、田埂、溪岸也常自生，海拔可达 2 700 米。

趣味文化 植株比较细弱，茎比较长，支撑着花朵，但是却能抵抗风。所以，波斯菊的花语中有坚强勇敢的意思，送给他人，可以起到激励人心的作用。

用途 株型高大，花色丰富，适于布置花境，或成片栽植美化、绿化，颇有野趣。重瓣品种可作切花材料。花序、种子或全草可入药，有清热解毒、明目化湿的功效。

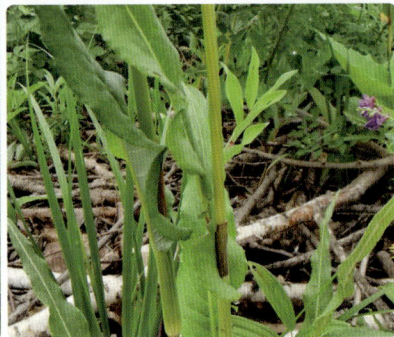

拳参

Bistorta officinalis

🌿 无毒　　🌱 株高 50~90 厘米　　🌼 花期 6~7 月　　🍂 果期 8~9 月

● 蓼科拳参属　别名 / 拳蓼

识别特征 多年生草本。根茎肥厚扭曲，外皮紫红色。茎直立，单一或数茎丛生，不分枝。叶片椭圆形至卵状披针形，先端短尖或钝，基部心形或圆形。总状花序呈穗状，顶生，紧密，苞片卵形，顶端渐尖，膜质，淡褐色，中脉明显，每苞片内含 3~4 朵花，花梗细弱，开展，比苞片长，花被 5 深裂，白色或淡红色，花被片椭圆形。瘦果椭圆形，两端尖，褐色，有光泽。

产地与生境 产于东北、华北地区和陕西、宁夏、甘肃、山东、河南、江苏、浙江、贵州、江西、湖南等地。生于海拔 800~3 000 米的山坡草地、山顶草甸。

趣味文化 由于它的根形似人参，所以被称作"拳参"。

用途 拳参始载于《本草图经》，具有清热解毒、消肿、止血的功效，主治赤痢热泻、肺热咳嗽等。

肉果草

Lancea tibetica

🌿 无毒　🍃 株高 3~7 厘米　🌱 花期 5~7 月　🪴 果期 7~9 月

● 通泉草科肉果草属　别名 / 鹅不食草

识别特征 多年生草本。除叶柄有毛外其余无毛。根状茎细长，横走或斜下，节上有 1 对膜质鳞片。叶几乎成莲座状，倒卵形，近革质，顶端钝，常有小凸尖。花簇生或伸长成总状花序，苞片钻状披针形。花萼钟状，革质，萼齿钻状三角形。花冠深蓝色或紫色，喉部稍带黄色或紫色斑点。果实卵状球形，红色至深紫色，被包于宿存的花萼内。

产地与生境 分布于西藏、四川、云南等地。生于海拔 2 000~4 500 米的草地、疏林中或沟谷旁。

用途 根、叶、果分别入药。根愈合脉管，涩脉止血，消肿散结；叶治诸疮；果实托引肺脓肿，止痛，治心病。以全草入药，细分者极少，亦按全草入药记载。

三花莸

Schnabelia terniflora

🌿 无毒　　💧 株高 60 厘米　　🌱 花期 6~9 月　果期 6~9 月

● 唇形科四棱草属　别名 / 野荆芥、蜂子草、六月寒

识别特征 亚灌木。茎四棱。叶卵形或长卵形，长 1.5~4 厘米，先端尖，基部宽楔形或圆，具圆齿，两面被柔毛及腺点。聚伞花序腋生，花冠紫红色或淡红色，疏被微柔毛及腺点，裂片全缘，下唇中裂片宽倒卵形。蒴果。

产地与生境 产于河北、山西、陕西、甘肃、江西、湖北、四川、云南。生于海拔550~2 600 米的山坡、平地或水沟河边。

趣味文化 三花莸始载于宋代《开宝本草》，记为药用。

用途 全草可入药，有解表散寒、宣肺的功效，治外感头痛、咳嗽、外障目翳、烫伤等。

三裂绣线菊

Spiraea trilobata

🌿 无毒　🌱 株高 1~2 米　🌸 花期 5~6 月　🍂 果期 7~8 月

● 蔷薇科绣线菊属　别名 / 三桠绣线菊、团叶绣球、三裂叶绣线菊

识别特征 灌木。小枝细瘦，开展。叶片近圆形。伞形花序具花 15~30 朵，苞片线形或倒披针形，萼筒钟状，花瓣宽倒卵形。蓇葖果开张，花柱顶生稍倾斜，具直立萼片。

产地与生境 产于我国黑龙江、辽宁、内蒙古、山东、山西、河北、河南、安徽、陕西、甘肃，俄罗斯西伯利亚也有分布。生于海拔 450~2 400 米的多岩石向阳坡地或灌木丛中。

用途 树姿优美，枝叶繁密，花朵小巧密集，布满枝头，可形成一条条拱形的花带，宛如积雪，美不胜收。

三色堇

Viola tricolor

🟣 无毒　🔵 株高 10~40 厘米　🟢 花期 4~7 月　🟠 果期 5~8 月

● 堇菜科堇菜属　别名/猴面花、鬼脸花、猫儿脸

识别特征　一二生或多年生草本。地上茎较粗，有棱。基生叶叶片长卵形或披针形，具长柄；茎生叶叶片边缘具稀疏的圆齿或钝锯齿。花大，单生叶腋，上方花瓣深紫堇色，侧方及下方花瓣均为三色，有紫色条纹。蒴果椭圆形，无毛。

产地与生境　产于欧洲北部，中国南北方栽培普遍。作为药用植物，在河北省有少量种植。该物种较耐寒，喜凉爽，开花受光照影响较大。

趣味文化　据说，爱神丘比特是个小顽童，他手上的弓箭具有爱情的魔力，射向谁，谁就会情不自禁地爱上他第一眼看见的人。这一天，爱神准备射箭。谁知道一箭射出，忽然一阵风吹过来，这支箭竟然射中白堇菜花。白堇菜花的花心流出了鲜血与泪水，这血与泪干了之后再也抹不去了。从此，白堇菜花变成了今日的三色堇，这就是神话故事中三色堇的由来。

用途　全草可入药，有清热解毒、散瘀、止咳、利尿的功效。花深紫色，具有芳香味，可提取香精。三色堇是优良的观花植物，在庭院布置中常栽于花坛上，可作毛毡花坛、花丛花坛，成片、成线、成圆镶边栽植都很相宜。还适合布置花境、草坪边缘。

散布报春

Primula conspersa

🌿 无毒　💧 株高 10~45 厘米　🌱 花期 5~7 月　🌸 果期 8~9 月

● 报春花科报春花属

识别特征 多年生草本。叶椭圆形、狭矩圆形或披针形。伞形花序 1~2 轮，花梗纤细。蒴果长圆形，略长于宿存花萼。

产地与生境 产于我国甘肃、陕西、山西三个省的南部和河南省西部。生于海拔 2 700~3 000 米的湿草地和林缘。

趣味文化 报春花作为春天的象征，散布报春却开在春末夏初，宣告夏天的到来，给人们带来希望和生机。

用途 可入药，具有清热解毒、活血止痛、祛风利湿的功效，且具有观赏价值。

山丹

Lilium pumilum

🌿 无毒　✿ 株高 15~60 厘米　🌱 花期 7~8 月　🍂 果期 9~10 月

● 百合科百合属　别名 / 细叶百合

识别特征 多年生草本。鳞茎卵形或圆锥形，鳞片矩圆形或长卵形，茎有小乳头状突起。花单生或数朵排成总状花序，鲜红色，通常无斑点；花被片反卷，子房圆柱形，花柱稍长于子房或长 1 倍多。蒴果矩圆形。

产地与生境 分布于朝鲜、蒙古、俄罗斯、中国，在中国分布于河北、河南、山西、陕西、宁夏、山东、青海、甘肃、内蒙古、黑龙江、辽宁和吉林。生于海拔 400~2 600 米的山坡草地或林缘。

趣味文化 见过山丹的人一定会发现它和百合长得很像，其实山丹丹花就是百合，"山丹丹的那个开花呦红艳艳，毛主席领导咱打江山"这句朗朗上口的歌词，寄情于漫山遍野红艳艳的山丹丹花，纯朴至真的思想体现了陕甘红火的苏区和英勇善战的红军精神。

用途 鳞茎含淀粉，供食用，有滋补强壮、止咳祛痰、利尿等功效。花美丽，可栽培供观赏，也含挥发油，可提取供香料用。鳞茎、花药或种子可入药，滋阴润肺，清心安神。

山韭

Allium senescens

🚫 无毒　📏 株高 10~65 厘米　🌱 花期 7~9 月　🌰 果期 7~9 月

● 石蒜科葱属　别名 / 野韭菜

识别特征 多年生草本。具粗壮的横生根状茎。鳞茎单生或数枚聚生，近狭卵状圆柱形或近圆锥状，鳞茎外皮灰黑色至黑色，膜质，内皮白色。叶狭条形至宽条形，肥厚，基部近半圆柱状，上部扁平，有时略呈镰状弯曲。花葶圆柱状，常具 2 纵棱，下部被叶鞘。总苞 2 裂，宿存。伞形花序半球状至近球状，具多而稍密集的花。花紫红色至淡紫色。

产地与生境 产于黑龙江、吉林、辽宁、河北、山西、内蒙古、甘肃、新疆和河南。生于海拔 2 000 米以下的草原、草甸或山坡上。

趣味文化 《本草纲目》记载："山韭也。山中往往有之，而人多不识。形性亦与家韭相类，但根白，叶如灯心苗耳。"

用途 幼叶可供食用。

山罗花

Melampyrum roseum

🌿 无毒　　🌱 株高 15~80 厘米　　🌼 花期夏、秋季

● 列当科山罗花属　　别名 / 球锈草

识别特征 一年生直立草本。多分枝，枝对生，近四棱形，具沟槽，沿沟槽被短毛。叶长卵形或卵状披针形，先端长渐尖，基部楔形或近圆形，全缘，两面沿脉疏被短毛。

产地与生境 分布于东北、华东地区及河北、山西、陕西、甘肃、河南等地。生于山坡、疏林、灌丛和高草丛中。

趣味文化 《新华本草纲要》记载："全草有清热解毒的功能。用于痈肿疮毒。根泡茶，有清凉的功效。"

用途 全草及根可入药，全草能清热解毒，主治痈肿疮毒；根泡茶有清凉之效，治肺痈、肠痈、疝气、腰痛、白带。总状花序紫红色，有一定的观赏价值。

山蚂蚱草

Silene jenisseensis

🌿 无毒　💧 株高 20~50 厘米　🌱 花期 7~8 月　🍂 果期 8~9 月

● 石竹科蝇子草属　别名 / 叶尼塞蝇子草、旱麦瓶草、长白山蚂蚱草

识别特征 多年生草本。根粗壮，木质。茎丛生，不分枝，无毛，基生叶叶片狭倒披针形或披针状线形。假轮伞状圆锥花序或总状花序。蒴果卵形，比宿存萼短。种子肾形，灰褐色。

产地与生境 产于我国黑龙江、吉林、辽宁、河北、内蒙古、山西，在朝鲜、蒙古、俄罗斯也有分布。生于草原、草坡、林缘或固定沙丘。

趣味文化 山蚂蚱草这个名字出自《拉汉种子植物名称》一书，旱麦瓶草这个俗名出自《中药志》。

用途 味甘、苦，性凉，根具有清热凉血及生津之功效，主治阴虚劳疟、潮热、烦温、骨蒸和盗汗、小儿疳热羸瘦等。

山梅花

Philadelphus incanus

⬤ 无毒　🌿 株高 150~350 厘米　🌸 花期 5~6 月　🍂 果期 7~8 月

● 绣球科山梅花属　别名 / 毛叶木通

识别特征　灌木。二年生小枝灰褐色，表皮呈片状脱落。叶卵形或阔卵形，先端急尖，基部圆形。花枝上叶较小，先端渐尖，基部阔楔形或近圆形。总状花序，下部的分枝有时具叶，花柱长约 5 毫米，无毛，近先端稍分裂。

产地与生境　产于我国山西、陕西、甘肃、河南、湖北、安徽和四川。生于海拔 1 200~1 700 米的林缘灌丛中。

趣味文化　在中国传统文化中，山梅花被赋予了许多美好的寓意，它象征着高洁、坚贞、清雅、纯洁等美德，被誉为"梅中之王"。在古代文人墨客的笔下，山梅花更是被赞美为"冬天的花""雪中的花""寒梅"等，寓意着在严寒的冬季中依然能够保持自己的美丽和高贵。

用途　山梅花具有很高的园林价值，花朵具香气，开花的时候一般是多朵花聚集在一起，并且花期比较持久。一般比较适合栽植在庭院或者风景区，也可以作为切花材料。

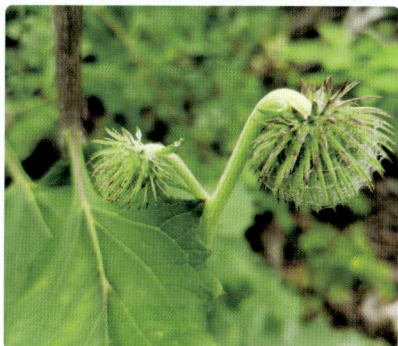

山牛蒡

Synurus deltoides

🌿 无毒　🌱 株高 150 厘米　🌼 花期 6~10 月　🍂 果期 6~10 月

● 菊科山牛蒡属　别名 / 线叶猪殃殃、线叶、猪殃殃

识别特征 多年生草本。根茎粗壮。茎直立，单生，基部叶与下部茎叶有长叶柄，叶柄有狭翼，叶片心形、卵形、宽卵形、卵状三角形或戟形，不分裂，全部叶两面异色。头状花序大，下垂，总苞球形，小花全部为两性，管状，花冠紫红色，花冠裂片不等大，三角形。瘦果长椭圆形，浅褐色。

产地与生境 分布于我国黑龙江、内蒙古、河南、江西、湖北及四川，俄罗斯西伯利亚东部及远东地区、朝鲜、日本和蒙古也有分布。生于海拔 550~2 200 米的山坡林缘、林下或草甸。

用途 山牛蒡的纤维可以促进大肠蠕动，帮助排便，降低体内胆固醇，减少毒素、废物在体内积存，达到预防中风的效果。

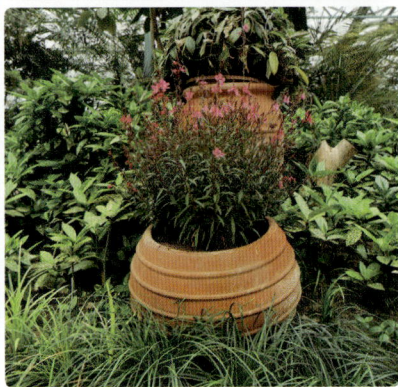

山桃草

Oenothera lindheimeri

🟣 无毒　🔵 株高 10~40 厘米　🟢 花期 5~7 月　🟠 果期 8~9 月

● 柳叶菜科月见草属　别名 / 千鸟花、白蝶花、飞蝶花

识别特征 一年生或二年生草本。茎直立。基生叶倒披针形，茎生叶无柄，椭圆形。花序总状，生于茎枝顶，花瓣排向一侧，白色至粉红色，长圆形。种子长圆状卵形，淡褐色。蒴果。

产地与生境 我国云南昆明有栽培。常生于海拔较高的山坡林下、沟边或草坡。

趣味文化 《山桃草》诗曰："窈窕参差容更美，常居旷野任风弹。清真淡雅尤称颂，冷眼红装取众欢。"表达了山桃草形态优雅的特性。

用途 山桃草具较高观赏性，花多而繁茂，可用于花坛、花境或做地被植物群栽、盆栽。

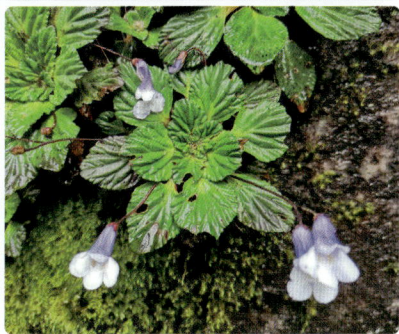

珊瑚苣苔

Corallodiscus lanuginosus

🍃 无毒　🌱 株高 4~10 厘米　🌼 花期 6 月　🍂 果期 7 月

● 苦苣苔科珊瑚苣苔属　别名 / 西藏珊瑚苣苔

识别特征 多年生草本。叶全部基生，莲座状，近纸质，卵圆形或倒卵圆形，基部楔形，边缘全缘或微波状。聚伞花序不分枝，花序梗与花梗疏被淡褐色柔毛至近无毛。花萼钟状，裂片长圆形，顶端钝全缘。花冠筒状，淡紫色，内面下唇一侧被淡褐色髯毛，花丝线形，花药长圆形。蒴果线形。

产地与生境 产于我国西藏南部。生于海拔 2 100~3 200 米的河谷林缘岩石及石壁上。

趣味文化 花如轻巧的喇叭，滴滴答滴滴答，轻轻地藏在岩石下面，悄悄地演绎自己的生命之谛。

用途 珊瑚苣苔是一种观赏性好的野花，叶丛整齐美观，聚伞花序多花，每朵淡紫色或蓝紫色的小花都有着长长的花冠筒，犹如一个个蓝紫色的小铃铛挂在花序上，美丽又可爱。也可入药。

商陆

Phytolacca acinosa

⊘ 有毒　◐ 株高 0.5~1.5 米　❀ 花期 5~8 月　◑ 果期 6~10 月

● 商陆科商陆属　别名 / 白母鸡、猪母耳、夜呼

识别特征 多年生草本。茎直立，圆柱形，有纵沟，肉质，绿色或红紫色，多分枝。叶片薄纸质，椭圆形、长椭圆形或披针状椭圆形，背面中脉突起。花梗细，花两性。

产地与生境 我国除东北及内蒙古、青海、新疆外均有分布。生于海拔 500~3 400 米的沟谷、山坡林下、林缘路旁。

趣味文化 商陆与中国道家文化息息相关，"夜呼"便得名于其预知鬼神之能，道士们常种此药草于静室之园，商陆火有驱邪避疫之意。

用途 绿茎商陆苗是一种优质野生森林蔬菜。商陆具有很好的水土保持作用，特别适用于新开垦的红壤梯地果园。

少花万寿竹

Disporum uniflorum

🌿 无毒　💧 株高 30~80 厘米　🌱 花期 5~6 月　🍂 果期 7~11 月

● 秋水仙科万寿竹属　别名 / 宝铎草

识别特征 多年生草本。根状茎短，或多或少匍匐，匍匐茎长 1~5 厘米。茎直立，上部具叉状分枝。叶薄纸质至纸质，宽椭圆形或长圆状卵形，基部近圆或宽楔形，无毛。伞形花序生于茎和分枝顶端，具 1~3 朵花，花黄色，花被片匙状倒披针形或倒卵形。浆果近球形，成熟时蓝黑色，种子深棕色。

产地与生境 产于我国浙江、江苏、安徽、江西、湖南、山东、河南、河北、陕西、四川、贵州、云南、广西、广东、福建和台湾，朝鲜和日本也有分布。生于海拔 600~2 500 米的林下或灌木丛中。

用途 花、叶颇具观赏性，可用于花境、花坛、切花及庭院配植。根状茎可供药用，有益气补肾、润肺止咳的功效。

少脉雀梅藤

Sageretia paucicostata

🚫 无毒　　🌱 株高 6 米　　🌸 花期 5~9 月　　🍂 果期 7~10 月

● 鼠李科雀梅藤属　　别名 / 对结子、对结刺、对节木

识别特征 直立灌木，稀小乔木。幼枝被黄色茸毛，后脱落，小枝刺状，对生或近对生。叶纸质，互生或近对生，椭圆形或倒卵状椭圆形。花无梗或近无梗，黄绿色，无毛，单生或 2~3 个簇生，呈疏散穗状或穗状圆锥花序。核果倒卵状球形或球形。

产地与生境 分布于河北、河南、山西、陕西、甘肃、四川、云南、西藏东部。生于山坡或山谷灌丛或疏林中。

趣味文化 少脉雀梅藤以其自然的形态和生长习性，展现了自然界的美妙和神奇。它的存在让人们更加珍惜和尊重自然，倡导与自然和谐共处的理念。

用途 枝密集具刺，常栽培作绿篱；耐修剪，是制作树桩盆景的极好材料。

蛇莓

Duchesnea indica

⚠ 全株微毒　💧 株高 3~5 厘米　🌱 花期 6~8 月　☀ 果期 8~10 月

● 蔷薇科蛇莓属　别名 / 三爪风、龙吐珠、蛇泡草

识别特征 多年生草本。匍匐茎多数，长达 1 米，被柔毛。小叶倒卵形或菱状长圆形，先端圆钝，有钝锯齿，小叶柄被柔毛，托叶窄卵形或宽披针形。花单生叶腋，黄色，萼片卵形，副萼片倒卵形，较长。

产地与生境 产于我国西藏。生于海拔 2 550~3 100 米的水沟边或村边。

趣味文化 相传在上古时期，古鄂州之地的三苗部落，粮食短缺、物资匮乏，很多人因生活所迫便在无意间吃了蛇莓。传闻说蛇莓是只有神灵才可以享用的美食，当凡人偷吃蛇莓的事情被神灵知道后，神灵会勃然大怒，于是便诅咒吃过蛇莓的人成为一个半人半妖的怪物。当然这肯定是吃多了蛇莓后的中毒症状。

用途 全草供药用，浸出液可作农药。蛇莓集叶、花、果观赏于一体，通常作为观赏植物应用在园林绿化中。

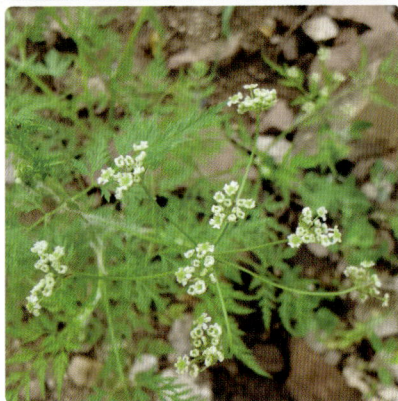

石防风

Kitagawia terebinthacea

🛡 无毒　🌿 株高 30~120 厘米　🌼 花期 7~9 月　🍂 果期 9~10 月

● 伞形科石防风属　别名 / 小芹菜、山香菜、珊瑚菜

识别特征　多年生草本。植株常为单茎，直立，圆柱形，具纵条纹。基生叶有长柄，二回羽状全裂。复伞形花序多分枝，花序梗顶端有茸毛或糙毛，花瓣白色，具淡黄色中脉。

产地与生境　分布在俄罗斯以及中国辽宁、河北、黑龙江、内蒙古、吉林等地。常生于林下、山坡草地以及林缘。

用途　可入药，具有散风清热，降气祛痰的功效。用于感冒，咳嗽，痰喘，头风眩痛。片植具有很好的观赏性。

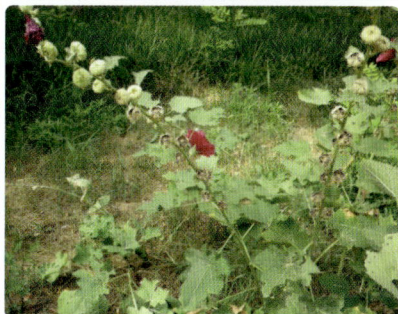

蜀葵

Alcea rosea

⊘ 无毒　🌿 株高 1~2 米　🌱 花期 4~8 月　🍂 果期 4~8 月

● 锦葵科蜀葵属　别名 / 一丈红、戎葵、端午花

识别特征　二年生直立草本。茎高达 2 米，密被刺毛。叶近圆心形，掌状 5~7 浅裂或波状棱角。花腋生，单生或近簇生，排列成总状花序式，具叶状苞片，花大，有红、紫、白、粉红、黄和黑紫等色。果为盘状，分果爿近圆形，多数。种子肾形。

产地与生境　分布于全国各地，较多生于四川、贵州等地。喜好阳光充足的地方，可耐半阴，耐寒，喜冷凉气候。

趣味文化　蜀葵是唯一以"蜀"命名的中国古老植物，在中国有至少 2 000 年的栽培历史，是最早传入西方的中国本土植物之一。因其高可达丈许，花多为红色，故而又得名"一丈红"。每年端午节前后开花，也有"端午花"之称。

用途　蜀葵是一种园林背景材料，可作为花坛、花境的背景，也可作为庭院边缘的绿化美化材料。根部可入药，具有清热解毒、利尿等功效。种子有利尿通淋的功效。其嫩苗和花均可食用。

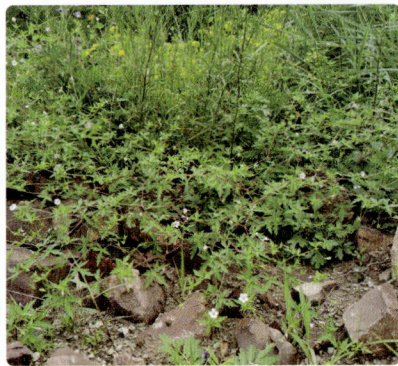

鼠掌老鹳草

Geranium sibiricum

⚠ 有毒　🌿 株高 30~70 厘米　🌸 花期 6~7 月　🌰 果期 8~9 月

● 牻牛儿苗科老鹳草属　别名 / 鼠掌草、西伯利亚老鹳草

识别特征　一年生或多年生草本。根为直根，有时具不多的分枝。茎纤细，仰卧或近直立，多分枝，具棱槽，被倒向疏柔毛。叶对生；托叶披针形，棕褐色，长 8~12 厘米，先端渐尖，基部抱茎，外被倒向长柔毛；基生叶和茎下部叶具长柄，柄长为叶片的 2~3 倍。

产地与生境　产于中国、欧洲、高加索、中亚、俄罗斯、西伯利亚、蒙古和朝鲜。生于林缘、疏灌丛、河谷草甸或为杂草。

用途　茎秆细、叶量多，质地柔软，适口性良好，可用作牲畜饲料。青草或干草，各类牲畜均采食，青绿或开花后羊喜食，马、牛乐食，枯黄后各类牲畜仍采食。干枯后叶片易破碎，冬季残留差，适于夏秋放牧利用。

水鬼蕉

Hymenocallis littoralis

⚠ 全株有毒　🌿 株高 30~80 厘米　🌱 花期 8~9 月　🍂 果期 9~10 月

● 石蒜科水鬼蕉属　别名 / 美洲水鬼蕉、蜘蛛兰、蜘蛛百合

识别特征 多年生鳞茎草本。叶基生，倒披针形，长约60厘米，先端急尖。花葶硬而扁平，实心，伞形花序，3~8 朵小花着生于茎顶，无柄，花径可达 20 厘米，花被筒长裂，一般呈线形或披针形。花绿白色，有香气。蒴果肉质状，种子为海绵质状。

产地与生境 产于热带美洲、西印度群岛，在我国分布于福建、广东、广西、云南等地。生于温暖潮湿的环境下。

趣味文化 雄蕊着生于喉部，而下部为漏斗状花冠，犹如螯蟹腿、蜘蛛脚，故有"水鬼蕉"的名称。

用途 水鬼蕉具有舒筋活血、消肿止痛的功效，用于治疗风湿关节痛、跌打肿痛、痈疽疮肿、痔疮等。其叶姿健美，花形别致，亭亭玉立，适合盆栽观赏。

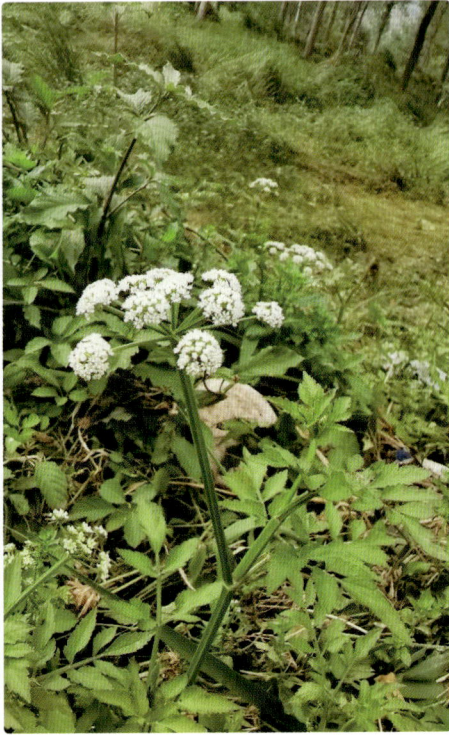

水芹

Oenanthe javanica

🌿 无毒　🌊 株高 15~80 厘米　🌱 花期 6~7 月　☀ 果期 8~9 月

● 伞形科水芹属　别名 / 野芹菜、水芹菜

识别特征 多年生草本。茎直立或基部匍匐。基生叶有柄，叶片轮廓三角形，一至二回羽状分裂，边缘有圆齿状锯齿。茎上部叶无柄，裂片和基生叶的裂片相似，较小。复伞形花序顶生，花瓣白色，倒卵形。果实近于四角状椭圆形或筒状长圆形，侧棱较背棱和中棱隆起，木栓质。

产地与生境 我国各地都有分布。多生于浅水低洼地方或池沼、水沟旁。

趣味文化 水芹为"水八仙"之一，"水八仙"是指八种水生植物，又称"水八鲜"，包括茭白、莲藕、水芹、芡实、慈菇、荸荠、莼菜、菱。

用途 茎叶可作蔬菜食用。全草民间也作药用，有降低血压的功效。

水苏

Stachys japonica

🌿 无毒　　💧 株高达 80 厘米　　🌱 花期 5~7 月　　🍂 果期 8~9 月

● 唇形科水苏属　　别名 / 水鸡苏、芝麻草、元宝草

识别特征 多年生草本。茎直立，不分枝，四棱形，棱及节被细糙硬毛，余无毛。叶长圆状宽披针形，具圆齿状锯齿。轮伞花序具 6~8 朵小花，花冠粉红或淡红紫色，冠檐二唇形，上唇直立，下唇开张，3 裂，雄蕊 4 枚，花丝先端稍膨大，花柱丝状。小坚果褐色，卵球形，无毛。

产地与生境 分布于辽宁、内蒙古、河北、河南、山东、江苏、浙江、安徽、江西、福建。生于水沟、河岸等湿地上。

趣味文化 李时珍言此草似苏而好生水旁，故得名水苏。其叶辛香，可以煮鸡，故有水鸡苏等别名。

用途 全草或根入药，治百日咳、扁桃体炎、咽喉炎、痢疾等，根又可治带状疱疹。

酸模叶蓼

Persicaria lapathifolia

⚠ 全株微毒　🌿 株高可达 90 厘米　🌱 花期 6~8 月　🍂 果期 7~9 月

● 蓼科蓼属　别名 / 大马蓼

识别特征 一年生草本。茎直立，无毛，节部膨大。叶片披针形或宽披针形，顶端渐尖或急尖，基部楔形，上面绿色，叶柄短，托叶鞘筒状，膜质，淡褐色，无毛。总状花序呈穗状，顶生或腋生，花紧密，苞片漏斗状，被淡红色或白色，花被片椭圆形。瘦果宽卵形，黑褐色，有光泽。

产地与生境 广泛分布于我国南北各省区。生于海拔 30~3 900 米的田边、路旁、水边、荒地或沟边湿地。

趣味文化 我国传统酿酒工艺都要使用酒药，酒药中会用到酸模叶蓼或绵毛酸模叶蓼等蓼属植物，可以抑制杂菌生长。

用途 酸模叶蓼是中国农业有害生物信息系统收录的杂草，常见于田地边、沙地及路边荒芜湿地。酸模叶蓼危害各地均有发生，南方发生较重。

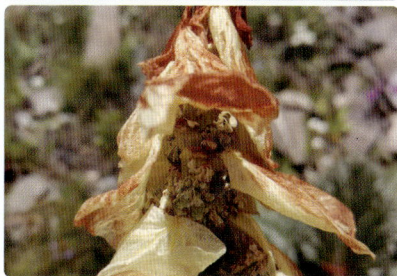

塔黄

Rheum nobile

⬮ 无毒　🔵 株高 100~200 厘米　🌱 花期 6~7 月　🌞 果期 9 月

● 蓼科大黄属　别名 / 高山大黄、共批

识别特征 高大草本。根状茎及根长而粗壮。茎单生不分枝，粗壮挺直，光滑无毛，具细纵棱。基生叶数片，呈莲座状，具多数茎生叶及大型叶状圆形，近革质。托叶鞘宽大，阔披针形，玫瑰红色。苞片淡黄色，干后膜质。总状花序分枝腋生，光滑无毛。花簇生，花被椭圆形或长椭圆形，黄绿色。果实宽卵形或卵形深褐色。

产地与生境 产于西藏喜马拉雅山麓及云南西北部。生于海拔 4 000~4 800 米的高山石滩及湿草地。

趣味文化 塔黄和竹子一样，是单次结实的多年生草本植物，即经过 5 ~ 7 年的营养生长后才开花结果，之后便死去，一生只开一次花。开花前，很像一棵大白菜。花序外面一层一层包裹着大型半透明的奶黄色苞片，其实这是变态的叶，远远望去，好似一座金碧辉煌的宝塔，格外醒目，或许"塔黄"一名便由此而来。塔黄的苞片也是有效遮挡紫外线辐射的"宝伞"。

用途 塔黄是中国藏药植物资源，具有泻热、导滞、闭经、湿热等消肿功效，但主要的药用部位是地下根。根系发达，最长可以达到 2 米，其水土保持的作用远超很多植物，还是流石滩上最有力的支撑。

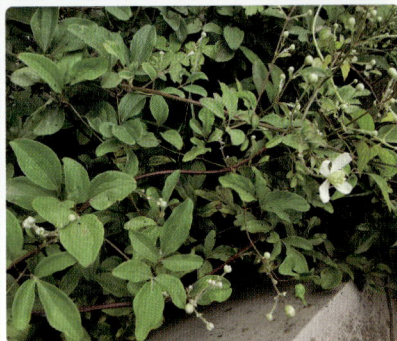

太行铁线莲

Clematis kirilowii

🌿 无毒　🌱 株高 20 厘米　🌼 花期 6~8 月　🍂 果期 8~9 月

● 毛茛科铁线莲属　别名 / 黑狗筋、老牛杆、黑老婆秧

识别特征 木质藤本，干后常变黑褐色。茎、小枝有短柔毛，老枝近无毛。一至二回羽状复叶，小叶片或裂片革质，卵形至卵圆形或长圆形，腋生或顶生。花序梗、花梗有较密短柔毛。

产地与生境 分布于黄河流域中、下游各省及安徽、江苏的北部。生于山坡草地或丛林中。

趣味文化 花朵白色且纯洁无瑕，象征着高洁与美丽的心灵。同时，茎秆细如铁线却能攀爬向上，展现出顽强的生命力，象征着坚韧与毅力。此外，花朵持久绽放不易凋谢，也象征着对家人、朋友和爱人的不离不弃以及永恒的爱情。

用途 茎和根可入药，有行气活血、祛风湿、止痛作用，治跌打损伤、瘀滞疼痛、风湿性筋骨痛、肢体麻木等。

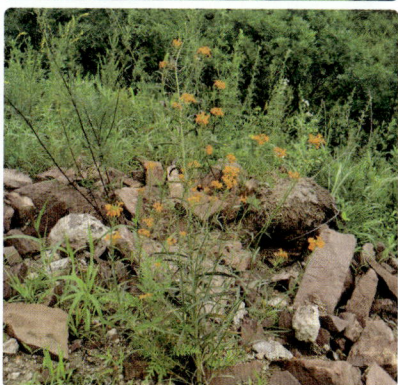

糖芥

Erysimum amurense

⚠ 全株有毒　🖊 株高 30~60 厘米　🌱 花期 6~8 月　🍂 果期 7~9 月

（● 十字花科糖芥属　别名 / 马莲、马兰、马韭）

识别特征 一年或二年生草本。茎直立，不分枝或上部分枝，具棱角。总状花序顶生，有多数花；萼片长圆形，长 5~7 毫米，密生 2 叉毛，边缘白色膜质；花瓣橘黄色，倒披针形，长 10~14 毫米，有细脉纹，顶端圆形，基部具长爪。

产地与生境 分布于我国东北、华北地区及陕西、江苏、四川等地。生于田边、荒地。

趣味文化 《东北药用植物志》："有强心作用。"看名字会以为是很甜的植物，但据说味道很苦，跟"糖"不沾边。

用途 全草和种子皆可药用，用于脾胃不和，食积不化，心力衰竭的浮肿。

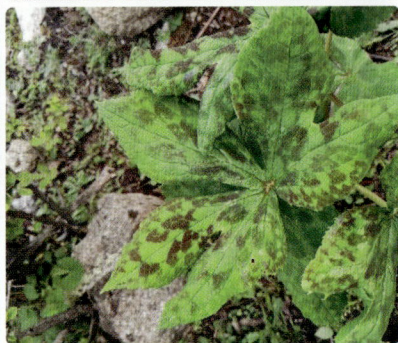

桃儿七

Sinopodophyllum hexandrum

⚠ 根茎有毒，含鬼臼毒素　🌿 株高 20~50 厘米　🌱 花期 5~6 月　🍂 果期 7~9 月

● 小檗科桃儿七属　别名 / 鬼臼、桃耳七、小叶莲

识别特征 多年生草本。根状茎粗短，节状，多须根。茎直立，单生，具纵棱，无毛，基部褐色。花大，单生，先叶开放，两性，整齐，粉红色。花瓣倒卵形或倒卵状长圆形，先端略呈波状。浆果卵圆形，熟时橘红色。

产地与生境 产于云南、四川、西藏、甘肃、青海和陕西。生于海拔 2 200~4 300 米的林下、林缘湿地、灌丛中或草丛中。

趣味文化 桃儿七属于"太白七药"之一，具有神奇的抗癌作用。其本身具有一定毒性，服用会致中毒，其症状通常为呕吐、呼吸兴奋、运动失调等。

用途 根茎、须根、果实均可入药。根茎能除风湿，利气血、通筋、止咳；果能生津益胃、健脾理气、止咳化痰，对麻木、月经不调等均有疗效。

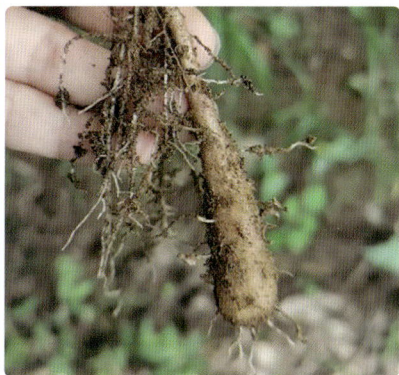

藤长苗

Calystegia pellita

🍃 有毒　🌿 藤长可达 10 米　🌸 花期 6~9 月　🍂 果期 10~11 月

● 旋花科打碗花属　别名／野兔子苗、兔耳苗、狗藤花

识别特征 多年生草本。根细长，茎缠绕。叶长圆形或长圆状线形。花单生叶腋，花梗短，密被柔毛。蒴果近球形，种子卵圆形，光滑。

产地与生境 分布于黑龙江、辽宁、河北、山西、陕西、甘肃、新疆、山东、河南、湖北、安徽、江苏、四川东北部。多生于平原路边、田边杂草中或山坡草丛。

趣味文化 藤长苗的生长方式常常是缠绕在一起，形成紧密的联结。这象征着人们之间的团结协作和互助精神，提醒人们在生活中要注重与他人建立和谐的关系。

用途 可供药用，功效为益气利尿、强筋壮骨、活血祛瘀。

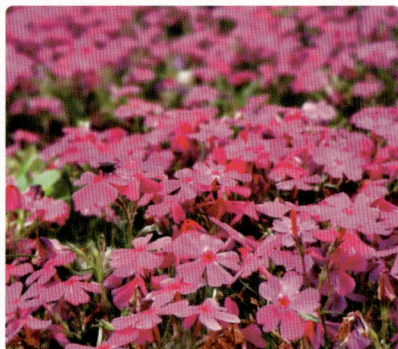

天蓝绣球

Phlox paniculata

🌿 无毒　🌱 株高 1 米　🌸 花期 6~9 月

● 花荵科福禄考属　别名 / 宿根福禄考

识别特征 多年生草本。茎直立。叶对生，有时 3 叶轮生，长圆形或卵状披针形，两面疏被短柔毛，无柄或具短柄。花梗和花萼近等长，花冠淡红、红、白或紫色，冠筒长达 3 厘米，被柔毛，冠檐裂片倒卵形，先端圆，全缘，较冠筒短，平展。蒴果卵圆形。种子卵球形，黑或褐色，具粗糙皱纹。

产地 产于北美洲东部，我国各地庭院常见栽培。

趣味文化 在花语中，天蓝绣球被赋予了"永结同心"和"忠诚"等含义。这些寓意使得天蓝绣球成为表达爱情和友谊的美好象征。人们常将天蓝绣球作为礼物送给亲友，以表达自己的心意和祝福。

用途 夏季主要观花植物，可作花坛、花境材料，也可盆栽观赏或作切花用。

天人菊

Gaillardia pulchella

🚫 无毒　💧 株高 20~60 厘米　🌱 花期 6~8 月　🌰 果期 6~8 月

● 菊科天人菊属　别名 / 老虎皮菊、虎皮菊

识别特征 一年生草本。茎中部以上多分枝，被短柔毛或锈色毛。上部叶长椭圆形，倒披针形或匙形，全缘或上部有疏锯齿或中部以上 3 浅裂，基部无柄或心形半抱茎。头状花序，总苞片披针形，背面有腺点，基部密被长柔毛，舌状花黄色，基部带紫色，舌片宽楔形，顶端 2~3 裂，管状花裂片三角形，顶端渐尖成芒状，被节毛。瘦果。

产地与生境 产于北美洲，中国中部、南部广为栽培。耐干旱，耐热，不耐寒，喜阳光，也耐半阴，喜排水良好的疏松土壤，耐风、抗潮、生性强韧。

趣味文化 天人菊是台湾澎湖县的县花，澎湖岛上四处可见天人菊，所以澎湖岛也叫菊岛。

用途 花姿娇娆，色彩艳丽，花期长，栽培管理简单，可作花坛、花丛的材料，具有较好的观赏性。天人菊也是良好的防风固沙植物。

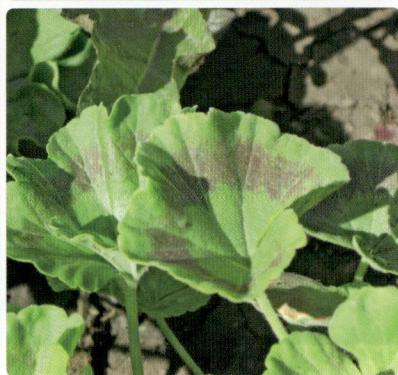

天竺葵

Pelargonium hortorum

🌿 无毒   🍃 株高 60 厘米   🌼 花期 5~7 月   🌰 果期 6~9 月

● 牻牛儿苗科天竺葵属   别名 / 臭海棠、洋绣球、入腊红

识别特征 多年生草本。茎直立，基部木质化。叶互生，圆形或肾形，基部心形。花瓣红、橙红、粉红或白色，宽倒卵形。

产地与生境 产于非洲南部，我国各地普遍栽培。多生于低海拔或中海拔湿润地区的路旁、林缘、坡地及灌丛处。

趣味文化 天竺是中国对印度的古称，"天竺葵"可能是因当时知道它来自温暖之国而得名，意为"印度的葵花"，雅称就成了"天竺葵"。

用途 对人体疲劳、神经衰弱等症有较好治疗作用，具有一定的药用价值。还具有观赏价值，可用于室内摆放、花坛布置等。

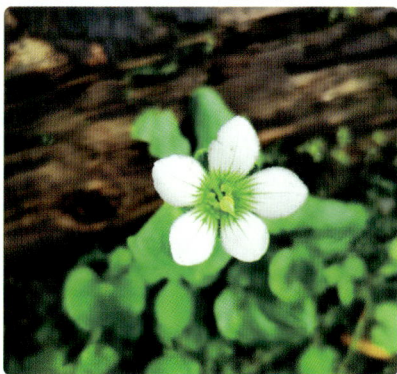

突隔梅花草

Parnassia delavayi

🌿 无毒　💧 株高 12~35 厘米　🌱 花期 7~8 月　🔥 果期 9 月

(● 梅花草科梅花草属　别名 / 肺心草、白侧耳)

识别特征 多年生草本。根状茎形状多样。基生叶具长柄，叶片肾形或近圆形，全缘，上面褐绿色，下面灰绿色，叶柄扁平，两侧有窄膜。花单生于茎顶，花瓣白色，长圆倒卵形或匙状倒卵形。蒴果。种子多数，褐色，有光泽。

产地与生境 分布于湖北、陕西、甘肃、四川和云南，为中国特有。生于海拔 1 800~3 800 米的溪边疏林中、冷杉林和杂木林下、草滩湿处和碎石坡上。

趣味文化 一个小茎杆上面独生一朵花，小花白色，5 个花瓣，呈倒卵形，形似"梅花"。

用途 全草可入药，具有清热凉血、解毒消肿、止咳化痰等功效，治黄疸型肝炎、细菌性痢疾、咽喉肿痛、脉管炎、疮痈肿毒、咳嗽痰多等。

歪头菜

Vicia unijuga

🌿 无毒　　💧 株高 40~100 厘米　　🌱 花期 6~7 月　　🍂 果期 8~9 月

● 豆科野豌豆属　别名 / 野豌豆、两叶豆苗、歪头草

识别特征 多年生草本。通常数茎丛生，具棱，疏被柔毛，茎基部表皮红褐色或紫褐红色。圆锥状总状花序，明显长于叶；花萼紫色，花冠蓝紫色、紫红色或淡蓝色，旗瓣倒提琴形。荚果扁、长圆形。

产地与生境 分布于我国西南、东北、华东、华北等地区。多生于山地、林缘、草地、沟边和灌丛。

趣味文化 歪头菜名称的由来，主要是缘于它的叶片和茎枝，这种植物并不是直着生长，似乎主干偏离了正常的方向，歪着脑袋向前爬行，加上偶数羽状复叶，一小对儿一小对儿的叶子，总是一片高另一片低，才有了歪头菜的称呼。

用途 优良牧草、牲畜喜食。嫩时亦可为蔬菜。全草可入药，有补虚、调肝、理气、止痛等功效。生长旺盛，广布荒草坡，亦可作为水土保持及绿肥植物，为早春蜜源植物之一。

王不留行

Saponaria calabrica

🌿 无毒　✏️ 株高 30~70 厘米　🌱 花期 5~7 月　🐞 果期 6~8 月

● 石竹科肥皂草属　别名 / 麦蓝菜、麦蓝子

识别特征 一二年生草本。主根粗，稍木质。茎单生或数个。基生叶倒披针形或窄匙形，茎生叶倒披针形。圆锥花序，花萼卵状钟形，花瓣白或淡红色，瓣片倒卵形。蒴果。

产地与生境 分布于台湾。常见于平原、丘陵或山地。

趣味文化 以善于行血知名，"虽有王命不能留其行"，所以叫"王不留行"，但流血不止者，它又可以止血。

用途 具有活血通经、下乳消肿、利尿通淋的功效，用于痛经、乳汁不下、乳痈肿痛、淋证涩痛。亦可用于观赏。

委陵菜

Potentilla chinensis

🌿 无毒　　🌱 株高 50~60 厘米　　🌸 花期 6~7 月　　🍂 果期 4~10 月

● 蔷薇科委陵菜属　别名 / 一白草、生血丹、扑地虎

识别特征　多年生草本。根粗壮，圆柱形，稍木质化。花茎直立或上升，被稀疏短柔毛及白色绢状长柔毛。基生叶为羽状复叶，有叶柄被短柔毛及绢状长柔毛，小叶片对生或互生，上部小叶较长，向下逐渐减小。

产地与生境　产于我国黑龙江、吉林、辽宁、内蒙古、河北、山西、陕西、甘肃、山东、河南、江苏、安徽、江西、湖北、湖南、台湾等地，俄罗斯远东地区、日本、朝鲜均有分布。生于海拔 400~3 200 米的山坡草地、沟谷、林缘、灌丛或疏林下。

趣味文化　本种始载于《救荒本草》，云："委陵菜，一名翻白菜。生田野中。苗初塌地生，后分茎叉……茎叶梢间开五瓣黄花，其叶味苦，微辣。"

用途　根含鞣质，可提制栲胶。全草可入药，能清热解毒、止血、止痢。嫩苗可食也可作猪饲料。

猬实

Kolkwitzia amabilis

⊘ 无毒　🌱 株高 3 米　🌿 花期 5~6 月　🍂 果期 8~9 月

● 忍冬科猬实属　别名 / 美人木、蝟实

识别特征 落叶多分枝灌木。冬芽具数对被柔毛鳞片，幼枝红褐色。叶对生，椭圆形或卵状椭圆形，稀有浅齿，两面疏生短毛。聚伞花序组成伞房状，顶生或腋生于具叶侧枝之顶，花几乎无梗，花冠淡红色，钟状，裂片开展，被柔毛。瘦果，核果合生。

产地与生境 为我国特有种，产于山西、陕西、甘肃、河南、湖北及安徽等省区。生于海拔 350~1 340 米的山坡、路边和灌丛中。

趣味文化 因其果实长满刺毛，故得名"猬实"。

用途 花繁色艳，开花期正值初夏少花季节，夏秋全树挂满形如刺猬的小果，甚为别致。在园林中可点缀草坪、角隅、山石旁，亦可列植、丛植于园路、亭廊附近。

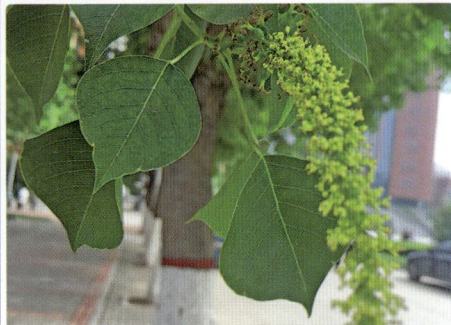

乌桕

Triadica sebifera

⚠ 全株有毒　　💧 株高可达 15 米　　🌱 花期 4~8 月　　🍂 果期 8~11 月

● 大戟科乌桕属　别名 / 木子树、米桕、糠桕

识别特征 乔木。树皮为暗灰色，有竖向的裂纹。枝条展开很广，有皮孔。叶片互生，形状为菱形、菱状卵形，也有菱状倒卵形，顶端骤然紧缩，具长短不等的尖头，基部阔楔形或钝，全缘。花为单性花，雌雄同株，聚集成顶生总状花序，花丝分离。蒴果梨状球形，成熟时黑色。

产地与生境 在我国主要分布于黄河以南各省区，北达陕西、甘肃，日本、越南、印度也有分布，此外，欧洲、美洲和非洲亦有栽培。生于旷野、塘边或疏林中。

趣味文化 名字的由来可能与乌鸦有密切的关系，但也可能是因为树老后根部会烂成白色。随着时代变迁，人们在"白"字旁加上"木"字边，演变成今日的"乌桕"。

用途 乌桕具有利水消肿、解毒杀虫之功效，主治吸血虫病、肝硬化腹水、大小便不利。可孤植或丛植于草坪、湖畔、池边，在园林绿化中可栽作护堤树、庭荫树及行道树。

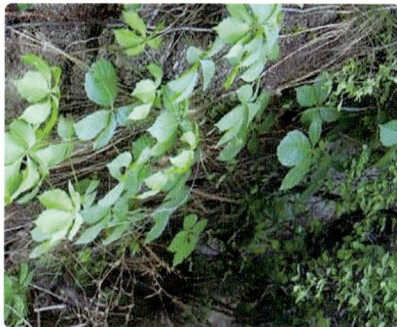

五叶地锦

Parthenocissus quinquefolia

🌿 无毒　🌱 株高 1~8 米　🌸 花期 6~7 月　🍂 果期 8~10 月

● 葡萄科地锦属　别名 / 美国地锦、美国爬山虎、爬墙虎

识别特征 木质藤本。小枝圆柱形，无毛。卷须顶端嫩时尖细卷曲，后遇附着物扩大成吸盘。叶为掌状 5 小叶，小叶倒卵圆形、倒卵椭圆形或外侧小叶椭圆形，最宽处在上部或外侧小叶最宽处在近中部，顶端短尾尖，基部楔形或阔楔形，边缘有粗锯齿。

产地与生境 在我国东北、华北各地区均有栽培，产于北美洲。喜温暖气候，具有一定的耐寒能力，耐阴、耐贫瘠、耐干燥，对土壤与气候适应性较强，干燥条件下也能生存，在中性或偏碱性土壤中均可生长，有一定的抗盐碱能力，抗病性强，病虫害少。

趣味文化 花语蕴含着"幸运"与"健康"的美好寓意。人们常常将其视为吉祥的象征，用于祈福、驱邪等民间信仰活动。同时，五叶地锦可清新空气和绿色环境，也有助于提升人们的身心健康。

用途 五叶地锦是优良的城市垂直绿化植物。

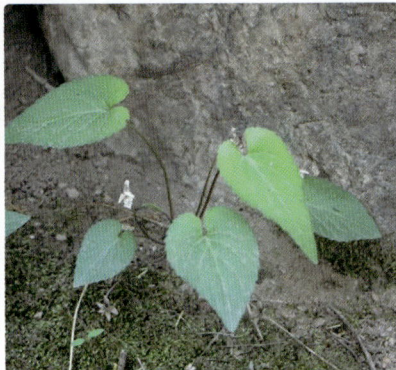

西山堇菜

Viola hancockii

🌱 无毒　🌿 株高 10~15 厘米　🌼 花期 6~7 月　🌰 果期 8~10 月

● 堇菜科堇菜属　别名 / 房山堇菜

识别特征 多年生草本。叶多数，基生，叶片卵状心形，先端急尖有时钝，基部深心形，弯缺狭或稍开展，边缘具整齐钝锯齿，上面散生短柔毛，下面基部疏生短柔毛或近无毛，叶脉明显隆起。花近白色，花瓣长圆状倒卵形，果长圆状。

产地与生境 在我国东北、华北各地区均有栽培，产于北美洲。生长于阴坡阔叶林下、林缘、山村附近水沟边。

用途 具有较强的观赏价值，常被用于园艺装饰，美化环境。还具有一定的药用价值，能够清热解毒、消肿止痛，可用于治疗疮毒红肿、咽喉肿痛等。此外，它还能作为野菜食用，提供丰富的营养。

西藏杓兰

Cypripedium tibeticum

⚠️ 全株微毒　🌿 株高 15~35 厘米　🌱 花期 5~8 月　🍂 果期 7~8 月

● 兰科杓兰属

识别特征 多年生草本。具粗壮、较短的根状茎。叶片椭圆形、卵状椭圆形或宽椭圆形，边缘具细缘毛。花序顶生，花苞片叶状，椭圆形至卵状披针形，花梗无毛或上部偶见短柔毛。花大，俯垂，紫色、紫红色或暗栗色，通常有淡绿黄色的斑纹，花瓣上的纹理尤其清晰，唇瓣的囊口周围有白色或浅色的圈。花瓣披针形或长圆状披针形，唇瓣深囊状，近球形至椭圆形。

产地与生境 产于甘肃南部、云南西部和西藏东部至南部等地。生于海拔 2 300~4 200 米的透光林下、林缘、灌木坡地、草坡或乱石地上。

趣味文化 花语是无邪之花、纯洁之花。它象征着纯洁、无邪和天真烂漫，这种寓意使得西藏杓兰成为了表达纯真情感和美好愿望的载体。

用途 具有较高的观赏价值和园艺栽培价值。根状茎可治风湿腰腿痛、下肢水肿、跌打损伤、淋病、白带等。

细叶水蔓菁

Pseudolysimachion linariifolium

🌿 无毒　🌱 株高 50~90 厘米　🌼 花期 6~9 月　🍂 果期 8~9 月

● 车前科兔尾苗属　别名 / 追风草、细叶婆婆纳、细叶穗花

识别特征 多年生草本。茎直立，端部分枝，被有白色细短柔毛。单叶对生，叶片倒卵状披针形至条状披针形。花蓝紫色，总状花序，着生于枝端。蒴果扁圆，通常花落后尚宿存于果端。

产地与生境 分布于我国东北地区和内蒙古，朝鲜、日本、蒙古及俄罗斯东西伯利亚地区也有分布。生于草甸、草地、灌丛及疏林下。

用途 种植于岩石庭院和灌木花园，适合花坛地栽，可作边缘绿化植物，可容器栽培，并可作切花生产。

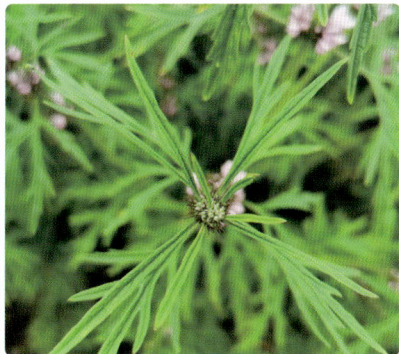

细叶益母草

Leonurus sibiricus

🌿 毒性不详　　📏 株高 20~80 厘米　　🌸 花期 7~9 月　　🌰 果期 9 月

● 唇形科益母草属　别名 / 四美草、风葫芦等

识别特征 一年生或二年生草本。茎直立，钝四棱形，微具槽，有短而贴生的糙伏毛。茎中部叶轮廓为卵形，掌状三全裂。轮伞花序轮廓圆形。小坚果矩圆状三棱形。

产地与生境 产于内蒙古、河北北部、山西、陕西北部、黑龙江、吉林、辽宁等地。生于石质及沙质草地上及松林中，海拔可达 1 500 米。

趣味文化 细叶益母草在中国文化中象征着女性的健康与美丽。它代表了女性对自身健康的关注和呵护，也代表了女性对于自身健康的重视和对未来生育健康的期望。

用途 全草及果实可入药，用于治疗月经不调、痛经、经闭、恶露不尽、水肿尿少、小腹胀痛等。

狭苞斑种草

Bothriospermum kusnezowii

🟣 毒性不详　　🔷 株高 20~30 厘米　　🌱 花期 5~7 月　　🧡 果期 5~7 月

● 紫草科斑种草属

识别特征 一年生或二年生草本。茎数条丛生。基生叶莲座状，倒披针形或匙形，茎生叶无柄，长圆形或线状倒披针形。小坚果椭圆形，密生疣状突起。

产地与生境 分布于河南、河北、北京、内蒙古、辽宁、山东、广西、福建等省区。常生于荒山坡、山脚、墙边、路旁。

用途 全草可入药，有止咳、止血之效。对皮肤湿疹、发痒难耐、湿疮等都有很好的疗效。

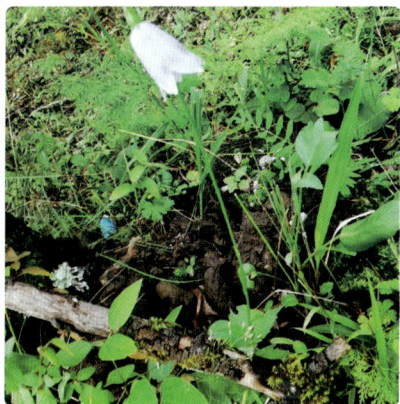

狭长花沙参

Adenophora elata

⊘ 无毒　✎ 株高可达 120 厘米　🌢 花期 7~8 月　🎃 果期 9 月

● 桔梗科沙参属　别名 / 沙参

识别特征 多年生草本。根胡萝卜状，茎单生无毛。茎生叶互生，偶有对生，无柄。集成假总状花序或单朵顶生，极少有花序分枝而集成狭圆锥状花序，花萼无毛，花冠多为狭钟状或筒状钟形，少为钟状，紫蓝色，裂片近似三角形，花盘筒状，花柱比花冠短。蒴果椭圆状，种子黄棕色，椭圆状。

产地与生境 产于河北、山西、内蒙古东南部。生于海拔 1 700~3 000 米的山坡草地中。

用途 药用部位为根，有清热养阴、润肺止咳的功效。

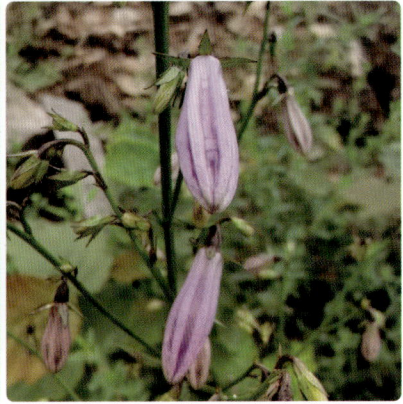

狭叶沙参

Adenophora gmelinii

🍃 无毒　📏 株高 80 厘米　🌱 花期 7~9 月　🌰 果期 8~10 月

● 桔梗科沙参属　别名 / 狭叶十大功劳、黄天竹、土黄柏

识别特征 多年生草本。根胡萝卜状。茎不分枝，通常无毛，有时有短硬毛。基生叶多变，茎生叶无柄，无毛。聚伞花序全为单花而组成假总状花序，花萼完全无毛，花冠宽钟状，蓝色或淡紫色，花盘筒状，花柱稍短于花冠。蒴果椭圆状，种子椭圆状，黄棕色。

产地与生境 分布于我国黑龙江、吉林、辽宁、内蒙古、山西、河北，蒙古东部及俄罗斯东西伯利亚南部、远东地区也有分布。生于海拔 2 600 米以下的山坡草地或灌丛下。

用途 药用部位为根部，有清热养阴，润肺止咳的功效。主治气管炎、百日咳、肺热咳嗽、咯痰黄稠。

线叶菊

Filifolium sibiricum

🌿 无毒　🍃 株高 20~60 厘米　🌱 花期 6~9 月　🌰 果期 6~9 月

● 菊科线叶菊属　别名 / 西伯利亚艾菊、兔子毛、兔毛蒿

识别特征 多年生草本。根粗壮，茎丛生，密集，基部具密厚的纤维鞘。基生叶有长柄，倒卵形或矩圆形，茎生叶较小，互生。头状花序在茎枝顶端排成伞房花序，总苞球形或半球形，无毛，总苞片 3 层，卵形至宽卵形，边花约 6 朵，花冠筒状。盘花多数，花冠管状，黄色，顶端 5 裂齿，下部无狭管。瘦果倒卵形或椭圆形稍压扁，黑色。

产地与生境 分布于我国东北地区及内蒙古、河北，蒙古北部也有分布。生于山坡、草地、山地及丘陵石质地上。

趣味文化 个体发育十分缓慢，一般在 15~20 年后，才首次开花结实。据报道，线叶菊的寿命最长可达 130 年以上。

用途 线叶菊为中等或劣等饲用植物。青鲜状态一般不为家畜所采食。以全草入药，可清热解毒、安神、调经。

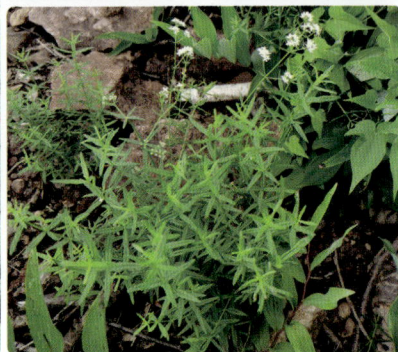

线叶拉拉藤

Galium linearifolium

🗸 无毒　🗸 株高 30 厘米　🗸 花期 6~8 月　🗸 果期 7~9 月

● 茜草科拉拉藤属　别名 / 线叶猪殃殃、线叶、猪殃殃

识别特征　多年生直立草本。基部稍木质，常近地面分枝成丛生状。茎具 4 角棱，有光泽。叶近革质，4 片轮生，狭带形，常稍弯曲。聚伞花序顶生，很少腋生，疏散，少至多花，常分枝成圆锥花序状；总花梗纤细而稍长；花小，花梗纤细，花冠白色，果无毛，椭圆状或近球状。

产地与生境　产于我国辽宁、河北、湖北，朝鲜也有分布。生于海拔 460~1 800 米的山地草坡、林下、灌丛、草地。

趣味文化　《开宝本草》中记载为来莓草，在《圣济总录》中记载为葛草，在《本经逢原》中记载为割人草，在四川、江西等地叫锯锯藤。

用途　可入药，用于吐血、衄血、崩漏下血、外伤出血、经闭瘀阻、关节痹痛、跌扑肿痛。

香茶菜

Isodon amethystoides

🚫 无毒　💧 株高 30~150 厘米　🌸 花期 6~10 月　🍂 果期 9~11 月

● 唇形科香茶菜属　别名 / 铁棱角、棱角三七、四棱角

识别特征 多年生直立草本。根茎肥大，疙瘩状，木质，向下密生纤维状须根。茎四棱形，具槽，密被向下贴生疏柔毛或短柔毛，草质，在叶腋内常有不育的短枝，其上具较小型的叶。叶卵状圆形、卵形至披针形。花序为由聚伞花序组成的顶生圆锥花序，疏散，聚伞花序多花，花盘环状。成熟小坚果卵形，黄栗色。

产地与生境 产于广东、广西、贵州、福建、台湾、江西、浙江、江苏、安徽及湖北。生于海拔 200~920 米的林下或草丛中的湿润处。

用途 全草可入药，治闭经、乳痈、跌打损伤。根可入药，治劳伤、筋骨酸痛等，为治蛇伤的重要药物。

香青兰

Dracocephalum moldavica

🌿 无毒　📏 株高 6~40 厘米　🌸 花期 7~8 月　🍂 果期 8~9 月

● 唇形科青兰属　别名 / 山薄荷、炒面花、山香

识别特征　一年生草本。全株密被短毛。茎直立，四棱形，由基部分枝，基生叶卵圆状三角形，具长柄。轮伞花序，花萼二唇形，花冠二唇形，蓝紫色。小坚果长圆形。

产地与生境　分布于中国、俄罗斯西伯利亚、东欧、中欧，南延至克什米尔地区。生于干燥山地、山谷、河滩多石处。喜温暖和阳光充足的环境，耐干旱，适应性强。

趣味文化　随时随地都散发着甜香，被称为"甜香教主"，象征着纯洁、高雅和清新。

用途　全草可入药。所含的挥发油，对多种病菌有抑制作用，可镇咳、止喘等；在西方国家还用作抗癌药物。

象南星

Arisaema elephas

⚠ 块茎有毒　🌿 株高 9~25 厘米　🌼 花期 5~6 月　🍂 果期 8 月

● 天南星科天南星属　别名 / 大麻芋子、麻芋子（云南巧家）、银半夏

识别特征 中型草本。块茎近球形，直径 3~5 厘米。鳞叶 3~4 枚，叶 1 枚，全裂，侧脉斜伸，网脉明显；中裂片倒心形，顶部平截。花序柄短于叶柄，绿色或淡紫色；佛焰苞青紫色，基部黄绿色，管部具白色条纹；雄肉穗花序长 1.5~3 厘米，雌花序长 1~2.5 厘米。浆果砖红色。

产地与生境 中国特有，产于西藏（南部、东南部）、云南北纬 25°以北至四川（西部、南部）及贵州西部。生于海拔 1 800~4 000 米的河岸、山坡、林下、林缘草丛、灌丛、草地或荒地。

用途 块茎入药，剧毒，可治腹痛，仅能用微量，外用治痈肿，蛇虫咬伤等，研末撒或调敷患处。

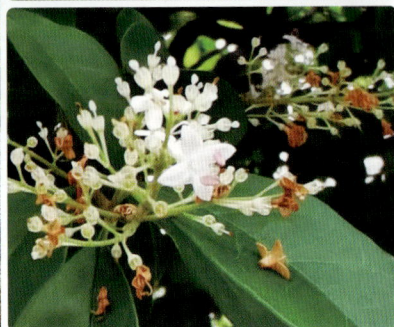

小蜡

Ligustrum sinense

🛡 无毒　🌿 株高 2~4 米　🌱 花期 5~6 月　🌰 果期 9~12 月

● 木樨科女贞属　别名 / 山指甲、花叶女贞

识别特征 落叶灌木或小乔木。幼枝被黄色柔毛，老时近无毛。叶纸质或薄革质，常沿中脉被柔毛，侧脉在叶上面平或微凹下，叶柄被柔毛。花序塔形，基部有叶，花冠裂片长于花冠筒。果近球形。

产地与生境 在我国分布于江苏、浙江、安徽、江西等地，越南和马来西亚也有栽培。生于海拔 200~2 600 米的山坡、山谷、溪边、河旁、路边的密林、疏林或混交林中。

趣味文化 花语是爱情的纯洁和忠贞不渝，纯洁活泼、珍贵长青、纯情的爱。这些寓意使得小蜡成为表达深情厚意的象征，常被用于赠送亲友或装饰婚礼等场合。

用途 树皮和叶可入药，具清热降火、抑菌抗菌、去腐生肌等功效。树冠分枝茂密，盛花期花开满树，如皑皑白雪，是优美的木本花卉和园林风景树。也适合作绿篱、绿墙和隐蔽遮挡作绿屏。对有害气体抗性强。果实可酿酒。种子榨油供制肥皂。

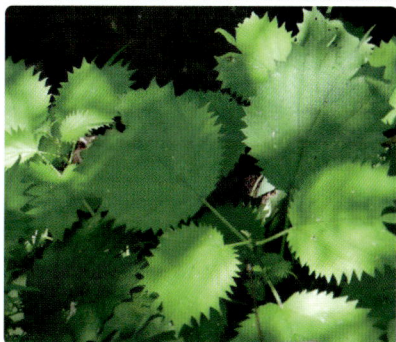

蝎子草

Girardinia diversifolia subsp. suborbiculata

⚠ 刺毛有毒　🖊 株高 30~100 厘米　🌱 花期 7~9 月　🍂 果期 9~11 月

● 荨麻科蝎子草属　别名 / 天天麻、蜇人草

识别特征　一年生草本。叶膜质，宽卵形或近圆形，托叶披针形或三角状披针形。花雌雄同株，雌花序单个或雌雄花序成对生于叶腋，雄花序穗状，雌花序短穗状。雄花具梗，雌花近无梗。瘦果宽卵形，双凸透镜状，熟时灰褐色，有不规则的粗疣点。

产地　产于我国吉林、辽宁、河北、内蒙古东部、河南西部及陕西（终南山），朝鲜也有分布。生于海拔 50~800 米的林下沟边或住宅旁阴湿处。

趣味文化　人要是被蝎子蜇伤发肿，去墙头采几片蝎子草，将叶子捣碎轻轻擦在被蝎子蜇过的伤口，就可以消肿止痛，蝎子草因此得名。被马蜂蜇了以后，也是可以用蝎子草来擦伤口的，效果奇佳。

用途　蝎子草是一种药材，主治蛇虫叮咬、跌打肿痛等，处理后内服还能起到活血散瘀、治疗喉咙肿痛的作用。

斜茎黄芪

Astragalus laxmannii

🟣 无毒　💧 株高 20~100 厘米　🌱 花期 6~8 月　🍂 果期 8~10 月

● 豆科黄芪属　别名 / 沙打旺、地丁、马拌肠、斜茎黄耆

识别特征 多年生草本。根较粗壮，暗褐色。羽状复叶，叶柄较叶轴短，托叶三角形，渐尖，小叶片长圆形、近椭圆形或狭长圆形，上面疏被伏贴毛，下面较密。总状花序长圆柱状、穗状、稀近头状，生数花，排列密集，总花梗生于茎的上部。苞片狭披针形至三角形，花萼管状钟形，萼齿狭披针形，花冠近蓝色或红紫色，旗瓣倒卵圆形，翼瓣较旗瓣短，瓣片长圆形。荚果长圆形。

产地与生境 分布于我国东北、华北、西北、西南地区。生于向阳山坡灌丛及林缘地带。

趣味文化 在我国已有数百年栽培历史。由于抗风沙性能特别强，风沙越打生长越旺，因此得名"沙打旺"。

用途 种子可入药，用于治神经衰弱，又为优良牧草和保土植物。

缬草

Valeriana officinalis

🌿 无毒　💧 株高 40~150 厘米　🌱 花期 5~7 月　🍂 果期 6~10 月

● 忍冬科缬草属　别名 / 小救贺、大救贺、满地香

识别特征 多年生高大草本。茎直立有棱，被粗毛。叶为羽状分裂，边缘有齿。花为紫红色或粉红色，花冠钟状。瘦果长卵形。

产地与生境 分布于东北、西北、西南各省区。生于海拔 2 600~3 800 米的林下、灌丛、高山草甸。

趣味文化 "缬"字的古代含义是有花纹的纺织品，后来延伸为眼花时看到的星星点点。缬草的花很小，开花时紫色的小花密集地聚在一起很难分清，"缬草"一名由此得来。

用途 缬草是中国及欧洲、北美洲部分地区的传统观赏植物。须根蒸馏可得到草油，具有特殊香气，在香料工业上用于配制香精。根及根茎用于治疗情志内郁所致心神不安、心悸失眠和风湿痹痛、脘腹胀痛、痛经、经闭、跌打损伤。

兴安翠雀花

Delphinium hsinganense

⚠ 有毒　🌿 株高 75~95 厘米　🌸 花期 6~7 月　🍂 果期 7~10 月

● 毛茛科翠雀属　别名/鸽子花、飞燕草

识别特征 多年生草本。茎近无毛或有稀疏的反曲短柔毛，等距地生叶，上部分枝。基生叶及茎下部叶在开花时枯萎，叶片五角形。总状花序长约 20 厘米，约有 9 朵小花；小苞片多为钻形，萼片蓝色，狭卵形或狭椭圆形，花瓣紫蓝色。蓇葖果。种子近四面体形。

产地与生境 分布于我国黑龙江西部。生于河边林缘。

趣味文化 因其花色大多为蓝紫色或淡紫色，花型似蓝色飞燕落满枝头，因而又名"飞燕草"。

用途 民间会在翠雀成熟的时候进行采摘，全草洗净切段晒干之后可作为农药、杀虫剂。种子可以治牙疼。外敷能治疮疡和赤痢。

兴安胡枝子

Lespedeza davurica

🌿 无毒　🌱 株高 1 米　🌸 花期 7~8 月　🍂 果期 9~10 月

● 豆科胡枝子属　别名 / 达呼尔胡枝子、毛果胡枝子

识别特征 小灌木。茎通常稍斜升。羽状复叶；托叶线形，小叶片长圆形或狭长圆形，上面无毛，下面被贴伏的短柔毛；顶生小叶较大。总状花序腋生。荚果小，倒卵形或长倒卵形，基部稍狭，两面突起，有毛。

产地与生境 分布于我国东北、华北地区，经秦岭淮河以北至西南各省，朝鲜、日本、俄罗斯西伯利亚也有分布。生于山坡、草地、路旁及沙质地上。

用途 全草或根均可入药。味辛，性温，归肺经。解表散寒，用于感冒发热，咳嗽。兴安胡枝子为优良的饲用植物，幼嫩枝条各种家畜均喜食，亦可做绿肥。

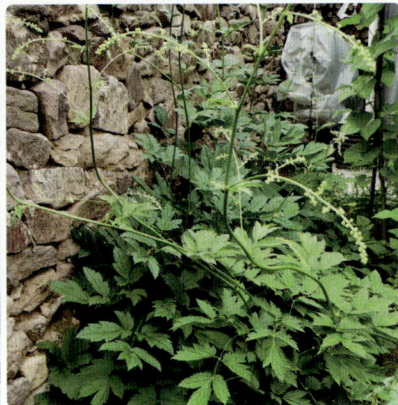

兴安升麻

Actaea dahurica

⚠ 全株有毒　💧 株高 100 厘米　🌱 花期 7~8 月　🍂 果期 8~9 月

● 毛茛科类叶升麻属　别名 / 虻牛卡根莲

识别特征 多年生草本，雌雄异株。根状茎粗壮，叶片三角形，顶生小叶宽菱形，三深裂，侧生小叶长椭圆状卵形。花序复总状，苞片钻形，萼片宽椭圆形至宽倒卵形。蓇葖果生于长 1~2 毫米的心皮柄上。种子 3~4 粒，椭圆形，褐色。

产地与生境 在我国分布于山西、河北、内蒙古、辽宁、吉林和黑龙江。生于海拔 300~1 200 米的山地林缘灌丛以及山坡疏林或草地中。

用途 根状茎可入药，具清热解毒、消炎止痛等功效。治麻疹、斑疹不透、胃火牙痛等。

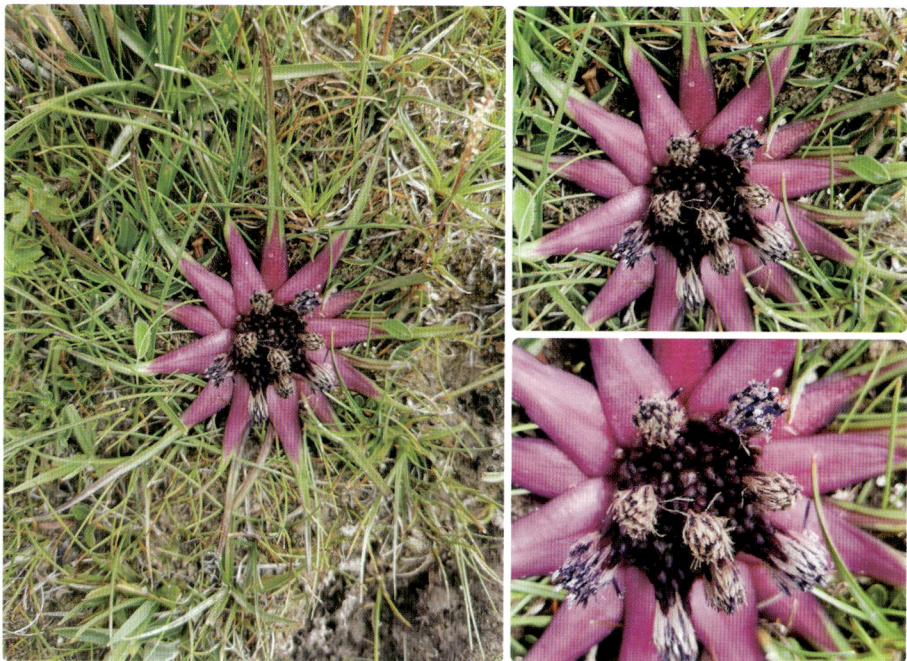

星状雪兔子

Saussurea stella

🛡 无毒　🌿 株高 4~8 厘米　🌱 花期 7~9 月　🍂 果期 7~9 月

● 菊科风毛菊属　别名 / 星状风毛菊、星状风毛菊、匍地风毛菊

识别特征 无茎莲座状草本，全株光滑无毛。根倒圆锥状，深褐色。叶莲座状，星状排列，线状披针形，两面同色，紫红色或近基部紫红色，或绿色。头状花序无小花梗，多数，在莲座状叶丛中密集排成半球形总花序。总苞圆柱形，覆瓦状排列，外层长圆形，中层狭长圆形，内层线顶端钝，中层与外层苞片边缘有睫毛。小花紫色。瘦果圆柱状，顶端具膜质的冠状边缘。

产地与生境 产于甘肃、四川和西藏等地。生于海拔 2 000~5 400 米的高山草地、山坡灌丛草地、河边或沼泽草地、河滩地。

趣味文化 植物外表毛茸茸的，神似一只可爱的兔子。其实它外表的茸毛就是为了适应长期大风低温生长环境而产生的性状。

用途 植株可入药，具有除湿通络的功效，对于风湿筋骨疼痛等具有很好的调理治疗作用。

绣球

Hydrangea macrophylla

🌿 株高 1~4 米　🌱 花期 6~8 月　🍂 果期 6~8 月

● 绣球科绣球属　别名 / 八仙花、粉团花、紫绣球

识别特征 灌木。树冠球形，小枝粗，无毛。叶倒卵形或宽椭圆形，先端骤尖，具短尖头，基部钝圆或宽楔形，具粗齿，两面无毛或下面中脉两侧疏被卷曲柔毛。伞房状聚伞花序近球形或头状，径 8~20 厘米，分枝粗，近等长，密被紧贴柔毛，花密集。幼果陀螺状，连花柱长约 4.5 毫米，顶端凸出部分长约 1 毫米。

产地与生境 分布于山东、河南、广西、云南等省份。常生于稀疏的树荫下及林荫道旁。

趣味文化 八仙花取名于八仙，寓意着"八仙过海，各显神通"。在英国，此花被喻为"无情""残忍"；在中国，此花被喻为希望、健康、有耐力的爱情、骄傲、冷爱、美满、团圆。

用途 园林中可配植于稀疏的树荫下及林荫道旁，片植于阴向山坡。适于植为花篱、花境。将整个花球剪下，瓶插室内，也是上等点缀品。

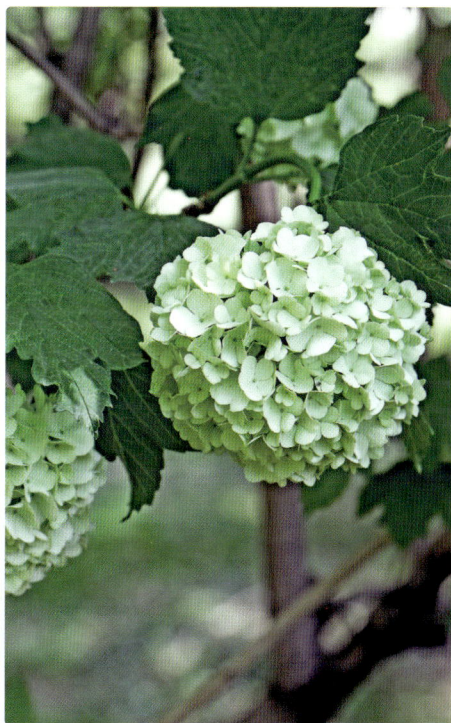

绣球荚蒾

Viburnum keteleeri 'Sterile'

⚠ 全株有毒　🌊 株高 3 米　🌱 花期 6~9 月，不结实

● 荚蒾科荚蒾属　别名 / 木绣球、紫阳花

识别特征 落叶或半常绿灌木。树冠球形。叶对生，卵形至卵状椭圆形。大型聚伞花序呈球状，形如绣球，几乎全由不孕花组成，花冠白色，辐状。不结果实。

产地与生境 产于我国长江流域、华中和西南地区。喜温暖、湿润和半阴环境，怕旱又怕涝，不耐寒。

趣味文化 绣球荚蒾在中国传统文化中被誉为"团结、和谐与美好"的象征。其花语包括至死不渝的爱情、美满、团聚、忠贞永恒和希望，象征着与亲人之间斩不断的联系，无论分开多久都会重新相聚。

用途 伞形花序百花成朵，清香满园，为优良的观花灌木，是夏秋季的重要花木，也可作切花或盆栽。

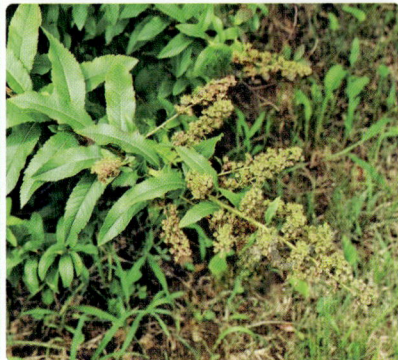

绣线菊

Spiraea salicifolia

🌿 无毒　🌱 株高 1~2 米　🌸 花期 6~8 月　🍂 果期 8~9 月

● 蔷薇科绣线菊属　别名 / 马尿溲、空心柳、珍珠梅

识别特征 直立灌木。枝条密集，小枝稍有棱角，黄褐色，嫩枝具短柔毛，老时脱落。冬芽卵形或长圆卵形。叶片长圆披针形至披针形，先端急尖或渐尖，基部楔形，边缘密生锐锯齿，叶柄长 1~4 毫米，无毛。花序为长圆形或金字塔形的圆锥花序，花粉红色。蓇葖果直立，无毛或沿腹缝有短柔毛，花柱顶生，倾斜开展，常具反折萼片。

产地与生境 产于我国黑龙江、吉林、辽宁、内蒙古、河北，蒙古、日本、朝鲜、俄罗斯西伯利亚以及欧洲东南部均有分布。生于海拔 200~900 米的河流沿岸、湿草原、空旷地和山沟中。

用途 夏季盛开粉红色鲜艳花朵，栽培供观赏用，又为蜜源植物。

锈毛两型豆

Amphicarpaea ferruginea

⚠ 种子有毒　🌿 株高 50~70 厘米　🌱 花期 6~7 月　🍂 果期 8~10 月

● 豆科两型豆属　别名 / 变红两型豆

识别特征 多年生草质藤本。茎稍粗壮，具明显纵棱，密被黄褐色长柔毛。叶具羽状小叶，托叶长圆形，具纵脉和被毛。叶柄密被黄褐色毛，小叶纸质或厚纸质。总状花序，各部被淡黄色至灰白色短柔毛，花较密，苞片椭圆形，被毛。花梗被微柔毛，花萼筒状。花冠红色至紫蓝色，旗瓣倒卵状椭圆形。荚果椭圆形，略膨胀，被黄褐色柔毛，先端具喙，基部渐狭成果颈。

产地与生境 产于我国云南、四川。常生于海拔 2 300~3 000 米的山坡林下。

用途 可作青饲、刈割调制干草、制作成草粉、加工成颗粒饲料，山羊、绵羊、黄牛、水牛与猪等均喜食。锈毛两型豆为亚热带中、南部地区有开发利用前景的豆科草种之一。

萱草

Hemerocallis fulva

⚠ 全株有毒　　🔵 株高 60~100 厘米　　🌿 花期 5~7 月　　🌼 果期 5~7 月

(● 阿福花科萱草属　别名 / 忘忧草、川草花、萱萼)

识别特征 多年生草本。根近肉质，中下部常纺锤状。叶条形，长 40~80 厘米，宽 1.3~3.5 厘米。花葶粗壮。圆锥花序具 6~12 朵花，苞片卵状披针形。蒴果长圆形。

产地与生境 产于我国南部地区，主要分布于秦岭南北坡，多栽培。野外常生于海拔 300~2 500 米的山沟湿润处。

趣味文化 它有两个花语：一是在中国的文化里，萱草代表母亲；二是萱草又名忘忧草，代表爱的忘却，忘却一切不愉快的事，放下忧愁。

用途 花色艳丽，花姿优美，可供观赏。根系发达，可拦淤固土，防止水土流失。根、叶可入药，药用价值较高，具有健脑和明目等功效。

烟管头草

Carpesium cernuum

⚠ 全株有毒　💧 株高 50~100 厘米　🌿 花期 7~10 月　🌰 果期 7~10 月

● 菊科天名精属　别名 / 烟袋草、杓儿菜

识别特征 多年生草本。茎基部叶腋呈棉毛状，基生叶多开花前凋萎，叶长椭圆形至椭圆状披针形。总苞半球形，径 1~2 厘米，总苞片 4 层，外层叶状，披针形，草质或基部干膜质，密被长柔毛，先端钝，通常反折。头状花序单生茎枝端，苞叶多枚，椭圆状披针形至条状匙形。雌花窄筒状，两性花筒状，冠檐 5 齿裂。瘦果长 4~4.5 毫米。

产地与生境 产于我国东北、华北、华中、华东、华南、西南各省及西北陕西、甘肃等地。生于路边荒地及山坡、沟边等处。

趣味文化 因其头状花序下垂，形态类似老式的旱烟袋锅、挖耳勺，故名烟管头草。

用途 全草可入药。民间把本种与金挖耳当作同一种使用。

盐麸木

Rhus chinensis

⚠ 汁液有毒　🌿 株高 9 米　🌸 花期 8~9 月　🍂 果期 10 月

● 漆树科盐麸木属　别名 / 五倍子树、五倍柴、五倍子

识别特征 落叶小乔木或灌木。小枝棕褐色，被锈色柔毛，具圆形小皮孔。奇数羽状复叶有小叶 3~6 对，小叶多形，卵形、椭圆状卵形、长圆形。圆锥花序，花柱 3，柱头头状。核果球形，略压扁。

产地与生境 我国除东北、内蒙古和新疆外，其余省区均有分布。生于海拔 170~2 700 米的向阳山坡、沟谷、溪边的疏林或灌丛中。

趣味文化 古代称之为盐麸子或五子，《山海经·中山经》中记载："又西五十里，曰橐山，其木多樗，多木。"后世医书认为这种"木"就是盐麸木。

用途 可供鞣革、医药、塑料和墨水等工业上用。幼枝和叶可作土农药。果泡水代醋用，生食酸咸止渴。种子可榨油。根、叶、花及果均可供药用。

野韭

Allium ramosum

🚫 无毒　　💧 株高 30~50 厘米　　🌼 花期 6~9 月　　🍂 果期 6~9 月

● 石蒜科葱属　　别名 / 起阳草、岩葱、山韭菜

识别特征 多年生草本。具横生的粗壮根状茎，略倾斜。鳞茎近圆柱形，鳞茎外皮暗黄色至黄褐色。叶三棱状条形。伞形花序半球状或近球状，花白色，中脉常淡红色，花葶圆柱状，具纵棱。

产地与生境 产于中国，分布于黑龙江、吉林、辽宁、河北、山东、山西、内蒙古、陕西、宁夏、甘肃、青海和新疆等地，在俄罗斯中亚、西伯利亚地区以及蒙古也有分布。喜冷凉，耐霜冻，耐低温，喜温和的气候条件，对光照反应不敏感，耐旱性强。

趣味文化 汉朝时有五种主要蔬菜，被称为"五菜"，即"葵、韭、藿、薤、葱"，薤（xiè）则是小蒜、薤白头、野蒜、野韭这样的野菜。

用途 野韭有温肾阳、强腰膝、除胃热等功效。可炒食、汤用或作馅，民间常用野韭与鲫鱼作汤，味道鲜美。常用于花境配置，有一定的观赏作用。

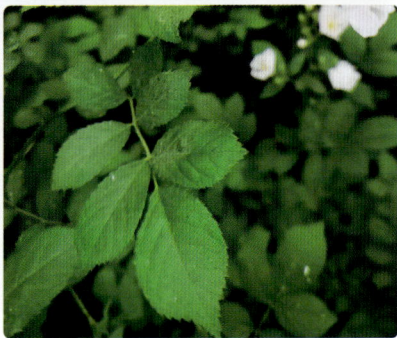

野蔷薇

Rosa multiflora

🟣 花微毒　🔵 株高 1~2 米　🟢 花期 5~7 月　🟠 果期 10 月

● 蔷薇科蔷薇属　别名 / 七姐妹、刺花、墙蘼

识别特征 攀缘灌木。小枝无毛，有粗短稍弯曲皮刺。小叶 5~9 枚，倒卵形、长圆形或卵形，有尖锐单锯齿。圆锥花序，萼片披针形，花瓣白色，宽倒卵形，先端微凹，花柱结合成束，稍长于雄蕊。果近球形，红褐色或紫褐色，有光泽，无毛，萼片脱落。

产地 产于我国江苏、山东、河南等省，日本、朝鲜也有分布。

趣味文化 蔷薇花具有诗人般的气质，因此它的花语是浪漫。受到这种花祝福而生的人具有罗曼蒂克的浪漫性格，是个喜欢作梦的孩子，不过处理事情却具有敏锐的判断力，适合从事艺术方面的工作。

用途 可植于溪畔、路旁及园边、地角等处，或用于花柱、花架、花门、篱垣与栅栏绿化、墙面绿化、山石绿化、阳台、窗台绿化等，往往密集丛生，满枝灿烂，景色颇佳。

野亚麻

Linum stelleroides

🌿 无毒　💧 株高 20~90 厘米　🌱 花期 6~9 月　🍂 果期 8~10 月

● 亚麻科亚麻属　别名 / 亚麻、疗毒草、丁竹草

识别特征 一年生或二年生草本。茎直立，圆柱形，基部木质化，叶互生，无柄，全缘，两面无毛，6 脉 3 基出。聚伞花序；花直径约 1 厘米，淡红色、淡紫色或蓝紫色；蒴果球形或扁球形。种子长圆形，长 2~2.5 毫米。

产地与生境 分布于温带和亚热带山地，地中海区较为集中，中国主要分布于西北、东北、华北和西南等地区。生于平坦沙地、固定沙丘、干燥山坡及草原上。

趣味文化 最早它在人们眼中就是一种长得很低矮的野花，但开花时很美丽，默默地向人们传递着它的美丽，花朵开放时花头不大，但蓝紫色的花朵让人感觉到了别样的美丽，因此花语为朴实和优美。

用途 野亚麻有养血润燥、祛风解毒的功效，用于治疗便秘、皮肤瘙痒、荨麻疹等。

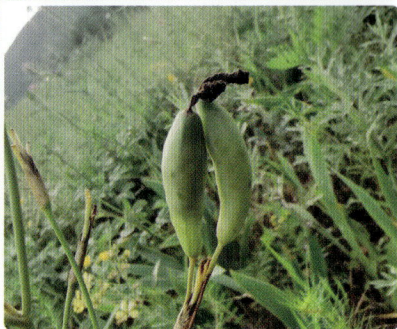

野鸢尾

Iris dichotoma

⚠ 全株微毒　🖊 株高 40~60 厘米　🌿 花期 7~8 月　🍂 果期 8~9 月

● 鸢尾科鸢尾属　别名 / 冷水丹、白射干、二歧鸢尾

识别特征 多年生草本。根状茎为不规则的块状，须根发达。叶基生或在花茎基部互生，两面灰绿色，剑形。花茎实心，花蓝紫色或浅蓝色。蒴果圆柱形或略弯曲，果皮黄绿色，革质。种子暗褐色，椭圆形，有小翅。

产地与生境 产于我国多地，也分布于俄罗斯、蒙古。生于沙质草地、山坡石隙等向阳干燥处。

趣味文化 在格丽克的诗歌《野鸢尾》中，野鸢尾经历了炼狱般的生命考验后绽放出新的生命力量，象征着重生与希望。这种象征意义也体现了人类对生命力和坚韧精神的赞美和向往。

用途 根状茎苦，寒，有毒，可清热解毒，活血消肿，用于治疗咽喉肿痛，乳蛾，肝炎，肝肿大，胃痛，乳痈，牙龈肿痛。

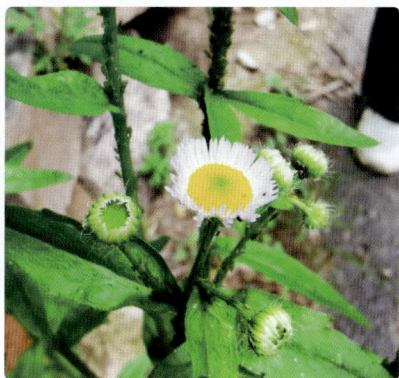

一年蓬

Erigeron annuus

🌸 无毒　🌿 株高 30~100 厘米　🌼 花期 6~9 月　🍂 果期 9~10 月

● 菊科飞蓬属　别名 / 治疟草、千层塔、白顶飞蓬

识别特征 一年生或二年生草本。叶长圆形或宽卵形，冠毛异形，雌花的冠毛极短，膜片状连成小冠，全部叶边缘被短硬毛。根呈圆锥形，有分枝，黄棕色，具多数须根。瘦果。

产地与生境 分布于吉林、河北、河南、山东、江苏、安徽、江西、福建和西藏等省区。常生于路边、旷野或山坡。

趣味文化 一些野外探险家视一年蓬为一种有趣的植物。在荒野中，一年蓬常常作为寻找方向和定位的重要标志，因为它生长茂密，并且很难被其他植物所混淆。

用途 果实用于手工艺品制作，如饰品、项链、吊坠等。花朵等可用于染色。

异苞石生紫菀

Aster oreophilus f. inaequisquamus

🛡 无毒　🌿 株高 14~45 厘米　🌸 花期 6~9 月　🍂 果期 6~9 月

● 菊科紫菀属

识别特征 多年生草本。根状茎横走或斜升，有丛生的茎和莲座状叶丛。

产地与生境 产于云南北部及西北部、四川西南部。生于海拔 2 300~4 000 米的高山和亚高山针林下、开旷坡地或山坡路旁。

趣味文化 花语是机智，相传受到紫菀祝福而生的人，往往能言善道、机智过人，朋友也会对他顺从恭敬。

用途 主要用于园林观赏。

益母草

Leonurus japonicus

⚠ 有毒　🌿 株高 30~120 厘米　🌱 花期 6~9 月　🌼 果期 7~10 月

（● 唇形科益母草属　别名 / 益母蒿、益母艾、红花艾）

识别特征　一年生或二年生草本。茎直立，钝四棱形，叶脉突出，叶柄纤细，轮伞花序腋生，轮廓为圆球形，花盘平顶。子房褐色，无毛。小坚果长圆状三棱形，顶端截平而略宽大，基部楔形，淡褐色，光滑。

产地与生境　分布于中国、俄罗斯等国，在中国分布于全国各地。为一种杂草，生于多种生境，尤以阳处为多，海拔可高达 3 400 米。

趣味文化　传说，一个孩子为了给母亲治病，每天采这种草给母亲服用，天长日久，母亲的病竟然痊愈了。孩子想到这种药草为自己的母亲解除了病痛，就把这种药草叫做"益母草"，并热情地用这种药草为左邻右舍的乡亲们治病。

用途　有活血祛瘀、调经消水。治疗妇女月经不调，胎漏难产，胞衣不下，产后瘀血腹痛，崩中漏下，尿血、泻血，痈肿疮疡。

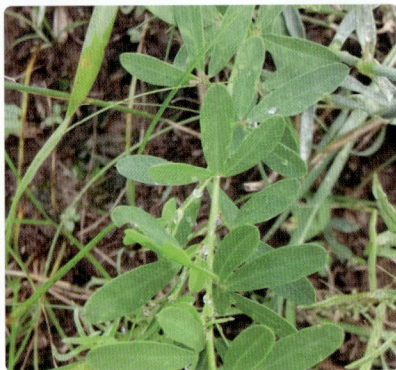

阴山胡枝子

Lespedeza inschanica

🌿 无毒　　💧 株高 80 厘米　　🌱 花期 7~9 月　　🌞 果期 9~10 月

● 豆科胡枝子属　别名 / 萩、扫皮、随军茶

识别特征 直立灌木。多分枝，小枝黄色或暗褐色，有条棱，被疏短毛，具数枚黄褐色鳞片。羽状复叶。圆锥花序，花冠白色，旗瓣近圆形，基部带大紫斑。荚果斜倒卵形，稍扁，表面具网纹，密被短柔毛。

产地与生境 分布于我国辽宁、内蒙古、河北、山西、陕西、甘肃、河南、山东、江苏、安徽、湖北、湖南、四川、云南等省区，朝鲜、日本也有分布。生于山坡。

用途 饲用价值很高，全株可药用，治疗水泻、痢疾、感冒、跌打损伤、小儿遗尿，外用于治疗刀枪伤、烫伤、疮毒；根治肾炎、膀胱炎、乳腺炎、红崩白带；叶治疗黄水疮、皮肤湿疹、毒蛇咬伤、带状疱疹。

阴行草

Siphonostegia chinensis

🛡 无毒 　🌿 株高 60~80 厘米 　🌼 花期 6~8 月

● 列当科阴行草属 　别名 / 刘寄奴

识别特征 一年生草本。直立，密被锈色短毛。茎中空，基部常有膜质鳞片。枝对生，细长，坚挺，稍具棱角，密被无腺短毛。叶对生，全部为茎出，无柄或有短柄。花对生于茎枝上部，或有时假对生，构成总状花序。苞片叶状，花梗短，纤细，密被短毛，花冠上唇红紫色，下唇黄色，花管伸直，纤细，稍伸出于萼管外，上唇镰状弓曲，顶端截形，额稍圆，花药长椭圆形，纵裂。蒴果被包于宿存的萼内，黑褐色，稍具光泽。种子多数，黑色，长卵圆形。

产地与生境 我国东北、华北、华中、华南、西南等地区都有分布。生于海拔 800~3 400 米的干山坡与草地中。

趣味文化 阴行草在民间有一个大名鼎鼎的名字叫刘寄奴，是以南北朝时期宋武帝刘裕的小名来命名的。这种命名方式不仅增加了阴行草的文化内涵，也体现了中医药文化与历史文化的紧密结合。

用途 全草可入药，有清热利湿、凉血止血、祛瘀止痛之功效。外用治创伤出血、烧伤烫伤。

圆叶堇菜

Viola striatella

🌿 无毒　💧 株高 7 厘米　🌱 花期 5~7 月　🍂 果期 7~8 月

● 堇菜科堇菜属　别名 / 圆叶小堇菜

识别特征 多年生草本。根状茎垂直或稍斜生，上端节密生，节处有残留的叶柄及托叶，并向下发出较细长褐色根。叶均基生，圆形或心形，边缘具细锯齿，上面深绿色，下面淡绿色或微呈淡紫色。花深紫色，具长梗；花梗纤细丝状，小苞片线形或狭披针形；花瓣倒卵状长圆形；里面近基部有白色须毛，下方花瓣稍短，具短距。蒴果卵圆形。

产地与生境 产于四川(峨眉山)。生于海拔 2 450~2 800 米的山坡草地或岩石上较阴湿处。

趣味文化 本种与盐源堇菜相似，但前者托叶较狭，花紫色，距较长，花梗的小苞片较明显，可以与后者区别。

用途 可做药用，民间以全草入药，能清热解毒。叶可制青绿色染料。花色艳丽，可供观赏，是优良的庭院观赏佳品。

藏豆

Hedysarum tibeticum

🌿 无毒　✏️ 株高 3~5 厘米　🌱 花期 7~8 月　🍂 果期 8~9 月

● 豆科岩黄芪属

识别特征 多年生草本。根纤细，具细长的根茎。奇数羽状复叶，叶长 4~8 厘米，仰卧。托叶卵形，棕褐色干膜质，被贴伏长柔毛，叶轴被长柔毛。小叶片长卵形或椭圆形，两面被长柔毛，上面的毛常卷曲或有时近无毛。总状花序腋生，总花梗和花序轴被柔毛。花冠玫瑰紫色或深红色，旗瓣倒长卵形。荚果两侧稍膨胀，被短柔毛，横脉隆起，边缘和沿两侧中线具皮刺。

产地与生境 产于西藏、青海等地。生于高寒草原的沙质河滩、阶地、洪积扇冲沟和其他低凹湿润处。

趣味文化 藏豆是克什米尔地区、喜马拉雅山脉和我国青藏高原的特有种。

用途 藏豆矮小，叶量大，品质优良，富含蛋白质和碳水化合物，各类家畜常年喜食，饲用价值高，为西藏的优良牧草之一。

枣

Ziziphus jujuba

🔘 无毒　💧 株高 10 米　🌱 花期 5~7 月　🍂 果期 8~9 月

● 鼠李科枣属　别名 / 枣子，大枣、刺枣

识别特征 落叶小乔木，稀灌木。叶纸质，卵形、卵状椭圆形或卵状矩圆形。花黄绿色，无毛，具短总花梗，两性。核果矩圆形或长卵圆形，成熟时红色，后变红紫色。

产地与生境 分布于吉林、辽宁、河北、山东、山西、陕西、河南、甘肃、新疆、安徽。常生于海拔 1 700 米以下的山区、丘陵或平原。

趣味文化 枣的名字具有美好寓意。"枣"字在中文中含着吉祥的意义，被赋予了很多寓意，比如"枣子多"象征家庭人丁兴旺，"一日三枣"表示生活富裕安康，"红枣代代相传"寓意着家族传承。

用途 枣是一种富含营养成分的水果，其营养价值非常高，含有丰富的维生素 C 和矿物质等多种成分，能够起到补充营养、增强身体免疫力的作用。

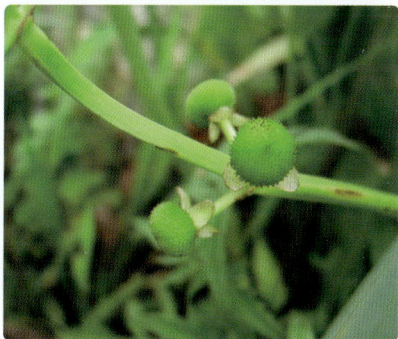

泽泻

Alisma plantago-aquatica

🌿 无毒　　🌱 株高 60~90 厘米　　🌸 花期 6~8 月　　🍂 果期 7~9 月

● 泽泻科泽泻属　　别名 / 水泽、如意花、车苦菜

识别特征 多年生水生或沼生草本。叶通常多数，沉水叶条形或披针形；挺水叶宽披针形、椭圆形至卵形。花两性，白色、粉红色或浅紫色。瘦果椭圆形。

产地与生境 产于我国黑龙江、吉林、辽宁、内蒙古、河北、山西、陕西、新疆、云南等省区，俄罗斯、日本等国也有分布。生于湖泊、河湾、溪流、水塘的浅水带，沼泽、沟渠及低洼湿地亦有生长。

趣味文化 泽泻象征着仁爱和善行。中国古代思想家孟子提出的"恻隐之心"中便包含着对泽泻的引用。他认为人类天生具有亲情和怜悯之心，就像泽泻在沼泽中茁壮生长一样，我们应该扶持他人，帮助他们茁壮成长。

用途 花较大，花期较长，可用于花卉观赏。过去常与东方泽泻混杂入药，有泄热、降血脂的功效。

窄叶蓝盆花

Scabiosa comosa

🌿 无毒　　🌱 株高 30~60 厘米　　🌼 花期 7~8 月　　🍂 果期 9 月

● 忍冬科蓝盆花属　别名 / 山萝卜、华北蓝盆花

识别特征 多年生草本。茎自基部分枝，具白色卷伏毛。根粗壮，木质，总花梗上面具浅纵沟，中央花筒状。瘦果椭圆形，果脱落时花托呈长圆棒状。

产地与生境 分布于俄罗斯、中国、朝鲜、蒙古。生于海拔 500~1 600 米的干燥沙质地、沙丘、干山坡及草原上。

趣味文化 花语代表不能实现的爱情。它开花时为头状花序，是由多个小花组成的，花形类似向日葵，就像一个倒扣的盆，因而得名。

用途 窄叶蓝盆花在防止草原退化、维持物种多样性和维护草地生态平衡中发挥着重要作用，是园林中不可多得的绿化材料。

展枝沙参

Adenophora divaricata

● 无毒　● 株高 100 厘米　● 花期 7~8 月　● 果期 9~10 月

● 桔梗科沙参属　别名 / 白参、羊婆奶、铃儿草

识别特征 多年生草本。叶片常菱状卵形至菱状圆形，顶端急尖至钝，极少短渐尖的，边缘具锯齿，齿不内弯。茎单生，不分枝，常无毛，有时被细长硬毛。 花盘长 1.8~2.5 毫米，花序轴被毛者较少，花柱常多少伸出花冠，花蓝色、蓝紫色，极少近白色。

产地与生境 产于我国黑龙江（黑河以东）、吉林（长春、九台以东）、辽宁等地。生于林下、灌丛中和草地中。

趣味文化 根多白汁，岭南一带人称之为羊婆奶。铃儿草是说沙参属植物的花像铜铃，故此得名。

用途 圆锥花序蓝色，像铃铛，有较高的观赏价值。嫩叶嫩茎可供人食用。可入药，用于养阴清热，润肺化痰，益胃生津。

展枝唐松草

Thalictrum squarrosum

⚠ 全株微毒　　💧 株高 60~100 厘米　　🌱 花期 7~8 月　　🍂 果期 8~9 月

(● 毛茛科唐松草属　　别名 / 歧序唐松草、坚唐松草)

识别特征 多年生草本。植株无毛；茎下部及中部叶柄短。小叶坚纸质或薄革质，楔状倒卵形、宽倒卵形、长圆形或圆卵形。圆锥花序伞房状，淡黄绿色，花丝丝状，花药长圆形，具小尖头。瘦果近纺锤形，稍斜。

产地与生境 分布于我国陕西北部、山西、河北北部、内蒙古、辽宁、吉林、黑龙江，在蒙古也有分布。生于海拔 200~1 900 米的平原草地、田边或干燥草坡。

用途 花朵小巧玲珑，具有一定的观赏价值。其茎叶舒展有度，细腻雅致，且有白霜，花小繁密，花萼、花丝披散，风姿雅丽。因此，展枝唐松草可用于园林绿化或盆栽观赏，增加城市和乡村的绿色空间，提高居民的生活质量。在花艺设计中，展枝唐松草也可以作为花束或花束中的线条元素，增加作品的动态感和层次感。

掌叶大黄

Rheum palmatum

⚠ 根部有毒　🌱 株高达 2 米　🌼 花期 6 月　🟠 果期 8 月

● 蓼科大黄属　别名 / 黄良、火参、大黄

识别特征 粗壮草本。根茎粗壮。叶先端窄渐尖或窄尖，基部近心形。圆锥花序，分枝聚拢，密被粗毛，花盘与花丝基部粘连，花柱稍反曲，柱头头状。果长圆状椭圆形或长圆形两端均凹下。种子宽卵形，褐黑色。

产地与生境 分布于甘肃、四川、青海、云南西北部及西藏东部等省区。常生于山坡或山谷湿地。

趣味文化 在一些地区，掌叶大黄被赋予特定的民俗和信仰文化意义。例如，在黑死病期间，掌叶大黄被用作护身符，以保护佩戴者免受瘟疫的侵袭。这种信仰文化反映了人们对掌叶大黄神秘力量的崇拜和敬仰。此外，掌叶大黄在民间也被用作吉祥物或象征物，寓意健康、长寿和幸福。

用途 具有泻热通肠、凉血解毒、逐瘀通经的功效，还具有良好的生态防护和水土保持功能。

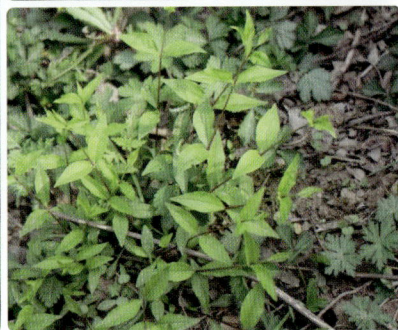

沼生繁缕

Stellaria palustris

🌱 无毒　　🌿 株高 35 厘米　　🌼 花期 6~7 月　　🍂 果期 7~8 月

● 石竹科繁缕属　别名 / 三爪风、龙吐珠、东方草莓

识别特征 多年生草本。匍匐茎多数，长达 1 米，被柔毛。小叶倒卵形或菱状长圆形，先端圆钝，有钝锯齿，小叶柄被柔毛，托叶窄卵形或宽披针形。花单生叶腋，萼片卵形，副萼片倒卵形较长，先端有 3~5 锯齿，花瓣倒卵形，黄色，花托在果期膨大，海绵质，鲜红色。瘦果卵圆形。

产地与生境 产于辽宁以南各省区，亚洲中东部地区、欧洲及美洲均有分布。生于山坡草地或山谷疏林地，喜湿润。

趣味文化 细若游丝般的形态，不仅惹人怜爱，也成为了自然界中一道独特的风景线。它的存在丰富了生物多样性，对维持生态平衡也具有一定的作用。

用途 全草药用，能散瘀消肿、收敛止血、清热解毒。茎叶捣敷治疗疮有特效，亦可敷蛇咬伤、烫伤、烧伤。果实煎服能治支气管炎。全草水浸液可防治农业害虫、杀蛆、孑孓等。

珍珠梅

Sorbaria sorbifolia

⚠ 全株有毒　🖊 株高 2 米　🌱 花期 7~8 月　🍂 果期 9 月

● 蔷薇科珍珠梅属　别名 / 山高粱条子、高楷子、八本条

识别特征 灌木。枝条开展，小枝圆柱形，稍屈曲，无毛或微被短柔毛，初时绿色，老时暗红褐色或暗黄褐色。冬芽卵形，先端圆钝，无毛或顶端微被柔毛，紫褐色，具有数枚互生外露的鳞片。羽状复叶，叶轴微被短柔毛，小叶片对生，披针形至卵状披针形，边缘有锯齿。顶生大型密集圆锥花序，总花梗和花梗被星状毛或短柔毛。蓇葖果长圆形。

产地与生境 分布于辽宁、吉林、黑龙江、内蒙古。常生于山坡疏林中。

趣味文化 珍珠梅因其花蕾圆如珍珠，花开似梅而得名。花语为友情、努力。

用途 株丛丰满、白花清雅，花期很长，适宜在各类园林绿地、草坪边缘、路边、池边和庭院一角栽培观赏。珍珠梅有活血祛瘀、消肿止痛的功效，可治疗骨折、跌打损伤。

芝麻

Sesamum indicum

🌿 无毒　　🌱 株高 0.8~1.3 米　　🌸 花期 7~9 月　　🍂 果期 8~9 月

● 芝麻科芝麻属　别名 / 油麻、脂麻、胡麻

识别特征 一年生直立草本。叶长圆形或卵形，下部叶常掌状 3 裂，中部叶有齿缺，上部叶全缘。花单生或 2~3 朵腋生；花萼裂片披针形，被柔毛，花冠筒状，白色带有紫红或黄色的彩晕。蒴果，长圆形，有纵棱，直立，被毛，室背开裂至中部或基部。种子有黑白之分。

产地 产于非洲，在汉代时期传入中国，主要在黄河及长江中下游以及河南、湖北等省分布较多。

趣味文化 芝麻是汉代张骞出使西域时引进的油麻种，故名"胡麻"，后赵王石勒避讳"胡"字，便将"胡麻"改为"芝麻"。芝麻独特的外形衍生出的"芝麻开花节节高"，是中国人形容生活越来越美好的俗语。

用途 种子可榨油。可用作烹饪原料，如作糕点的馅料，点心、烧饼的面料，亦可作菜肴辅料。芝麻有补肝肾、益精血、润肠燥、通乳的功效。

中华秋海棠

Begonia grandis subsp. *sinensis*

⚠ 全株有毒　◐ 株高 20~70 厘米　🌱 花期 7 月开始　🕑 果期 8 月开始

● 秋海棠科秋海棠属　别名 / 相思草、断肠花

识别特征 多年生草本。根为须根，根状茎近球形。叶斜卵形，先端渐尖，基部偏心形。花序较短，呈伞房状至圆锥状，雌雄同株，花粉红色。蒴果具不等大的翅。种子小，光滑。

产地与生境 产于我国辽宁、河北、山东、贵州、广西、江苏、浙江、福建等省份。生于海拔 300~2 900 米的山谷阴湿岩石上，滴水的石灰岩边、疏林阴处、荒坡阴湿处以及山坡林下。

趣味文化 "中华秋海棠叶归于一统"指的是我们国家和平统一，共同发展的景象。我国的疆域版图在清代形似秋海棠叶，所以用秋海棠叶归于一统形象地表达了中华民族的团结和统一，以及对和谐社会的追求。

用途 具有观赏和开发价值。全草可入药，具有清热解毒、活血止咳、消炎止痛等多重功效。

种阜草

Moehringia lateriflora

🌿 无毒　🌱 株高 10~20 厘米　🌸 花期 6 月　🍂 果期 7~8 月

● 石竹科种阜草属　别名/莫石竹

识别特征 多年生草本。具匍匐根状茎。茎直立，纤细，不分枝或分枝，被短毛。叶近无柄，叶片椭圆形或长圆形，顶端急尖或钝，边缘具缘毛，两面均粗糙，具小突起，下面沿中脉被短毛。聚伞花序顶生或腋生。蒴果长卵圆形，顶端 6 裂。种子近肾形，平滑，种脐旁具白色种阜。

产地与生境 产于黑龙江、吉林、辽宁、内蒙古、河北、山西、宁夏。生于海拔 780~2 300 米的林缘。

趣味文化 叶与花似石竹，因此又称"莫石竹"。

用途 种阜草是一种具有园林观赏潜力的植物。

皱叶酸模

Rumex crispus

⚠ 全株微毒　🌿 株高 50~100 厘米　🌱 花期 5~6 月　🍂 果期 6~7 月

● 蓼科酸模属　别名／洋铁叶子、四季菜根、牛耳大黄根

识别特征 多年生草本。直根粗壮。茎直立，有浅沟槽，通常不分枝，无毛。根生叶有长柄；叶片披针形或长圆状披针形，两面无毛，顶端和基部都渐狭，边缘有波状皱褶；茎上部叶小，有短柄。花序狭圆锥状，花两性，淡绿色。瘦果卵形，暗褐色。

产地与生境 产于我国东北、华北、西北地区及山东、河南、湖北、四川、贵州、云南、高加索、哈萨克斯坦、俄罗斯（西伯利亚、远东）、蒙古、朝鲜、日本、欧洲及北美洲也有分布。生于田边、路旁、湿地或水边。

用途 自古以来，皱叶酸模是民间有效的草药之一。尽管其疗效很好，但不经常单独使用，而是与其他草药，如牛蒡、蒲公英等合用。采后以根入药。秋季挖取根部，洗净，切片，干燥后备用。

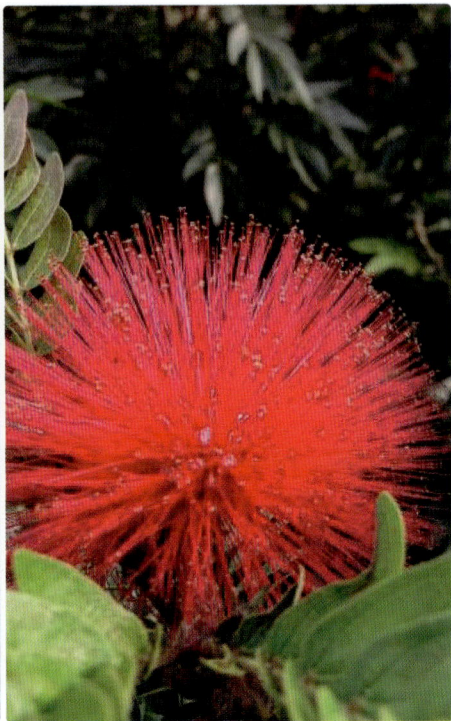

朱缨花

Calliandra haematocephala

🌿 无毒　🌱 株高 300 厘米　🌼 花期 8~9 月　🍂 果期 10~11 月

● 豆科朱缨花属　别名 / 红合欢、红绒球、美蕊花

识别特征 落叶灌木或小乔木。枝条扩展，小枝圆柱形，褐色，粗糙。托叶宿存，二回羽状复叶，小叶 7~9 对，斜披针形，先端钝具小尖头，基部偏斜，边缘被疏柔毛。头状花序腋生，有花 25~40 朵，花萼钟状，绿色，花冠淡紫红色，顶端具 5 裂片，裂片反折，无毛。荚果暗棕色，成熟时由顶至基部沿缝线开裂，果瓣外反。种子长圆形，棕色。

产地 产于南美洲，现热带、亚热带地区常有栽培，我国台湾、福建、广东有引种。

趣味文化 朱缨寓意夫妻和睦、与邻居友好相处等，有"爱情树"之称，象征着恩爱、不离不弃的夫妻，很适合送给自己的恋人。

用途 可盆栽，用于公寓绿化。也可作庭荫树、行道树，种植于林缘、草坪山坡等地。

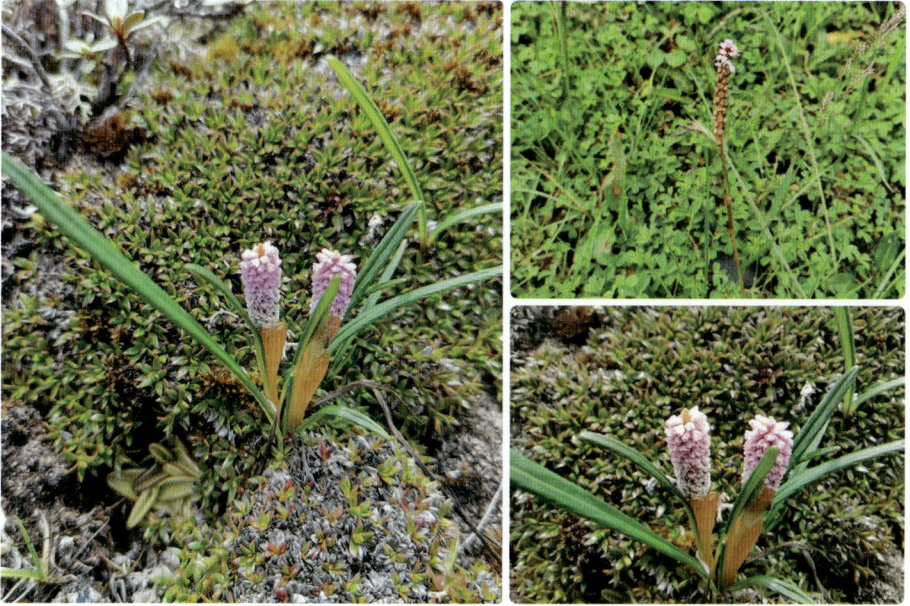

珠芽蓼

Bistorta vivipara

🌿 无毒　💧 株高 10~35 厘米　🌸 花期 5~7 月　🍂 果期 7~9 月

● 蓼科拳参属　别名 / 猴娃七、山高粱、蝎子七

识别特征 多年生草本。根状茎粗壮，弯曲，黑褐色。茎直立不分枝。基生叶长圆形或基部圆形，边缘脉端增厚，外卷，具长叶柄；茎生叶较小，披针形，托叶鞘筒状，膜质，下部绿色，上部褐色，偏斜，开裂，无缘毛。总状花序呈穗状，顶生，紧花梗细弱，花被 5 深裂，白色或淡红色，花被片椭圆形。瘦果卵形，具 3 棱，深褐色，有光泽。

产地与生境 产于华北、西北及西南等地。生于海拔 1 200~5 100 米的山坡林下、高山或亚高山草甸。

趣味文化 珠芽是珠芽蓼的营养器官，着生于花序上，珠芽和花朵同步发育，珠芽在未脱落母体时，能附在母株植物上萌发叶芽，珠芽成熟后脱落入土，生长成新的植株，这是珠芽蓼的一种特殊繁殖方式。

用途 根状茎入药，清热解毒，止血散瘀。也可提取栲胶，是名贵药材冬虫夏草寄主昆虫的主要食料。根状茎和果实富含淀粉，又可酿酒，茎叶嫩时可做饲料。全草捣烂制成粉剂或溶液能防治农作物害虫，对改良土壤、调节气候、保持水土与生态恢复有很大作用。

竹灵消

Vincetoxicum inamoenum

● 无毒　● 株高 20~30 厘米　● 花期 5~7 月　● 果期 7~10 月

● 夹竹桃科白前属　别名 / 老君须、婆婆针线包

识别特征 直立草本。基部分枝甚多。根须状。茎干后中空，被单列柔毛。叶薄膜质，广卵形，顶端急尖，基部近心形。伞形聚伞花序，花黄色，花冠辐状，裂片卵状长圆形，花药在顶端。蓇葖双生。

产地与生境 分布于我国辽宁、河北、河南、山东、山西、安徽、浙江、湖北、湖南、陕西、甘肃、贵州、四川、西藏，朝鲜和日本也有分布。生于海拔 100~3 500 米的山地疏林、灌木丛中或山顶、山坡草地上。

趣味文化 根部呈须状，像极了长辈们长长的胡须，因此被人称为"老君须"。

用途 根可入药，有除烦清热、散毒、通疝气等功效。

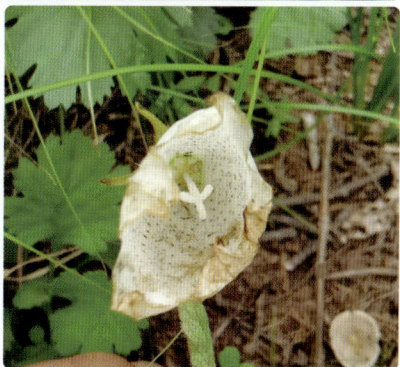

紫斑风铃草

Campanula punctata

🌿 无毒　📏 株高 20~100 厘米　🌱 花期 6~9 月　🍂 果期 9~10 月

● 桔梗科风铃草属　别名 / 灯笼花、吊钟花、山小菜

识别特征 多年生草本。全体被刚毛，具细长而横走的根状茎。茎直立，粗壮。基生叶心状卵形；茎生叶三角状卵形至披针形。花顶生于主茎及分枝顶端，下垂；花萼裂片长三角形；花冠白色，带紫斑，筒状钟形。蒴果半球状倒锥形。种子灰褐色，矩圆状，稍扁。

产地与生境 分布于中国、朝鲜、日本和俄罗斯远东地区。生于山地林中、灌丛及草地中，在南方可至海拔 2 300 米处。

趣味文化 紫斑风铃草在不同的文化中有着不同的象征意义。在日本，它被称为"萤袋"，与"火垂袋"读音相同，这侧面印证了其在日本的独特地位。

用途 全草均可入药。主要用作盆花，也可露地用于花境。

紫苞鸢尾

Iris ruthenica

🌿 无毒　🌱 株高 15~25 厘米　🌸 花期 5~6 月　🍂 果期 7~8 月

● 鸢尾科鸢尾属　别名 / 紫石蒲、苏联鸢尾、细茎鸢尾

识别特征 多年生草本。植株基部围有短的鞘状叶。根状茎斜伸，二歧分枝，节明显，外包以棕褐色老叶残留的纤维。须根粗，暗褐色。叶条形，灰绿色，顶端长渐尖，基部鞘状，有 3~5 条纵脉。花茎纤细，略短于叶，苞片 2 枚，膜质，内包含有 1 朵花，花蓝紫色。蒴果球形或卵圆形。

产地与生境 分布于俄罗斯和中国（新疆）。生于向阳草地或石质山坡。

趣味文化 属名 *Iris* 在希腊语中意为"彩虹"，因此它有个音译过来的俗称就叫"爱丽丝"。爱丽丝在希腊神话中是彩虹女神，她是众神与凡间的使者。因此，紫苞鸢尾的花语代表着爱的使者、相信者的爱情。

用途 紫苞鸢尾应用于园林，既可单独栽植，又可群植作为背景素材，还可作为林缘、地被的镶边材料。花、叶皆美，是难得的切花材料，适合与其他花材搭配使用。

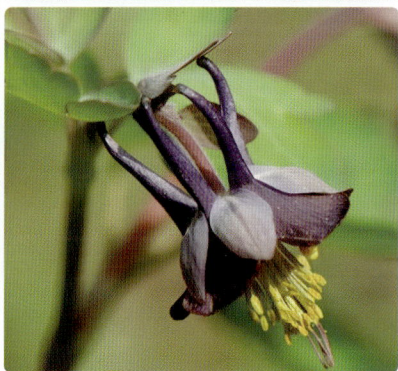

紫花耧斗菜

Aquilegia viridiflora var. atropurpurea

🌿 无毒　🌱 株高 20 厘米左右　🌸 花期 5~7 月　🍂 果期 7~8 月

● 毛茛科耧斗菜属　别名/石头花、紫花菜、铁山耧斗菜

识别特征 多年生草本。根肥大，圆柱形，简单或有少数分枝，外皮黑褐色。萼片暗紫色或紫色。基生叶少数，叶片楔状倒卵形。花倾斜或微下垂。

产地与生境 产于我国青海东部、山西、山东东部、河北、内蒙古、辽宁南部。生于山谷林中或沟边多石处。

趣味文化 古老的希腊地区正好处在战争的时期，大多数男人都会投入战争之中，并且战争比较激烈。耧斗菜生长在深处沟谷的石堆之中，处在很隐秘的地方，所以紫花耧斗菜是见证这些战争的植物，也见证了很多胜利的一方，所以花语也是胜利。

用途 具有凉血止血以及清热解毒的作用，可以治疗痛经、崩漏、痢疾。

紫花碎米荠

Cardamine tangutorum

🌿 无毒　　🌱 株高 15~50 厘米　　🌼 花期 5~7 月　　🍂 果期 6~8 月

● 十字花科碎米荠属　　别名 / 石芥菜

识别特征 多年生草本。根状茎细长呈鞭状，茎单一，不分枝。基部倾斜，上部直立，表面具沟棱，下部无毛，上部有少数柔毛。叶长椭圆形，顶端短尖，边缘具钝齿。总状花序有10 余朵花。长角果线形，扁平，果梗肓立。种子长椭圆，褐色。

产地与生境 分布于河北、山西、陕西、甘肃、青海、四川、云南及西藏东部。常生于高山山沟草地及林下阴湿处。

趣味文化 因果实成熟后会积极地向外散播种子，这种传播种子的方式象征着积极、热情和活力，因此花语代表热情。

用途 全草可食用，亦可供药用，清热利湿，并可治黄水疮；花可治筋骨疼痛。

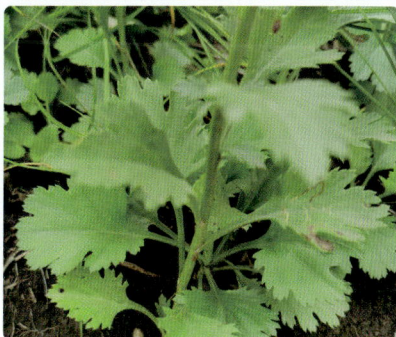

紫花野菊

Chrysanthemum zawadskii

🌿 无毒　💧 株高 15~50 厘米　🌼 花期 7~9 月　🍂 果期 7~9 月

● 菊科菊属　别名 / 山菊、西伯利亚菊

识别特征 多年生草本。茎直立，分枝斜升，茎枝中下部紫红色。中下部茎叶卵形、宽卵形、宽卵状三角形或几菱形；上部茎叶小，长椭圆形，羽状深裂。头状花序，在茎枝顶端排成疏松伞房花序，总苞浅碟状，全部苞片边缘白色或褐色膜质，舌状花白色或紫红色。瘦果。

产地与生境 产于我国黑龙江、吉林、辽宁、河北、山西、内蒙古、陕西、甘肃及安徽等地，俄罗斯、蒙古及欧洲也有分布。生于海拔 850~1 800 米的草原及林间草地、林下和溪边。

用途 花瓣纤细，形态优美，具有很高的观赏价值。在中医药中具有清热解表、止痛的功效，可用于治疗红眼病、半边脸发热等温热病。

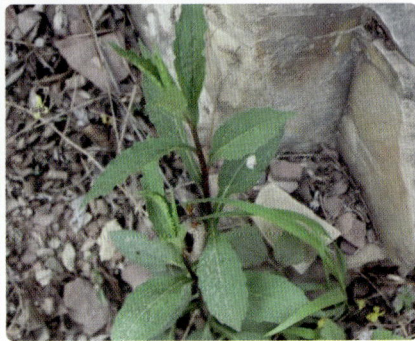

紫菀

Aster tataricus

● 无毒　● 株高 40~50 厘米　● 花期 7~9 月　● 果期 8~10 月

● 菊科紫菀属　别名 / 还魂草、青菀、驴耳朵菜

识别特征　多年生草本。茎疏被粗毛。叶疏生，基生叶长圆形或椭圆状匙形，边缘有具小尖头圆齿或浅齿；茎下部叶匙状长圆形，基部渐窄或骤窄成具宽翅的柄；中部叶长圆形或长圆状披针形；上部叶窄小。头状花序径 2.5~4.5 厘米，多数在茎枝顶端排成复伞房状，花序梗长，有线形苞叶。总苞半球形，线形或线状披针形，先端尖或圆，被密毛，带红紫色。舌状花约 20 枚，舌片蓝紫色。瘦果倒卵状长圆形，紫褐色，上部被疏粗毛。

产地与生境　产于我国黑龙江、吉林、辽宁、内蒙古、山西等地，朝鲜、日本及俄罗斯也有分布。生于海拔 400~2 000 米的低山阴坡湿地、山顶和低山草地及沼泽地。

趣味文化　传说紫菀为痴情的女子所化，为了追思早逝的爱人，在秋末静静开着紫色的小花，等待爱人漂泊的灵魂。紫菀的花语是机智。

用途　紫菀在限定使用范围和剂量内，可做药食两用，也可作为秋季观赏花卉。

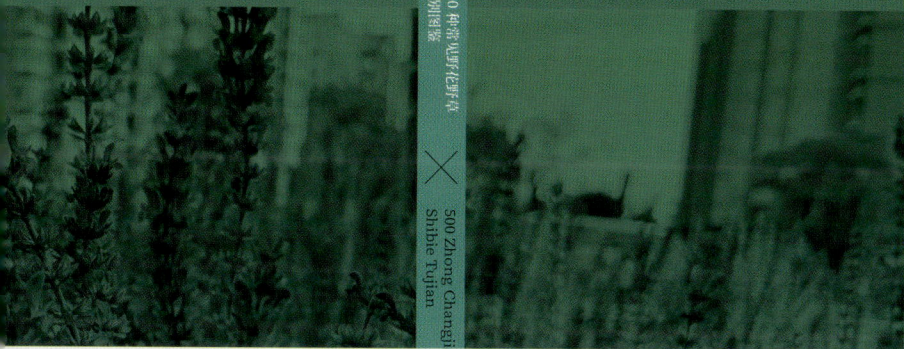

500 种常见山野花草野草
识别图鉴

500 Zhong Changjian Yehuayecao
Shibie Tujian

PART 3
秋冬季开
花植物

北柴胡

Bupleurum chinense

🌿 无毒　🌱 株高 50~85 厘米　🌼 花期 9 月　🍂 果期 10 月

● 伞形科柴胡属　别名 / 韭叶柴胡、硬苗柴胡、竹叶柴胡

识别特征 多年生草本。主根坚硬较粗大，棕褐色，茎表面有细纵槽纹，实心。基生叶倒披针形或狭椭圆形，顶端渐尖，基部收缩成柄，叶表面鲜绿色，背面淡绿色，常有白霜，茎顶部叶同形。复伞形花序，花序梗细，水平伸出，形成疏松的圆锥状，总苞片甚小，狭披针形，花瓣鲜黄色，上部向内折，中肋隆起。果椭圆形，棕色。

产地与生境 产于我国东北、华北、西北、华东和华中地区各地。生于向阳山坡路边、岸旁或草丛中。

趣味文化 传说在北方有一位姓胡的进士家中有一个长工叫二慢，二慢因食用了一种野草根部而治愈了时热时冷的怪病，这种野草后来被证实就是北柴胡。

用途 可入药，用于疏散退热、疏肝解郁、升举阳气，可治疗感冒发热、寒热往来、胸胁胀痛等。

丛茎滇紫草

Onosma waddellii

🌿 无毒 　📏 株高 15~25 厘米 　🌸 花期 8~9 月 　🍂 果期 8~9 月

● 紫草科滇紫草属

识别特征 一年生或二年生草本。植株绿色，被稠密的伏毛及散生的硬毛。叶披针形或倒披针形，基部楔形。花序多数，生于茎顶及枝顶，花多数，密集，花后延伸呈总状，苞片卵状披针形，花冠蓝色，筒状钟形。小坚果淡黄褐色，具光泽，有稀疏的瘤状突起及不明显的皱纹。

产地与生境 产于西藏。生于海拔 3 000~4 000 米的山坡草地及砾石山坡。

趣味文化 其花药结合成筒状，与菊科植物的聚药雄蕊类似，这一特征是适应异花传粉的高级形式，巧妙地回避了自花授粉，以获得更有生活力的后代，在其整个演进过程中是进化的现象。

用途 根可入药，性寒、味甘、咸，用于清热凉血、解毒透疹。植株低矮，适应性强，花蓝色，具有一定观赏价值，可以作为地被植物栽培应用。

多歧沙参

Adenophora potaninii subsp. *wawreana*

🛇 无毒　🌱 株高 100 厘米　🌿 花期 7~9 月　🌾 果期 9~10 月

● 桔梗科沙参属　别名 / 铃铛花

识别特征 多年生草本。茎基常不分枝，常被倒生短硬毛或糙毛，偶有茎上部被白色柔毛。基生叶心形，茎生叶具柄，叶片多卵形，边缘具多锯齿。大型圆锥花序蓝紫色。

产地与生境 产于辽宁、河北、内蒙古、山西、河南等省区。生于海拔 2 000 米以下阴坡草丛或灌木林中，或生于疏林下多生于砾石中或岩石缝中。

趣味文化 北方山地有一种植物，不与群芳争春，不与众绿争夏，却选择在秋季，各种植物枯萎时，摇铃绽放，它就是多歧沙参，它是北方秋季最容易见到的野花之一。这也是别名铃铛花的由来。

用途 具有较高的观赏价值。著名的"五参"之一，具有养阴清热、润肺化痰、益胃生津等功效。

红皮糙果茶

Camellia crapnelliana

🌿 无毒　🌱 株高 5~7 米　🌼 花期 9~12 月　🌰 果期 9~12 月

● 山茶科山茶属　别名 / 多苞糙果茶

识别特征 小乔木。树皮红色，嫩枝无毛。叶硬革质，倒卵状椭圆形至椭圆形，上面深绿色，下面灰绿色，边缘有细钝齿。花顶生，单花且近无柄，花冠白色，花瓣倒卵形。蒴果球形，干后疏松多孔隙。

产地与生境 产于我国香港、广西、福建、江西及浙江。喜湿润，也耐干旱，喜全日照，在低海拔、富含腐殖质的森林红壤上生长为佳。常生于海拔 500 米以下的山腰、山谷、路旁和林中。

趣味文化 因其树皮红色，触摸后手上留下铁锈色的粉末，果实表面粗糙，故得名"红皮糙果茶"。

用途 优良观花树种，适合路边、角隅或草地中栽培观赏，可列植、丛植、配植、对植和孤植。重要的油料植物，种子也可榨油食用。

胡颓子

Elaeagnus pungens

🛡 无毒　🍃 株高 3~4 米　🌱 花期 9~12 月　🔆 果期翌年 4~6 月

● 胡颓子科胡颓子属　别名 / 蒲颓子、半含春、卢都子

识别特征　常绿直立灌木。具刺，刺顶生或腋生，深褐色。幼枝微扁棱形，密被锈色鳞片，老枝鳞片脱落，黑色，具光泽。叶革质，椭圆形或阔椭圆形，边缘微反卷或皱波状。花白色或淡白色，下垂，密被鳞片，1~3 朵花生于叶腋锈色短小枝上。核果，椭圆形，红色。

产地与生境　产于江苏、浙江、福建、安徽、江西、湖北、湖南、贵州、广东、广西。生于海拔 1 000 米以下的向阳山坡或路旁。

趣味文化　胡颓子在中医药学中具有悠久的历史，其药用价值在《本草拾遗》《本草纲目》等古代医药典籍中均有记载。这些典籍不仅详细描述了胡颓子的药用功效，还体现了古代中国人民对自然草药的深刻认识和利用，是中医药文化的重要组成部分。

用途　适于草地丛植，也用于林缘、树群外围作自然式绿篱。茎皮纤维可造纸和人造纤维板。果熟时味甜可食。根、叶、果实均可供药用。

尖叶长柄山蚂蝗

Hylodesmum podocarpum subsp. *oxyphyllum*

无毒　株高 50~100 cm　花果期 8~9 月

● 豆科长柄山蚂蝗属　别名 / 山蚂蝗、小山蚂蝗

识别特征 直立草本。根茎稍木质。茎深绿色或微呈紫红色，具条纹。叶为羽状三出复叶，顶生小叶菱形。总状花序或圆锥花序，花冠紫红色。荚果。

产地与生境 在我国主要分布于秦岭淮河以南各省区；印度、尼泊尔、缅甸、朝鲜和日本也有分布。生长在海拔 400~2 190 米的山坡路旁、沟旁、林缘或阔叶林中。

用途 全株供药用，能解表散寒，祛风解毒，治风湿骨痛、咳嗽吐血。尖叶长柄山蚂蝗是豆科优良牧草，嫩叶作饲料及绿肥。根系可吸附土壤中的根瘤菌，且其固氮酶活性较高，具有较好的固氮作用。

韭莲

Zephyranthes carinata

🌿 无毒　💧 株高 15~30 厘米　🌱 花期夏秋季　🔥 果期 9~10 月

● 石蒜科葱莲属　别名 / 韭菜莲、风雨花、韭菜兰

识别特征 多年生草本。鳞茎卵球形，直径 2~3 厘米。基生叶常数枚簇生，线形，扁平，长 15~30 厘米，宽 6~8 毫米。花单生于花茎顶端，下有佛焰苞状总苞，总苞片常带淡紫红色，长 4~5 厘米，下部合生成管。蒴果近球形。

产地 产于南美洲，我国广东、江西、贵州、上海、江苏、湖北等地有分布。

趣味文化 韭莲也称风雨花，这是因为在民间许多地方，人们认为韭莲可以感知气象的变化。例如在夏秋季节，雷电风雨来临之际，韭莲花开得异常茂盛，群花勃发，因而被视为感知天气的神奇植物。

用途 适合庭院花坛栽培或盆栽，中国引种栽培供观赏。韭莲可以作为花坛、花径或者草地的镶边材料，具有一定的绿化效果。

爵床

Justicia procumbens

🚫 无毒　　🌿 株高 10~50 厘米　　🌱 花期 8~11 月　　🍂 果期 10~11 月

● 爵床科爵床属　别名 / 白花爵床、孩儿草、密毛爵床

识别特征 一年生草本。茎基部匍匐，常有短硬毛。叶椭圆形或椭圆状长圆形，先端锐尖或钝，基部宽楔形或近圆。穗状花序顶生或生于上部叶腋处，花萼裂片 4 枚，花冠粉红色，二唇形，下唇 3 浅裂，药室不等高，下方 1 室有距。蒴果上部具 4 粒种子，下部实心似柄状，种子有瘤状皱纹。

产地与生境 亚洲南部至澳大利亚广布。生于旷野草地、路旁的阴湿处、山坡林间草丛中，为常见野草。

趣味文化 爵床这个名字的由来有多种有趣的传说和解释。一种说法认为"爵"字通"雀"，爵床即"雀儿的床"，寓意小鸟休憩的场景；另一种说法认为爵床的花形像古代盛酒的器具"爵"，因此得名。

用途 全草可入药，治腰背痛、创伤等。

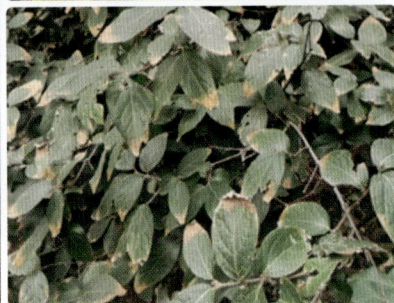

蜡梅

Chimonanthus praecox

⚠ 叶、果实和树干有毒　🌿 株高可达 4 米　🌱 花期 11 月至翌年 3 月　🍂 果期 4~11 月

● 蜡梅科蜡梅属　别名 / 狗矢蜡梅、狗蝇梅、腊梅

识别特征 落叶小乔木或灌木状。鳞芽被短柔毛。叶纸质，卵圆形、椭圆形、宽椭圆形或椭圆形，先端尖或渐尖。花被片 15~21 枚，黄色，无毛，内花被片较短，基部具爪。雄蕊 5~7 枚，花丝较花药长或近等长。果托坛状，近木质，口部缢缩。

产地与生境 野生于中国山东、江苏、安徽、浙江、福建、江西、湖南、湖北、河南、陕西、四川、贵州、云南等省份，广西、广东等省区均有栽培。生于山地林中。

趣味文化 传说，原来蜡梅并无香气。西周鄂国（在今河南鄢陵西北）的国君，很喜欢黄梅花，但嫌其不香。便下令花匠限期让黄梅吐香，否则全部处死。在束手无策时，一位姓姚的叫花子带来几枝臭梅，帮助嫁接在黄梅上。过了一段时间，黄梅花苞发出了阵阵清香。国君龙颜大喜，立即下令把姓姚的叫花子召到花园当花工。此后，黄梅被称为蜡梅。

用途 根、叶可入药，理气止痛、散寒解毒，治跌打、腰痛、风湿麻木、风寒感冒。花芳香美丽，是园林绿化植物。花可提取蜡梅浸膏 0.5%~0.6%。

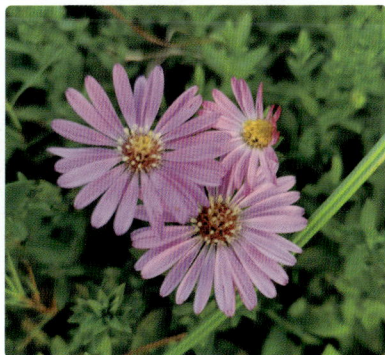

联毛紫菀

Symphyotrichum novi-belgii

🌿 无毒　　💧 株高 30~80 厘米　　🌱 花期 8~10 月　　🌞 果期 8~10 月

● 菊科联毛紫菀属　别名 / 荷兰紫菀、荷兰菊、迪鲁菲那之花

识别特征 多年生草本。全株被粗毛，叶片狭披针形至线状披针形，头状花序伞房状着生，花较小，舌状花，淡蓝紫色或白色，总苞片线形。

产地与生境 产于北美洲、北半球温带，中国各地广泛栽培。适合在肥沃和疏松的沙质土壤中生长。

趣味文化 联毛紫菀被称为迪鲁菲那之花。迪鲁菲那是 12 世纪法国南部的贵族，他十分喜爱荷兰菊。因此，荷兰菊成了具有贵族气质的象征。凡是受到荷兰菊祝福出生的人，都具有贵族气质与涵养，拥有渊博的知识，但个性上有些消极，需要自我激励。

用途 花繁色艳，自然成形，盛花时节又正值国庆节前后，故多用作花坛、花境材料，也可片植、丛植，或作盆花或切花。

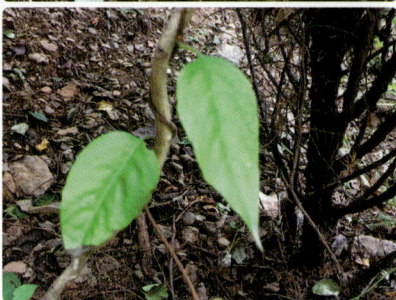

两型豆

Amphicarpaea edgeworthii

🌿 无毒　💧 茎长可达 1.3 米　🌸 花期 8~11 月　🍂 果期 8~11 月

● 豆科两型豆属　别名 / 山巴豆、三籽两型豆、阴阳豆

识别特征 一年生缠绕草本。茎纤细，被淡褐色柔毛。叶具羽状小叶，托叶小，叶片披针形或卵状披针形，小叶薄纸质或近膜质，顶生小叶菱状卵形或扁卵形。花二型，生在茎上部的为正常花，排成腋生的短总状花序，苞片近膜质，卵形至椭圆形，腋内通常具花 1 朵。花梗纤细，花萼管状，裂片不等，花冠淡紫色或白色，子房被毛。荚果二型，生于茎上部的完全花结的荚果为长圆形或倒卵状长圆形。

产地与生境 分布于我国东北、华北地区至陕西、甘肃及江南各省，俄罗斯、朝鲜、日本、越南、印度也有分布。常生于海拔 300~1 800 米的山坡、路旁及旷野草地上。喜湿，怕高温。

趣味文化 两型豆最显著的特征是在地上和地下均能发育出成熟果实，这是其独特的生长习性。地上部分结出的果实通常位于叶腋处，而地下部分则通过子叶叶腋长出的地下茎顶端结出闭锁花，进而形成果实。这种结实类型在植物界中较为罕见。

用途 种子可入药，用于医治妇科病。两型豆地上、地下部分都结种子，种子含异黄酮类化合物，具有抗炎、抗氧化、抗肿瘤、抗菌等作用。

蒌蒿

Artemisia selengensis

🌿 无毒　💧 株高 60~150 厘米　🌼 花期 7~10 月　🍂 果期 7~10 月

● 菊科蒿属　别名 / 芦蒿、水蒿、香艾

识别特征 多年生草本。植株具清香气味。茎无毛，有纵棱，叶纸质，上面绿色，背面被蛛丝状平贴的绵毛。头状花序多数。瘦果卵形，略扁。

产地与生境 分布于我国东北、华北、西北、西南和华东等地区。常生于林下、林缘、山沟和河谷两岸，也生于平原沟边、塘沿及水田埂边。

趣味文化 其实，蒌蒿就是人们通常所说的芦蒿，还有人把它叫作水蒿。早在古代就有了蒌蒿这个称呼，苏轼诗中提到"蒌蒿满地芦芽短"，讲得就是这种植物。

用途 以鲜嫩茎秆供食用，清香、鲜美、脆嫩爽口，营养丰富。可做饲料，牛羊马都喜食。全草可入药，有止血、消炎、镇咳、化痰之效。

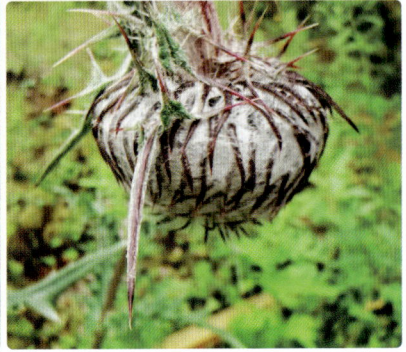

绵头蓟

Cirsium eriophoroides

🌿 无毒 🌱 株高 100~350 厘米 🌼 花期 7~10 月 🌰 果期 7~10 月

● 菊科蓟属　别名 / 贡山蓟

识别特征 多年生高大草本。茎叶质地薄，纸质，两面同色，绿色或下面稍淡。头状花序下垂或直立，在茎枝顶端排成伞房状花序，总苞球形，小花紫色。瘦果倒披针状长椭圆形，黑褐色，顶端截形。

产地与生境 产于四川、云南西北部及西藏东南部。生于山海拔 2 080~4 100 米的山坡灌丛中或丛缘、山坡草地、草甸、河滩地、水边。

趣味文化 绵头蓟被稠密而蓬松的毛包裹着，紫色的花蕊隐在其间，像一位贵妇，傲然挺立在高海拔地区，这是绵头蓟给人的第一印象。

用途 全草可入药，有凉血、止血、消肿散瘀的功效，治吐血、鼻出血、尿血、子宫出血、黄疸、疮痈。

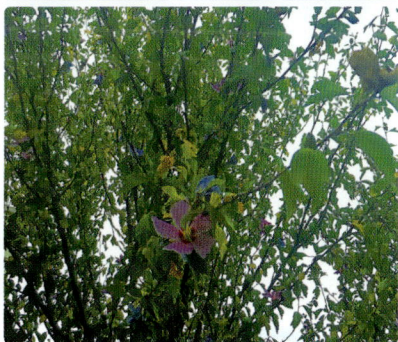

木槿

Hibiscus syriacus

🛡 无毒　💧 株高 3~4 米　🌱 花期 7~10 月　🌰 果期 9~10 月

● 锦葵科木槿属　别名/木棉、荆条、朝开暮落花

识别特征 落叶灌木。小枝密被黄色星状茸毛。叶菱形至三角状卵形，具深浅不同的 3 裂或不裂，有明显三主脉，先端钝，基部楔形，边缘具不整齐齿缺，下面沿叶脉微被毛或近无毛。花单生于枝端叶腋间，花蕾钟形，花钟形，淡紫色，花瓣倒卵形。蒴果卵圆形。

产地 分布在热带和亚热带地区，物种起源于非洲大陆，非洲木槿属物种种类繁多，呈现出丰富的遗传多样性。系中国中部各省原产。

趣味文化 木槿花朝开暮落，生命短暂却绚烂多姿，这种特性让它深受众多文人墨客的青睐。如白居易在《答刘戒之早秋别墅见寄》描述："凉风木槿篱，暮雨槐花枝。"诗句不仅展现了木槿花的美丽与独特，也寄托了诗人们丰富的情感与思想。

用途 夏秋开花，花有白、紫、红诸色，朝开暮闭，栽培供观赏，兼作绿篱。花、皮可入药。茎的纤维可造纸。花蕾，食之口感清脆，完全绽放的木槿花，食之滑爽。

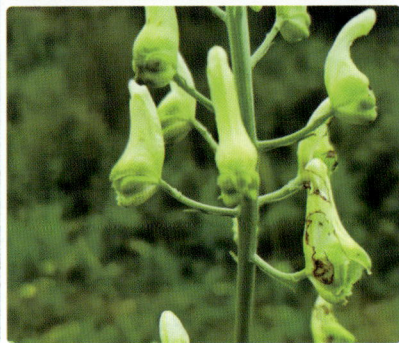

牛扁

Aconitum barbatum var. puberulum

⚠ 全株剧毒　　🌿 株高 55~90 厘米　　🌸 花期 8~9 月　　🍂 果期 9~10 月

● 毛茛科乌头属　　别名 / 扁桃叶根、曲芍、扁特

识别特征　多年生草本。根近直立圆柱形。叶片肾形或圆肾形，三全裂。顶生总状花序，具密集的花，下部苞片狭线形，中部的披针状钻形，上部的三角形，小苞片狭三角形，萼片黄色，上萼片圆筒形。蓇葖果，种子倒卵球形，褐色，密生横狭翅。

产地与生境　在我国分布于新疆东部、山西、河北、内蒙古。生于海拔 400~2 700 米的山地疏林下或较阴湿处。

趣味文化　牛扁有一个特殊功能，就是能杀死牛虱小虫。耕牛是过去农民的命根子，牛身上容易生虱子，影响牛的健康，农民们就用牛扁的根煮水，杀灭虱子，还能用它治疗一些其他牛病，因此牛扁是那时候农村最常用的一种益草。

用途　味苦，性温，有毒，有祛风止痛、止咳、平喘、化痰的功能，用于慢性支气管炎、腰脚痛、关节肿痛，外用于疥癣、淋巴结结核，研末外用适量。牛扁还可用作园林观赏。

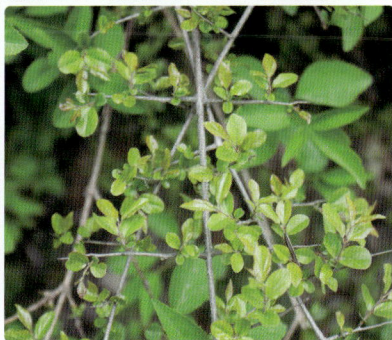

雀梅藤

Sageretia thea

● 无毒　● 株高 1~4 米　● 花期 7~11 月　● 果期翌年 3~5 月

● 鼠李科雀梅藤属　别名 / 酸色子、酸味、对角刺

识别特征 藤状或灌木。小枝具刺，被柔毛。叶纸质，椭圆形或卵状椭圆形，稀卵形或近圆形，基部圆或近心形，下面无毛或沿脉被柔毛。花无梗，黄色，芳香，疏散穗状或圆锥状穗状花序，花序轴被茸毛或密柔毛，花萼被疏柔毛，萼片三角形或三角状卵形，花瓣匙形。核果近球形，黑或紫黑色。

产地与生境 产于安徽、江苏、浙江、江西、福建、台湾、广东、广西、湖南、湖北、四川、云南。常生于海拔 2 100 米以下的丘陵、山地林下或灌丛中。

趣味文化 树根自然奇特，树姿苍劲古雅，非常适合制作成树桩盆景，是盆景"七贤"之一，也是岭南盆景"五大名树"之一。

用途 叶可代茶，也可供药用，治疮疡肿毒。根可治咳嗽，降气化痰。果酸味可食。由于小枝具刺，在南方常栽培作绿篱。

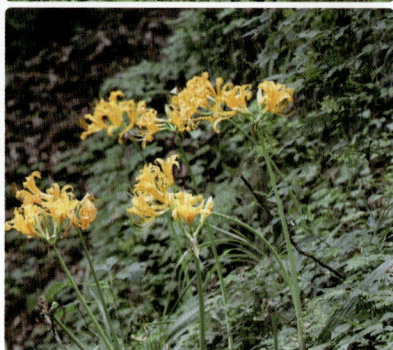

石蒜

Lycoris radiata

⚠ 鳞茎有毒　　💧 株高 30~50 厘米　　🌱 花期 8~9 月　　☀ 果期 10 月

● 石蒜科石蒜属　　别名 / 灶鸡花、彼岸花、龙爪花

识别特征 多年生草本。鳞茎近球形。秋季出叶，叶狭带状，顶端钝，深绿色，中间有粉绿色带。伞形花序，有花 4~7 朵，花鲜红色，花被裂片狭倒披针形，高度皱缩和反卷，雄蕊显著伸出于花被外，比花被长 1 倍左右。

产地与生境 分布于山东、河南、安徽、江苏、浙江、江西、福建、湖北、湖南、广东、广西、陕西、四川、贵州、云南。野生于阴湿山坡和溪沟边，庭院也有栽培。

趣味文化 石蒜有"花叶永不相见"的特征，如同人世与冥府，阴阳永隔，因此在日本的民间习俗中，石蒜用来寄托对死者的哀思，通常多栽种在坟墓旁边。

用途 石蒜是东亚常见的园林观赏植物，冬赏其叶，秋赏其花。园林中常用作背阴处绿化或林下地被花卉，花境丛植或山石间自然式栽植。石蒜鳞茎含有石蒜碱、伪石蒜碱、多花水仙碱等十多种生物碱，有解毒、祛痰、利尿、催吐、杀虫等功效。

水鳖

Hydrocharis dubia

🍃 无毒 🌱 株高 10~15 厘米 🌸 花期 8~10 月 果期 8~10 月

（● 水鳖科水鳖属 别名 / 马尿花、芣菜）

识别特征 浮水草本。须根。茎匍匐茎顶端生芽。叶有时伸出水面，心形或圆形，远轴面有蜂窝状贮气组织。花膜质地透明，花瓣白色，基部为黄色。果状球形或倒卵圆形。

产地与生境 分布于我国东北、河北、陕西、山东、台湾、河南、湖北、湖南、广西、四川、云南等省区，大洋洲和亚洲其他地区也有分布。多生于静水池沼中。

趣味文化 由于叶背有广卵形的蜂窝状贮气组织，用来储存空气，外形像鳖，所以叫水鳖。

用途 全草可入药。味苦，性寒，有清热利湿的功效。幼嫩的叶柄，可炒食、凉拌，或制罐头。亦可作养鱼和喂猪的饲料。

小红菊

Chrysanthemum chanetii

🍃 无毒　🌿 株高 15~60 厘米　🌼 花期 7~10 月　🌞 果期 7~10 月

● 菊科菊属　别名 / 野菊花、小野菊

识别特征 多年生草本，根状茎。茎直立或基部弯曲，自基部或中部分枝，全部中下部茎叶基部稍心形或截形，有长 3~5 厘米的叶柄，有稀疏的柔毛至无毛。头状花序在茎枝顶端排成疏松伞房花序。舌状花白色、粉红色或紫色。瘦果。

产地与生境 分布在河北、陕西、黑龙江、辽宁、甘肃、吉林、内蒙古、山东、山西、青海等地，生长于海拔 650~3 500 米的灌丛、山坡林缘、草原或河滩与沟边。

趣味文化 与风霜作不屈不挠的斗争，具有顽强的生命力，具有清寒傲雪的品格。

用途 可用于花坛、花境的绿化，也可做高档切花用于窗台、书桌、台架等室内布置和装饰，还可用于专类园、草坪、公共绿地边缘点缀。花序可入药，可治外感风热、咽喉痛、疮疡肿毒等。花可制茶和饮料。也是重要的蜜源植物。

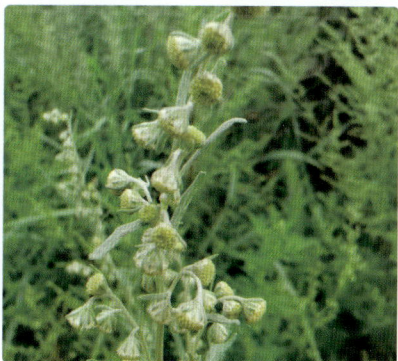

野艾蒿

Artemisia lavandulifolia

🏵 无毒　🌿 株高 50~120 厘米　🌱 花期 8~10 月　🍂 果期 8~10 月

● 菊科蒿属　别名 / 荫地蒿、野艾

识别特征 多年生草本，稀灌木状。茎直立，上部有斜升的花序枝，被密短毛。下部叶有长柄，头状花序，椭圆形或长圆形，花序突起，花冠狭管状，紫红色，花柱线形，两性花，花药线形。瘦果长卵形或倒卵形。

生境 多生于低或中海拔地区的路旁、林缘、山坡、草地、山谷、灌丛及河湖滨草地等。

趣味文化 清明节除了祭祀先人，传统文化中人们还会吃一些带有节日特色的食品。比如山西省百姓在清明节会吃油炸撒子等；沿海地区的人们则会在清明节吃大葱和蛋饼；而在江南人民心目中有一种植物是吃用一条龙，这便是野艾蒿。

用途 野艾蒿具有理气行血、逐寒调经、安胎、祛风除湿、消肿止血等功能。

玉簪

Hosta plantaginea

⚠ 根、叶微毒　　🌿 株高 10~30 厘米　　🌱 花期 8~10 月　　🍂 果期 8~10 月

● 天门冬科玉簪属　别名 / 玉春棒、白鹤花、玉泡花

识别特征 多年生草本。根状茎粗厚。叶卵状心形、卵形或卵圆形，先端近渐尖，基部心形。花葶高 40~80 厘米，具几朵至十几朵花。花单生或 2~3 朵簇生，白色，芬芳，雄蕊与花被近等长或略短，基部贴生于花被管上。蒴果圆柱状，有三棱。

产地与生境 各地常见栽培，公园尤多，供观赏，常见于林下、草坡或岩石边。

趣味文化 花语是清丽脱俗、冰清玉洁。传说，汉武帝曾用宠妃李夫人的玉簪挠头，此举顿时传遍了整个宫廷，宫女们争相仿效，玉簪花便由此得名。

用途 全草可入药。花清咽、利尿，亦可供蔬食或作甜菜，但须去掉雄蕊。

云南土圞儿

⚠ 块根微毒　🌿 株高 3~4 米　🌼 花期 9 月　🍂 果期 9 月

Apios delavayi

● 豆科土圞儿属

识别特征 缠绕草本。茎很纤细。托叶钻状，被疏柔毛，羽状复叶常具 5 枚小叶，小叶坚纸质，狭卵状披针形，先端渐尖，基部圆形，边缘具短腺毛。小叶柄具绢毛。总状花序比叶长，花萼膜质，阔钟状，呈三角形，具短尖头，具芒。花冠淡黄色，旗瓣广圆形，龙骨瓣狭，稍长于旗瓣。荚果长可达 15 厘米，线形，直立。

产地与生境 产于云南西北部及四川、西藏。生于海拔 1 300~3 500 米的灌丛中。

用途 云南土圞儿在中医药领域有着一定的应用。土圞儿属植物普遍具有清热解毒、理气散结等功效。云南土圞儿作为其中一种，其块根和叶均可入药，用于治疗感冒咳嗽、咽喉肿痛等症状。此外，其内含有淀粉、生物碱等成分，具有一定的药用价值。

珠光香青

Anaphalis margaritacea

🌿 无毒　　🌱 株高 30~100 厘米　　🌾 花期 8~11 月　　🍂 果期 8~11 月

● 菊科香青属　别名 / 山荻

识别特征 多年生草本。根状茎横走或斜升，木质，有具褐色鳞片的短匍枝。茎被灰白色棉毛，下部木质。下部叶在花期常枯萎，顶端钝，中部叶开展，线形或线状披针形，上部叶渐小，有长尖头，全部叶稍革质。头状花序多数，在茎和枝端排列成复伞房状，总苞宽钟状，基部褐色，上部白色卵圆形，被棉毛，顶端圆稍尖，最内层线状倒披针形。瘦果长椭圆形，有小腺点。

产地与生境 产于四川、西藏、甘肃等地。生于海拔 300~3 400 米的亚高山或低山草地、石砾地、山沟及路旁。

趣味文化 在腾冲地区，珠光香青被当地村民称为"火草"，而"香青"谐音"相亲"，因此结婚时使用珠光香青寓意相亲相爱，象征着美好的爱情和承诺。

用途 珠光香青是制作干花和镶花的材料，干花瓣舒展，洁白美观，在欧洲已驯化，常栽培供观赏用。以全草或根入药，具有清热解毒、祛风通络、驱虫等功效。

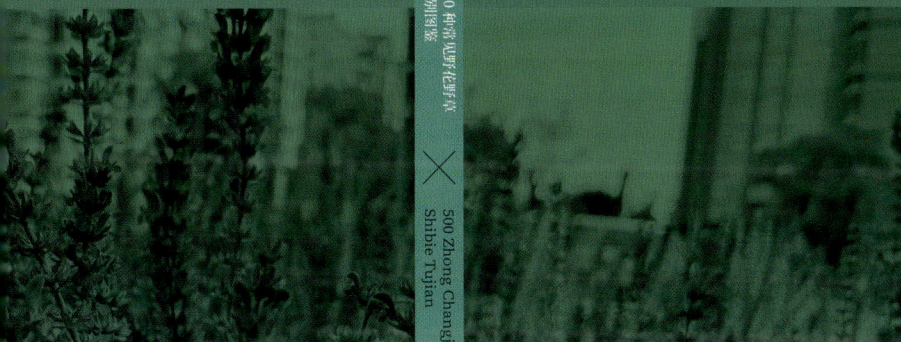

PART 4
多季节开
花植物

白车轴草

Trifolium repens

🌿 无毒　💧 株高 10~30 厘米　🌱 花期 5~10 月　🌾 果期 5~10 月

● 豆科车轴草属　别名 / 白三叶、荷兰翘摇、车轴草

识别特征 多年生草本。主根短，侧根和须根发达。茎匍匐蔓生，上部稍上升，节上生根，全株无毛。掌状三出复叶，托叶卵状披针形，膜质，基部抱茎成鞘状，离生部分锐尖，小叶倒卵形至近圆形，先端凹头至钝圆，基部楔形渐窄至小叶柄，微被柔毛。花序球形，顶生。荚果长圆形。种子通常 3 粒，阔卵形。

产地与生境 产于欧洲和非洲北部，世界各地均有栽培。我国常见种植，并在湿润草地、河岸、路边呈半自生状态。

趣味文化 三叶草一片叶子代表祈求，一片叶子代表希望，一片叶子代表爱情，而最难寻觅的四叶草的最后一片叶子象征着幸福。

用途 可作为绿肥、堤岸防护草种、草坪装饰以及蜜源和药材使用。

白刺花

Sophora davidii

⚠ 全株微毒　🌿 株高 1~2 米　🌼 花期 3~8 月　🍂 果期 6~10 月

● 豆科苦参属　别名 / 狼牙刺

识别特征 灌木或小乔木。枝多开展。羽状复叶，托叶钻状，宿存，小叶片形态多变，一般为椭圆状卵形或倒卵状长圆形。总状花序着生于小枝顶端，花小，花萼钟状，蓝紫色，萼齿圆三角形，花冠白色或淡黄色。荚果非典型串珠状。

产地与生境 分布于我国华北地区及陕西、甘肃、河南、江苏、浙江、湖北、湖南、广西、四川、贵州、云南、西藏。生长在海拔 2 500 米以下河谷沙丘和山坡路边的灌木丛中。

趣味文化 因小叶似槐被称为"小叶槐"，刺多且尖，百姓习惯叫它"狼牙刺"。

用途 可作为水土保持植物。叶适口性较好，消化率较高，而且相当耐啃，可把白刺花和苜蓿进行混交种植；花、种子内富含维生素、氨基酸、矿物质、生物碱及黄酮等成分，属于高蛋白低脂可食资源。可作为良好的蜜源植物。

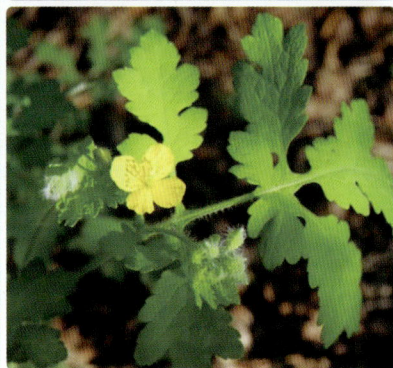

白屈菜

Chelidonium majus

⚠ 全株有毒　◉ 株高 30~60 厘米　✿ 花期 4~9 月　❀ 果期 4~9 月

● 罂粟科白屈菜属　别名 / 雄黄草、山西瓜、八步紧

识别特征 多年生草本。茎聚伞状多分枝，分枝常被短柔毛。基生叶少，早凋落，叶片倒卵状长圆形或宽倒卵形，羽状全裂，表面绿色，背面具白粉，疏被短柔毛。伞形花序多花，苞片小，卵形。萼片卵圆形，舟状。花瓣倒卵形，全缘黄色，花丝丝状。蒴果狭圆柱形。

产地与生境 我国大部分省区均有分布。生于海拔 500~2 200 米的山坡、山谷林缘草地或路旁石缝。

趣味文化 白屈菜的花朵常被视为春天的象征之一，为黄色的四瓣小花只在太阳照射的时候开花，一旦下雨或阴天就会躲起来，这种特性使得它被赋予了"害羞"的花语。

用途 全草可入药，有镇痛、止咳、利尿、解毒等功效。将白屈菜捣烂后外敷，对于蛇虫咬伤也有很好的治疗作用。

蝙蝠葛

Menispermum dauricum

- 无毒
- 株高 4~5 米
- 花期 4~10 月
- 果期翌年 4~10 月

● 防己科蝙蝠葛属　别名 / 山豆根、黄条香、山豆秧根

识别特征 草质藤本。根状茎褐色，垂直生，茎自位于近顶部的侧芽生出。叶纸质或近膜质，轮廓通常为心状扁圆形，基部心形至近截平，两面无毛，下面有白粉。圆锥花序单生或有时双生，有细长的总梗。果紫黑色，基部弯缺。

产地与生境 分布于黑龙江、辽宁、内蒙古、河北、河南、陕西等省份。生于山坡、路旁或沟边灌草丛。

趣味文化 因叶形似张开翅膀的蝙蝠，故名"蝙蝠葛"。

用途 小型篱垣攀缘植物，观赏奇特，在山石、墙垣上令其自行攀附即可，也可用作半阴处坡地的护坡绿化或植于树下、林地作地被植物使用。根茎可入药，味苦，性寒；有小毒；归肺、胃、大肠经；具有清热解毒、祛风止痛的功效。

变豆菜

Sanicula chinensis

● 无毒　● 株高 20~70 厘米　● 花期 4~10 月　● 果期 4~10 月

● 伞形科变豆菜属　别名 / 山芹菜、山芹、鸭脚板

识别特征　多年生草本。根茎粗而短，斜生或近直立，茎粗壮或细弱。基生叶近圆形、圆肾形至圆心形，中间裂片倒卵形，基部近楔形。侧枝向两边开展而伸长，中间的分枝较短。小伞形花序，花瓣白色或绿白色，倒卵形至长倒卵形。果实圆卵形，顶端萼齿成喙状突出，顶端钩状，基部膨大。

产地与生境　产于我国东北、华东、中南、西北和西南各地区，日本、朝鲜、俄罗斯也有分布。生于海拔 200~2 300 米的阴湿山坡路旁、杂木林下、竹园边、溪边等草丛中。

趣味文化　始载于《救荒本草》："变豆菜生辉县荒野中，其苗叶初作地摊野生，叶似地牡丹极大，又锯齿尖，其后叶中分生茎叉，梢叶颇小，上开白花，其叶味甘……。"据其所述形态，即指现伞形科植物变豆菜。

博落回

Macleaya cordata

⚠ 全株有毒　🌿 株高最高可达 3 米　🌱 花期 6~11 月　🍂 果期 6~11 月

● 罂粟科博落回属　别名 / 大叶莲、三钱三、落回

识别特征 多年生草本。直立草本。叶卵圆形或近圆形，通常 7 或 9 深裂或浅裂，裂片边缘具粗齿，细脉常淡红色。圆锥花序，花芽棒状，萼片舟状，黄白色。蒴果狭倒卵形或倒披针形。

产地与生境 长江以南、南岭以北的大部分省区均有分布，南至广东，西至贵州，西北达甘肃南部。常见生于丘陵或低山林中、灌丛中或草丛间。

趣味文化 博落回的历史记载比较多，但大多都是药典。例如《酉阳杂俎》称其为落回，《植物名实图考长编》称其为号筒草、勃勒回，《湖南野生植物》称之为号筒秆，《土农药志》则叫它号筒青。

用途 可用于治疗跌打损伤、风湿关节痛、痛疖肿毒，并可杀蛆虫。也适合植于庭院僻隅、林缘池旁，以供观赏。

酢浆草

Oxalis corniculata

🛡 无毒　🌿 株高 5~10 厘米　🌱 花期 2~9 月　🌼 果期 2~9 月

● 酢浆草科酢浆草属

识别特征 多年生草本。根茎稍肥厚。茎细弱，直立或匍匐。叶基生，小叶 3 枚，倒心形，先端凹下。花单生或数朵组成伞形花序状，花序梗与叶近等长；萼片 5，披针形或长圆状披针形；花瓣 5，黄色，长圆状倒卵形。蒴果长圆柱形，5 棱。

产地与生境 全国分布。生于山坡草地、河谷河岸、路边、天边、荒地或林下阴湿处。

用途 全草可入药，能解热利尿，消肿散淤。茎叶含草酸，可用以磨镜或擦铜器，使其具光泽。牛羊食其过多可中毒致死。

翠菊

Callistephus chinensis

🌿 无毒　🖊 株高 15~100 厘米　🌼 花期 5~10 月　🧡 果期 5~10 月

● 菊科翠菊属　别名 / 江西腊、七月菊、格桑花

识别特征 一年生或二年生草本。茎直立，单生，被白色糙毛。叶片卵形或长椭圆形。头状花序，花瓣有浅白、浅红、蓝紫等色，两性花花冠黄色。瘦果长椭圆状倒披针形，稍扁。

产地与生境 分布于我国吉林、辽宁、河北、山西、山东、云南以及四川等省份。生于山坡撂荒地、山坡草丛、水边或疏林阴处。

趣味文化 翠菊是白羊座的十二星座守护花，不仅象征着真诚的友谊和纯洁的爱情，还代表着坚定不移的信念和默默守护的爱情。

用途 翠菊是国内外园艺界非常重视的观赏植物。国际上将矮生种用于盆栽、花坛观赏，高秆种用作切花观赏。翠菊在中国主要用于盆栽和庭院观赏。

大丁草

Leibnitzia anandria

🌿 无毒   💧 株高 春型 8~19 厘米，秋型 30~60 厘米
🌱 花期春秋两季   🐝 果期 9~10 月

● 菊科大丁草属   别名／翼齿大丁草、多裂大丁草

识别特征 多年生草本。根状茎短，为纤维状的枯残叶基所围裹，具疏生细长须根。叶基生，莲座状，多倒披针形或倒卵状长圆形。花葶单生或丛生，头状花序单生于花葶之顶，倒卵圆形。两性花花冠管状二唇形。瘦果。

产地与生境 产于四川（南川）和贵州（遵义金顶山），生于疏林下或荒坡上。

趣味文化 有传说称，大丁草因对兽类咬伤有很好的疗效，被猎户发现豹子用它来疗伤，故名"豹子药"。

用途 全草都可入药，内服、外敷均可，清热止咳，利湿、解毒。

地构叶

Speranskia tuberculata

⊘ 无毒　🌱 株高 25~50 厘米　🌿 花期 4~9 月　🌸 果期 4~9 月

● 大戟科地构叶属　别名 / 土门子、地松菜、珍珠透骨草

识别特征 多年生草本。茎直立，分枝较多，被伏贴短柔毛，叶披针形或卵状披针形，位于花序中部的雌花两侧有时具雄花 1~2 朵。苞片卵状披针形或卵形，花萼裂片卵状披针形。蒴果。

产地与生境 分布于辽宁、吉林、内蒙古、河北、河南、山西、陕西、甘肃、山东、江苏、安徽、四川等省份。常生于海拔 800~1 900 米的山坡草丛或灌丛中。

趣味文化 相传，地构叶底下藏有一种仙草，名叫"地夫人"。这种仙草生命力极强，常年在地底下生长。当地老百姓认为，人们只要采摘了地夫人，就能长生不老，成为不死之身。

用途 地构叶是东北地区传统的野菜之一，可以制成多道美味佳肴。例如，用地构叶和瘦肉一起炒，能够起到去腥增香的效果；把它和豆腐一起烧，可以做成一道营养丰富的家常菜。

二色棘豆

Oxytropis bicolor

🌿 无毒　　💧 株高 5~20 厘米　　🌱 花期 4~9 月　　🌰 果期 4~9 月

● 豆科棘豆属　别名 / 人头草、地丁、猫爪花

识别特征 多年生草本。植株各部密被开展白色绢状长柔毛，淡灰色。轮生羽状复叶，线形、线状披针形或披针形。花冠紫红或蓝紫色，旗瓣菱状卵形。荚果。

产地与生境 产于我国内蒙古、河北、山西、陕西、宁夏、甘肃、青海及河南等地，蒙古东部也有分布。生于海拔 180~2 500 米的山坡、沙地、路旁及荒地上。

用途 可作为干草原地带或森林草原地带天然草地的补播草种，对于增加天然草地豆科牧草的比例有积极作用。青、干时绵羊、山羊喜食，马、牛也吃。

粉花月见草

Oenothera rosea

🟣 无毒　🔵 株高 30~50 厘米　🌱 花期 4~11 月　🔶 果期 9~12 月

● 柳叶菜科月见草属

识别特征 多年生草本。具粗大主根；茎常丛生，多分枝，下部常紫红色。基生叶紧贴地面，倒披针形，先端锐尖或钝圆。花单生于茎、枝顶部叶腋，花蕾绿色，锥状圆柱形，花管淡红色，花瓣粉红至紫红色。蒴果棒状。

产地与生境 产于美国得克萨斯州南部至墨西哥，我国浙江、江西（庐山）、云南（昆明）、贵州，逸为野生。生于海拔 1 000~2 000 米荒地草地、沟边半阴处。

趣味文化 花语为默默的爱、自由的心、守护陪伴。

用途 适于点缀夜景，用于园林、庭院、花坛及路旁绿化，有良好的观赏价值，而且有较高的经济和药用价值。根入药，有消炎、降血压功效。

钩吻

Gelsemium elegans

⚠ 全株剧毒　◯ 株高 300 厘米　◯ 花期 5~11 月　◯ 果期 7 月至翌年 3 月

● 钩吻科钩吻属　别名 / 野葛、胡蔓藤、断肠草

识别特征　常绿木质藤本。小枝圆柱形，幼时具纵棱。除苞片边缘和花梗幼时被毛外，全株均无毛。叶片膜质，卵形、卵状长圆形或卵状披针形，顶端渐尖，基部阔楔形至近圆形。花密集，组成顶生和腋生的三歧聚伞花序，花冠黄色，漏斗状。蒴果卵形或椭圆形。

产地与生境　分布于我国江西、福建、台湾、湖南、广东、海南、广西、贵州、云南等省区。生于海拔 500~2 000 米的山地路旁灌木丛中或潮湿肥沃的丘陵山坡疏林下。

趣味文化　走遍山林荒野、尝百草试疗效的神农氏，却栽倒在钩吻丛中。据记载，吃下后肠道会变黑粘连，人会腹痛不止而死。故又名断肠草。形态与金银花相似，易误认为金银花而误食。

用途　供药用，有消肿止痛、拔毒杀虫的功效。华南地区常用作中兽医草药，对猪、牛、羊有驱虫功效。亦可作农药，防治水稻螟虫。

枸杞

Lycium chinense

✔ 无毒　　🌱 株高 0.8~2 米　　🌸 花期 6~11 月　　🟠 果期 6~11 月

● 茄科枸杞属　别名 / 苟起子、枸杞红实、甜菜子

识别特征 落叶灌木。枝条细弱，弓状弯曲或俯垂，淡灰色。叶片呈卵形。花长在长枝上单生或双生于叶腋。花冠漏斗状，淡紫色，5 深裂。果实为卵状浆果，红色。

产地与生境 分布于我国河北、山西、陕西、甘肃南部以及东北、西南、华中、华南和华东各省区，朝鲜、日本、欧洲有栽培或逸为野生。常生于山坡、荒地、丘陵地、盐碱地、路旁及村边宅旁。

趣味文化 据说盛唐时期，有一天，丝绸之路来了一帮西域商贾，傍晚在客栈住宿，见有一女子斥责一老者。商人上前责问："你何故这般打骂老人？"那女子道："我训自己的孙子，与你何干？"闻者皆大吃一惊。原来，此女子已 200 多岁，老汉也已是九旬之人。他受责打是因为不肯遵守族规服用草药，弄得未老先衰、两眼昏花。商人惊诧之余忙向女寿星讨教高寿的秘诀，女寿星见使者一片真诚，便告诉他自己四季服用枸杞。后来枸杞传入中东和西方，被那里的人誉为"东方神草"。

用途 果实和根皮可入药。可作绿化栽培。

红花酢浆草

Oxalis corymbosa

● 无毒　● 株高 10~35 厘米　● 花期 2-9 月　● 果期 2-9 月

● 酢浆草科酢浆草属　别名 / 多花酢浆草、紫花酢浆草、南天七

识别特征 多年生直立草本。具球状鳞茎。叶基生，小叶 3 枚，扁圆状倒心形，先端凹缺，两侧角圆，基部宽楔形。花序梗长 10~40 厘米，被毛，花梗长 0.5~2.5 厘米，花梗具披针形干膜质苞片 2 枚，萼片 5 枚，披针形，顶端具暗红色小腺体 2 枚，花瓣 5 枚，倒心形，淡紫或紫红色。

产地与生境 产于南美洲热带地区，中国长江以北各地作为观赏植物引入，南方各地已逸为野生，日本亦然。生于低海拔地区的山地、路旁、荒地或水田中。因其鳞茎极易分离，故繁殖迅速，常为田间杂草。

趣味文化 花语为璀璨的心，叶片心形，包围着花朵，用来形容对一个人热烈的爱，适合送给爱人，也有富贵吉祥的寓意。

用途 全草可入药，治跌打损伤、赤白痢，止血。园林中广泛种植，既可布置于花坛、花境，又适于大片种植作为地被植物丛植，还是盆栽的良好材料。

虎耳草

Saxifraga stolonifera

⚠ 全株微毒　💧 株高 8~45 厘米　🌱 花期 4~11 月　🍊 果期 4~11 月

● 虎耳草科虎耳草属　别名 / 天青地红、通耳草、耳朵草

识别特征 多年生草本。茎被长腺毛。基生叶近心形、肾形或扁圆形，先端急尖或钝，基部近截形、圆形或心形，边缘 5~11 浅裂，并具不规则锯齿和腺睫毛。两面被腺毛和斑点，叶柄被长腺毛。茎生叶 1~4 枚，叶片披针形。聚伞花序圆锥状。

产地与生境 分布于我国安徽、福建、广东、广西、贵州、甘肃东南部等省份，朝鲜、日本也有分布。生于林下、灌丛、草甸和阴湿岩隙。

趣味文化 传说，湖北有一户人家的女儿，在与采花贼的搏斗中倒在虎耳草上，压碎的汁水流在生满冻疮的手上，第二天却发现冻疮消退，因此知晓了虎耳草的药用价值。

用途 全草可入药，能清热解毒、凉血、止血。

黄鹌菜

Youngia japonica

🌿 无毒　💧 株高 10~100 厘米　🌱 花期 4~10 月　🍂 果期 4~10 月

● 菊科黄鹌菜属　别名 / 野芥菜、黄瓜菜、野青菜

识别特征 一年生草本。根垂直直伸，生多数须根。茎直立，单生或少数茎成簇生。基生叶倒披针形、椭圆形、长椭圆形或宽线形。总苞圆柱状，总苞片 4 层，宽卵形或卵形，内面有贴伏的短糙毛，全部总苞片外面无毛，舌状小花黄色，花冠管外面有短柔毛。瘦果纺锤形，呈褐色或红褐色。

产地与生境 分布于我国北京、山东、江苏、安徽、河南、湖北等地，日本、印度、菲律宾、朝鲜等国家也有分布。生于山坡、山谷及山沟林缘、林下、林间草地及潮湿地、河边沼泽地、田间与荒地上。

趣味文化 "黄"是指花的颜色，"鹌"取其小之意，而"菜"是指它曾被当作野菜，故为"黄鹌菜"。

用途 有清热解毒、利尿消肿的功效，主治感冒、咽痛、眼结膜炎、乳痛、疮病肿毒、毒蛇咬伤等功效。可食用。

黄秋英

Cosmos sulphureus

⊘ 无毒　　✎ 株高 1.5~2 米
🌱 春播花期 6~8 月，夏播花期 9~10 月　　☀ 果期 6~10 月

● 菊科秋英属　别名 / 硫磺菊

识别特征 一年生草本，具柔毛。枝叶为对生的二回羽状复叶，叶 2~3 次羽状深裂，裂片披针形至椭圆形。花为舌状花，有单瓣和重瓣两种，颜色多为黄、金黄、橙色，红色。头状花序 2.5~5 厘米，花序梗长 6~25 厘米。瘦果棕褐色。

产地与生境 产于墨西哥至巴西。在海拔 1 600 米以下的碱性土壤地区可自然生长，在中国各地庭院中常见栽培。

趣味文化 别名"硫磺菊"，是因花色金黄，像一种叫硫磺的矿物而得名。

用途 黄秋英有清热解毒、化湿的功效，主要用于治疗咳嗽、痢疾、蝎蜇伤等症。花大、色艳，适合多株丛植或片植，可用于花坛布置，也可用作切花。

藿香叶绿绒蒿

Meconopsis betonicifolia

⚠ 全株微毒　🗡 株高 30~150 厘米　🌱 花期 6~11 月　🍂 果期 6~11 月

● 罂粟科绿绒蒿属　别名 / 贝利氏绿绒蒿、蓝罂粟

识别特征 一年生或多年生草本。根状茎短而肥厚，盖以残枯未落的叶柄，其上密枝锈色，具短分枝的长柔毛茎粗壮，不分枝。基生叶卵状披针形或卵形，基部心形或截形，边缘和背面毛稍密，背面略被白粉。花瓣宽卵形、圆形或倒卵形，天蓝色或紫色，具明显的纵条纹。蒴果长圆状椭圆形，无毛，稀被锈色、紧贴长硬毛。

产地与生境 产于西藏东南部（林芝、米林、错那）等地。生于海拔 3 000~4 000 米的林下或草坡。

趣味文化 花瓣的颜色像天空一样湛蓝，是高原地区最美丽的风景线，但也是一种带有毒性的植物，不能直接食用。

用途 展现美丽的高原风情。全株可入药，根部药效最为出色，是清热利温以及清肺止咳的重要成分。

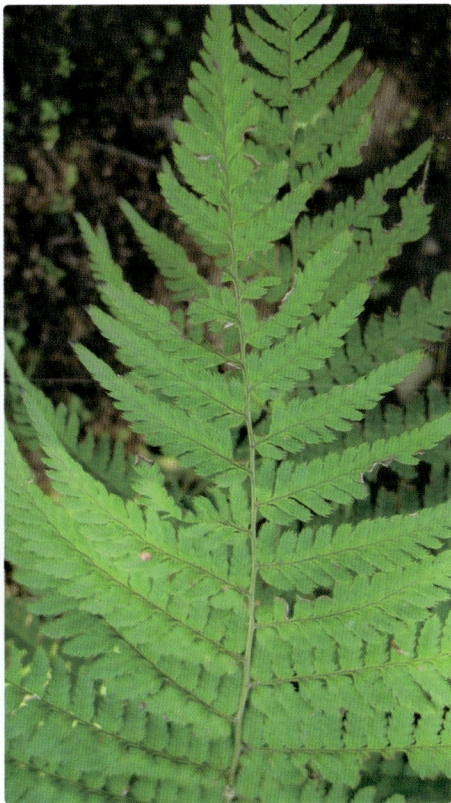

荚果蕨

Matteuccia struthiopteris

⚠ 叶片有毒　🔹 株高 70~110 厘米

● 球子蕨科 荚果蕨属　别名 / 黄瓜香、野鸡膀子

识别特征 多年生蕨类草本。根状茎粗壮。叶簇生，二形，不育叶叶柄褐棕色，互生或近对生，有粗壮的长柄，叶片倒披针形，中部以上宽 4~8 厘米，羽片线形，两侧强度反卷成荚果状，呈念珠形。孢子囊群圆形，着生叶脉先端囊托，成熟时连成线形，囊群盖膜质。

产地与生境 产于黑龙江、吉林、辽宁、内蒙古、河北、山西、河南、湖北西部、陕西、甘肃、四川、新疆、西藏。生于山谷林下或河岸湿地。

用途 具有清热解毒、凉血止血的功效，也有杀虫作用。是观叶植物，也能炒食、做馅食用。荚果蕨的幼叶可以盐渍，速冻保鲜，是山野菜中的佳品。

金盏花

Calendula officinalis

🌿 无毒　💧 株高 20~75 厘米　🌱 花期 4~9 月　🍂 果期 6~10 月

● 菊科金盏花属　别名 / 金盏菊、盏盏菊

识别特征 一年生或二年生草本。通常自茎基部分枝，绿色或多少被腺状柔毛。基生叶长圆状倒卵形或匙形，具柄，茎生叶长圆状披针形或长圆状倒卵形，无柄。头状花序单生茎枝端，直径 4~5 厘米，小花黄或橙黄色，管状花檐部具三角状披针形裂片。瘦果全部弯曲，淡黄色或淡褐色。

产地与生境 产于欧洲西部、西亚、北非和地中海沿岸地区，现世界各地都有栽培。喜阳光充足环境，适应性较强，不择土壤。

趣味文化 据说金盏花与圣母玛利亚有关。圣母玛利亚的生日是新年的第一天。金盏花在新年的第一天开花。因此，金盏花是圣母玛利亚的生日花。金盏花的英文名称也从"新年的第一天"演变而来。

用途 花美丽鲜艳，是庭院、公园装饰花圃花坛的理想花卉。既是民间药物，又是国际传统药物，其资源甚是丰富，并广泛应用于医药、轻工业、化妆品、食品及园艺等各个行业。

锦葵

Malva cathayensis

| 🛡 无毒 | 🌱 株高 50~90 厘米 | 🌼 花期 5~10 月 | 🍂 果期 5~10 月 |

● 锦葵科锦葵属　别名 / 荆葵、钱葵、小钱花

识别特征 二年生直立草本。分枝多，疏被粗毛。叶圆心形或肾形，具 5~7 圆齿状钝裂片。花 3~11 朵簇生，花紫红色或白色，花瓣 5 枚，匙形，先端微缺。果扁圆形，分果爿 9~11 个。种子肾形。

产地 产于广东、广西，北至内蒙古、辽宁，东起台湾，西至新疆和西南各省区，均有分布。

趣味文化 锦葵，古名"荍"，始载于《诗经·陈风》。《植物名实图考》收载于卷三蔬类，云："锦葵……今荆葵也，似葵紫色……小草多华少叶，叶又翘起……华紫绿色，可食，微苦。"

用途 可供观赏，也有药用价值，清热利湿，理气通便，还可用来做香茶。

列当

Orobanche coerulescens

🛡 无毒　💧 株高 50 厘米　🌿 花期 4~7 月　🍂 果期 7~9 月

● 列当科列当属　别名 / 独根草、兔子拐棒

识别特征　二年生或多年生寄生草本。茎不分枝。叶卵状披针形，连同苞片、花萼外面及边缘密被蛛丝状长绵毛。穗状花序，苞片与叶同形，花冠深蓝、蓝紫或淡紫色，筒部在花丝着生处稍上方缢缩，具不规则小圆齿，花丝被长柔毛。

产地与生境　分布于我国甘肃、河北、黑龙江等省份，在朝鲜、日本等国家也有分布。 生于山坡林下。

趣味文化　列当被列为国家三级保护濒危物种，这体现了它在生物多样性保护方面的重要性。

用途　味甘，性温，有补肾壮阳、强筋骨、润肠的功效，主治宫冷不孕，小儿佝偻病等症状，外用治小儿肠炎。

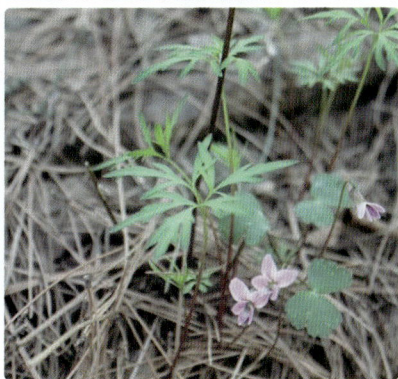

裂叶堇菜

Viola dissecta

🌿 无毒　💧 株高 3~30 厘米　🌱 花期 4~9 月　🌰 果期 5~10 月

● 堇菜科堇菜属　别名 / 深裂叶堇菜

识别特征 多年生草本。无地上茎，根状茎垂直，缩短，基生叶轮廓呈圆形、肾形或宽卵形，全裂，两侧裂片 2 深裂，中裂片 3 深裂，裂片线形，长圆形或窄卵状披针形。托叶近膜质，苍白色至淡绿色。花较大，淡紫色至紫堇色，花梗通常与叶等长或稍超出于叶。果实蒴果，长圆形或椭圆形。

产地与生境 产于我国吉林、辽宁、内蒙古、河北、山西、陕西、甘肃、山东、浙江、四川、西藏、朝鲜、蒙古、俄罗斯（远东地区、西伯利亚及中亚地区）有分布。生于山坡草地、杂木林缘、灌丛下及田边、路旁等地。

用途 微苦，凉，全株入药，有清热解毒、消痈肿的功效。

鳞叶龙胆

Gentiana squarrosa

🌿 无毒　💧 株高 2~8 厘米　🌱 花期 4~9 月　🍂 果期 4~9 月

● 龙胆科龙胆属　别名 / 小龙胆、龙胆地丁

识别特征 一年生矮小草本。茎密被黄绿色或杂有紫色乳突，基部多分枝。叶缘厚软骨质，基生叶卵形、宽卵形或卵状椭圆形，茎生叶倒卵状匙形或匙形。花单生枝顶，花萼倒锥状筒形，花冠蓝色，筒状漏斗形。蒴果倒卵状长圆形。种子具亮白色细网纹。

产地与生境 分布于我国西南、西北、华北及东北等地区，在俄罗斯、蒙古、朝鲜、日本等国也有分布。多生于山坡、山谷、山顶、干草原、河滩中及高山草甸。

趣味文化 因其茎叶如龙鳞而得名"鳞叶龙胆"。

用途 全草可入药，味苦、辛，性寒，有清热利湿、解毒消痈之功效。鳞叶龙胆为高山湿地常见种，具有较高的观赏价值。适合作花坛、花境或作盆花栽培。

琉璃苣

Cynoglossum furcatum

⚠ 全株有毒　　🌱 株高 40~60 厘米　　🌸 花期 5~10 月　　🍂 果期 5~10 月

● 紫草科琉璃草属　别名 / 大果琉璃草、蓝布裙、星星草

识别特征 一年生草本。直立草本。茎单一或数条丛生。基生叶及茎下部叶具柄，长圆形或长圆状披针形。花序顶生及腋生，花冠蓝色，漏斗状，花药长圆形，花柱肥厚，略四棱形。小坚果卵球形，边缘无翅边或稀中部以下具翅边。

产地与生境 分布于我国西南、华南以及台湾华东至河南、陕西及甘肃南部广布，阿富汗、巴基斯坦、印度、斯里兰卡、泰国、越南、日本等国也有分布。生于海拔 300~3 040 米的林间草地、向阳山坡及路边。

趣味文化 琉璃苣在很多地区的别称都不太一样，最熟悉的是星星草，因琉璃苣的花朵像天空中的繁星一样而得名。

用途 根叶可入药，性味微苦，性寒，有清热解毒、利尿消肿、活血调经等功效。

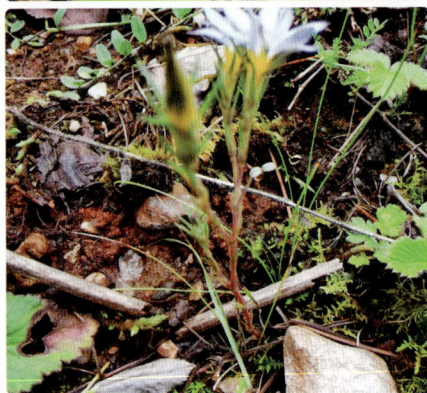

龙胆

Gentiana scabra

🛡 无毒　🌿 株高 30~60 厘米　🌱 花期 5~11 月　🌾 果期 5~11 月

● 龙胆科龙胆属　别名 / 龙胆草、胆草、草龙胆

识别特征 多年生草本。根茎平卧或直立。花枝单生直立，黄绿色或紫红色，中空具条棱，花多数簇生枝顶和叶腋，花萼筒倒锥状筒形或宽筒形，花冠蓝紫色，筒状钟形。蒴果内藏，宽椭圆形。种子褐色，有光泽，线形或纺锤形，两端具宽翅。

产地与生境 分布于我国内蒙古、黑龙江、吉林、辽宁、贵州、陕西、湖北、湖南、安徽、江苏、浙江、福建、广东、广西，俄罗斯、朝鲜、日本也有分布。生于海拔 400~1 700 米的山坡草地、路边、河滩、灌丛中、林缘及林下、草甸。

用途 味苦，性寒，归肝、胆经，具有清热燥湿、泻肝胆火的功效。

龙牙草

⚠️ 全株有毒　　🌿 株高 30~120 厘米　　🌱 花期 5~12 月　　🍂 果期 5~12 月

Agrimonia pilosa

● 蔷薇科龙牙草属　别名 / 龙芽草、瓜香草、老鹤嘴

识别特征 多年生草本。叶为间断奇数羽状复叶，基部楔形至宽楔形，边缘有急尖至圆钝锯齿，茎下部托叶有时卵状披针形，常全缘。花序穗状总状顶生。果实倒卵圆锥形。

产地与生境 分布于我国南北各省区，欧洲中部以及俄罗斯、蒙古、朝鲜、日本和越南北部均有分布。常生于溪边、路旁、草地、灌丛、林缘及疏林下。

趣味文化 龙牙草的名字来源与其形态有关，因形似龙牙而得名。《本草图经》记载："仙鹤草涩平苦，喜归脾肺肝经。"此处的"仙鹤草"即龙牙草。

用途 全草供药用，为收敛止血药，兼有强心作用，市售止血剂仙鹤草素即自该植物中提取。

漏芦

Rhaponticum uniflorum

🌿 无毒　💧 株高 30~100 厘米　🌼 花期 4~9 月　🌰 果期 4~9 月

● 菊科漏芦属　别名 / 和尚头、大口袋花、狼头花

识别特征 多年生草本。根状茎粗厚，茎直立，不分枝，簇生或单生，灰白色。头状花序单生茎顶，花序梗粗壮，裸露或有少数钻形小叶。总苞半球形，约 9 层，覆瓦状排列。全部小花两性，管状，花冠紫红色。瘦果。

产地与生境 分布于我国黑龙江、吉林、辽宁、河北、内蒙古、陕西、甘肃、青海、山西、河南、四川、山东等地。生于海拔 390~2 700 米的山坡丘陵地、松林下或桦木林下。

趣味文化 一日，女大夫遇到一位患乳痈（乳腺炎）的患者，她将开着紫色花朵的草药连根捣烂敷在患处。没过几日这位妇女的乳痈就好了，而且乳汁也通畅了，女大夫便称这种草药为"漏乳"。后人觉得这个名字不雅，便改其谐音称为"漏芦"。

用途 根及根状茎可入药，性寒、味苦咸，可清热、解毒、排脓、消肿和通乳。

络石

Trachelospermum jasminoides

⚠ 有全株毒　🌿 株高 10 米　🌱 花期 3~8 月　🍂 果期 6~12 月

● 夹竹桃科络石属　别名 / 石龙藤、万字茉莉、白花藤

识别特征 常绿木质藤本，具乳汁。茎赤褐色，小枝被黄色柔毛。叶革质或近革质，椭圆形至卵状椭圆形或宽倒卵形，基部渐狭至钝，叶面无毛。二歧聚伞花序腋生或顶生。蓇葖果线状披针形。种子长圆形，顶端具白色绢毛。

产地与生境 分布于我国山东、安徽、江苏、浙江、福建、台湾等地，日本、朝鲜和越南也有分布。生于山野、溪边、路旁、林缘或杂木林中，常缠绕于树上或攀缘于墙壁上、岩石上。

趣味文化 络石始记载于《神农本草经》。唐代《新修本草》记载："此物生阴湿处，冬夏常青，实黑而圆，其茎蔓延绕树石侧，若在石间者，叶细厚而圆短，绕树生者，叶大而薄，人家亦种之，俗名耐冬，山南人谓之石血。"

用途 根、茎、叶、果实供药用，有祛风活络、利关节、止血、止痛消肿、清热解毒之效。

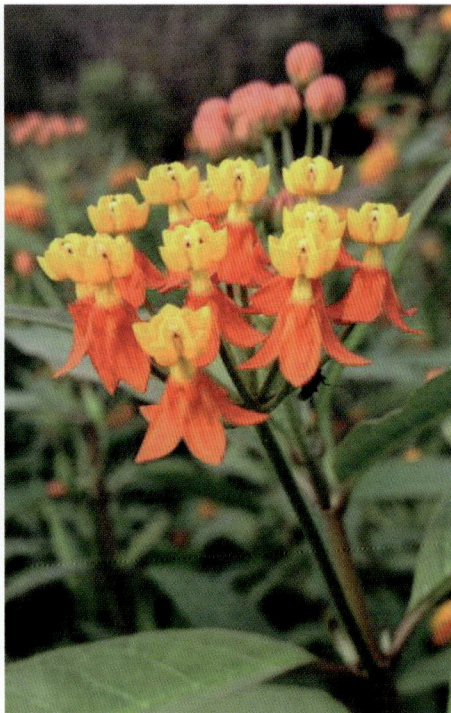

马利筋

Asclepias curassavica

⚠ 全株剧毒　🌿 株高 80 厘米　🌸 花期几乎全年　🍂 果期 8~12 月

● 夹竹桃科马利筋属　　别名 / 水羊角、莲生桂子、唐棉

识别特征 多年生草本。茎淡灰色，被微柔毛或无毛。叶对生，膜质，披针形或长圆状披针形，基部延至叶柄，两面无毛或下面脉被微毛，侧脉 8~10 对，叶柄长约 1 厘米。花梗、花萼裂片被柔毛，花冠紫或红色，副花冠裂片黄或橙色，匙形，花粉块着粉腺紫红色。蓇葖果纺锤形。种子卵圆形。

产地 广东、广西、云南、贵州、四川、湖南、江西、福建、台湾等省区均有栽培，广植于世界热带及亚热带地区。

趣味文化 清代吴其濬《植物名实图考》中有马利筋的相关记载，而且这本书还给了它挺特别的名字，叫"莲生桂子花"。

用途 主要供作庭植、花坛栽植、切花和盆栽，也作为引蝶植物用。

毛茛

Ranunculus japonicus

⚠ 全株剧毒　🌿 株高 30~70 厘米　🌱 花期 4~9 月　🍂 果期 4~9 月

● 毛茛科毛茛属　别名 / 鱼疗草、鸭脚板、野芹菜

识别特征 多年生草本。须根多数簇生。茎直立，中空，有槽，具分枝。基生叶和下部叶的 3 深裂不达基部。花黄色，聚伞花序疏散，花直径约 1.5 厘米，花托无毛。瘦果扁平，长约 2.5 毫米。

产地与生境 除西藏外，在我国各省区均有广布。生于海拔 200~2 500 米的田沟旁和林缘路边的湿草地上。

趣味文化 因茛乃草乌头之苗，此草形状及毒皆似之，故名毛茛。

用途 全草含原白头翁素，有毒，为发泡剂和杀菌剂，捣碎外敷，可截疟、消肿及治疮癣。

尼泊尔老鹳草

Geranium nepalense

⚠ 茎叶有毒　　✐ 株高 30~50 厘米　　🌱 花期 4~9 月　　☀ 果期 5~10 月

● 牻牛儿苗科老鹳草属　　别名 / 五叶草

识别特征 多年生草本。茎仰卧，被倒生柔毛。叶对生或偶为互生。托叶披针形，外被柔毛。叶片五角状肾形，表面被疏伏毛，背面被疏柔毛。苞片披针状钻形，棕褐色干膜质。萼片卵状披针形，被疏柔毛，边缘膜质。花瓣紫红色或淡紫红色，倒卵形，具缘毛。蒴果果瓣被长柔毛，喙被短柔毛。

产地与生境 分布于秦岭、云南和西藏等地。生于山地阔叶林缘、灌丛、荒山草坡，为山地杂草。

趣味文化 尼泊尔老鹳草无论花的结构或营养体特征都与鼠掌老鹳草相似。但尼泊尔老鹳草主要分布于中国 - 喜马拉雅植物区系和南亚的热带山地，而鼠掌老鹳草主要分布于欧亚温带地区。两者在我国西南呈现明显的地理替代现象，因此在分布区交界或重叠地区，出现形态特征的过渡，给分类工作带来很大困难。

用途 全草可入药，具强筋骨、祛风湿、收敛和止泻的功效。

泥胡菜

Hemisteptia lyrata

🌿 无毒　🌱 株高 0.3~1 米　🌼 花期 3~8 月　🍂 果期 3~8 月

● 菊科泥胡菜属　别名 / 艾草、猪兜菜

识别特征 一年生草本。茎单生，疏被蛛丝毛。基生叶长椭圆形或倒披针形，中下部茎生叶与基生叶同形。头状花序在茎枝顶端排成伞房花序，稀头状花序单生茎顶，总苞宽钟状或半球形，小花两性，管状，花冠红或紫色。果实瘦果，楔形或扁斜楔形。

产地与生境 除新疆、西藏外，遍布全国。山坡、山谷、平原、丘陵、林缘、林下、草地、荒地、田间、河边、路旁等处普遍有之。

趣味文化 相传，古代有位姓胡的医生，在山中采药时发现一种小草，具有清热解毒、利尿消肿等功效。他将其命名为"泥胡菜"，并传授其药用价值给后人。泥胡菜因此成为民间常用中草药，体现了古人对自然和草药的敬畏与感激。

用途 全草可入药，具有消肿散结，清热解毒的功效，用于乳腺炎、颈淋巴结炎、痈肿疔疮、风疹瘙痒。

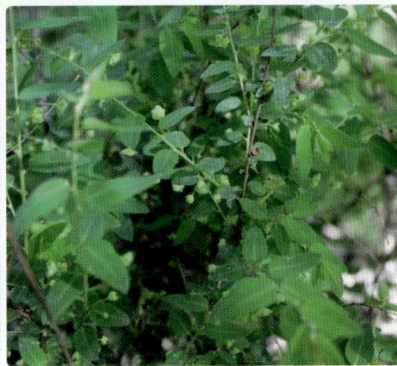

雀儿舌头

Leptopus chinensis

⚠ 全株有毒　🌿 株高 3 米　🌼 花期 2~8 月　🍂 果期 6~10 月

● 叶下珠科雀舌木属　别名 / 线叶雀舌木、小叶雀舌木、云南雀舌木

识别特征 直立灌木。叶片膜质至薄纸质，卵形、近圆形、椭圆形或披针形，叶面深绿色，叶背浅绿色。花小，单生或簇生于叶腋，萼片卵形或宽卵形，浅绿色，膜质，具有脉纹。花瓣白色，匙形，膜质，倒卵形。蒴果圆球形或扁球形。

产地与生境 除黑龙江、新疆、福建、海南和广东外，全国各省区均有分布。生于海拔500~1 000 米的山地灌丛、林缘、路旁、岩崖或石缝中。

趣味文化 雀儿舌头在湘西民间被称为"强盗药"，意即小偷被抓住后遭打伤，自己找到这种植物嚼碎后内服外敷，创伤很快痊愈。

用途 雀儿舌头为水土保持林优良的林下植物，也可作庭院绿化灌木。叶可供制作杀虫农药，嫩枝叶有毒，羊类多吃会致死。

乳浆大戟

⚠ 全株剧毒 　🌿 株高 15~60 厘米 　🌱 花期 4~10 月 　🌼 果期 4~10 月

Euphorbia esula

● 大戟科大戟属　别名 / 乳浆草、松叶乳汁大戟、猫眼草

识别特征 多年生草本。根圆柱状，长 20 厘米以上，直径 3~6 毫米，不分枝或分枝，常曲折，褐色或黑褐色。茎单生或丛生，单生时自基部多分枝，花柱宿存。成熟时分裂为 3 个分果爿。种子卵球状，成熟时黄褐色，种阜盾状，无柄。

产地与生境 除海南、贵州、云南和西藏外，全国广布。生于路旁、杂草丛、山坡、林下、河沟边、荒山、沙丘及草地。

趣味文化 清代《植物名实图考》中记载的民谚"误食猫眼，活不能晚"，就是指它的毒性较强，误食会腐蚀胃肠黏膜。

用途 种子含油量达 30%，工业用。全草可入药，具拔毒止痒之效。

珊瑚藤

Antigonon leptopus

🌿 无毒　📏 株高 10~15 厘米　🌱 花期 4~12 月　🍂 果期冬季

● 蓼科珊瑚藤属　别名 / 紫苞藤、朝日藤、爱之藤

识别特征 多年生攀缘落叶藤本。长可达 10 米，蔓长 1~5 米。茎基部稍木质，由肥厚的块根发出。叶互生，先端渐尖，基部深心脏形，有明显的网脉。总状花序顶生或腋生，花淡红色。瘦果。

产地 产于美洲，广泛分布于热带与亚热带地区。

趣味文化 花语是"爱的锁链"，它象征着对爱情的承诺和永恒的爱。这一花语源自一个美丽的传说：在西方神话中，有位山神为了赢得一位女神的芳心，从山里采回许多藤草，编织成藤衣和项链送给女神，最终赢得了她的爱。因此，珊瑚藤也被视为一种对爱的坚定承诺，浪漫而美丽。

用途 用于凉亭、棚架、栅栏绿化。植于坡面作地被植物，也可用于庭院垂直绿化。

深裂蒲公英

Taraxacum scariosum

🌿 无毒　💧 株高 10~25 厘米　🌼 花期 4~9 月　🍂 果期 4~9 月

● 菊科蒲公英属　别名 / 亚洲蒲公英

识别特征　多年生草本。根颈部有暗褐色残存叶基。叶线形或狭披针形。花葶数个，与叶等长或长于叶，顶端光滑或被蛛丝状柔毛。头状花序，总苞长 10~12 毫米，基部卵形。舌状花黄色，稀白色，边缘花舌片背面有暗紫色条纹，柱头淡黄色或暗绿色。瘦果倒卵状披针形，麦秆黄色或褐色。

产地与生境　产于黑龙江、吉林、辽宁、陕西、甘肃等省区。生于草甸、河滩或林地边缘。

趣味文化　深裂蒲公英以其顽强的生命力而著称，能够在各种恶劣的环境中生长，包括贫瘠的土壤、干旱的气候等。这种不屈不挠的精神，使其成为生命力的象征，激励着人们在面对困境时保持坚韧不拔的态度。

用途　可作缀花地被或花境配置，也可盆栽观赏。

肾茶

Orthosiphon aristatus

🟣 无毒　🌿 株高 150 厘米　🌱 花期 5~11 月　🍂 果期 5~11 月

● 唇形科鸡脚参属　别名 / 亚努秒、猫须公、猫须草

识别特征 多年生草本。茎被倒向柔毛，四棱形。叶具齿，齿端具短尖头，两面被短柔毛及腺点，叶柄被柔毛。聚伞圆锥花序，序轴密被柔毛，苞片具平行纵脉，花冠淡紫或白色，被微柔毛，上唇疏被锈色腺点，花丝无齿。小坚果深褐色，卵球形，具皱纹。

产地与生境 产于印度尼西亚、印度、缅甸、中国等国家。在我国分布于广东、海南、广西南部、云南南部、台湾及福建。常生于林下潮湿处。

趣味文化 在傣族文化中，肾茶被尊为"圣茶"，只有皇亲国戚才能享用。这种地位体现了肾茶在傣族文化中的独特性和珍贵性。傣族人民认为肾茶具有益肾强精、延年益寿的功效，因此将其视为至宝。

用途 可入药，有清热去湿、排石利水的功效。

石榴

Punica granatum

🌿 无毒　🌱 株高 3~5 米　🌸 花期 5~10 月　🍂 果期 9~10 月

● 千屈菜科石榴属　　别名/安石榴、山力叶、丹若

识别特征 落叶灌木或小乔木。树干呈灰褐色，上有瘤状突起。树冠内分枝多，嫩枝有棱，多呈方形。小枝柔韧，不易折断。叶对生或簇生，呈长披针形至长圆形或椭圆状披针形。花两性，花瓣倒卵形，与萼片同数而互生，覆瓦状排列。花有单瓣、重瓣之分，重瓣品种雌雄蕊多瓣花而不孕，花瓣多达数十枚。花多红色，也有白色和黄、粉红、玛瑙等色。

产地与生境 产于巴尔干半岛至伊朗及其邻近地区，全世界的温带和热带都有种植。生于海拔 300~1 000 米的山上。喜温暖向阳的环境，耐旱、耐寒，也耐瘠薄，不耐涝和荫蔽。对土壤要求不严，但以排水良好的夹沙土栽培为宜。

趣味文化 石榴原产波斯（今伊朗）一带，公元前 2 世纪时传入中国。"何年安石国，万里贡榴花。迢递河源边，因依汉使槎。"据晋代张华《博物志》载："汉张骞出使西域，得涂林安石国榴种以归，故名安石榴。"

用途 孤植或丛植于庭院、游园之角，对植于门庭的出处，列植于小道、溪旁、坡地、建筑物旁，也适合做成各种桩景和供瓶插花观赏。果皮可入药。

矢车菊

Centaurea cyanus

🌿 无毒　📏 株高 30~70 厘米　🌸 花期 2~8 月　🍂 果期 2~8 月

● 菊科矢车菊属　别名 / 蓝芙蓉、车轮、翠兰

识别特征　一年生或二年生草本。中部分枝，基生叶及下部茎叶长椭圆状倒披针形，边缘全缘无锯齿，顶裂片较大。瘦果椭圆形，冠毛刚毛状。

产地　产于欧洲东南部地区，主要分布于地中海地区及亚洲西南部地区。在我国主要栽培于新疆、青海、甘肃、陕西、河北、山东、江苏、湖北等地。生于海拔 200~600 米的肥沃、疏松和排水良好的沙壤土中。

趣味文化　因其花瓣如矢一般向四面射出，全形如车轮般辐射，故命名为"矢车菊"。

用途　作为欧洲民间医学传统药用植物，主要用于治疗眼科炎症，还有美容养颜的功效。

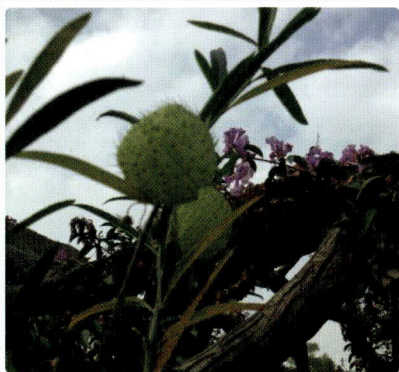

蒜香藤

Mansoa alliacea

🌿 无毒　💧 株高 3~4 米　🌼 花期 5~11 月　🍊 果期 5~11 月

● 紫葳科蒜香藤属　别名 / 紫玲藤、张氏紫葳

识别特征 常绿藤本。枝条披垂，具肿大的节部，揉搓有蒜香味。复叶对生，具 2 枚小叶，矩圆状卵形，革质而有光泽，基部歪斜，顶生小叶变成卷须。聚伞花序腋生和顶生，花密集，花冠漏斗状，鲜紫色或带紫红，凋落时变白色。

产地与生境 产于南美洲的圭亚那和巴西，在我国华南地区有引种栽培。喜温暖湿润气候和阳光充足的环境，较耐阴，不耐寒，喜疏松肥沃的微酸性土壤。

趣味文化 盛开时的蒜香味，引发人们心中的思念，故花语为互相思念。据说这种植物可以帮助人们摆脱厄运，是猎人的最爱。

用途 可布置于坡地、岸边、花境、山石、围墙、栅栏和棚架，也可入药。

梭鱼草

Pontederia cordata

🌿 无毒　🌿 株高 80~150 厘米　🌸 花期 5~10 月　果期 5~10 月

● 雨久花科梭鱼草属　别名 / 北美梭鱼草、海寿花

识别特征 多年生挺水草本。基生叶广卵圆状心形，全缘，深绿色，表面光滑。花葶直立，通常高出叶面，10 余朵花组成总状花序，顶生，花蓝色。蒴果。

产地与生境 产于南、北美洲，中国华北等地区有引种栽培。喜温、喜阳、喜肥、喜湿、怕风，不耐寒。

趣味文化 该植物被梭鱼等鱼类钟爱，滞留在该植物水下遮阴处，故名"梭鱼草"，有观赏价值。

用途 可广泛用于园林美化，栽植于河道两侧、池塘四周、人工湿地，与千屈菜、花叶芦竹、水葱、再力花等相间种植，具有观赏价值。此外，种子、嫩叶茎、全草可食用和药用。

蹄盖蕨

Athyrium filix-femina

🌿 无毒　🍃 株高 60~80 厘米

● 蹄盖蕨科蹄盖蕨属

识别特征 多年生草本。叶片二回羽状，下部几对逐渐缩短，成熟的小羽片狭长圆形，边缘脱裂，顶端钝圆，有小齿。孢子囊群近圆形。囊群盖同形，边缘有睫毛。

产地与生境 在我国分布于湖南、四川、云南、西藏、甘肃、陕西、青海。生于林下，海拔达 3 900 米。

用途 嫩叶可作野菜。全株植物可作观赏植物。

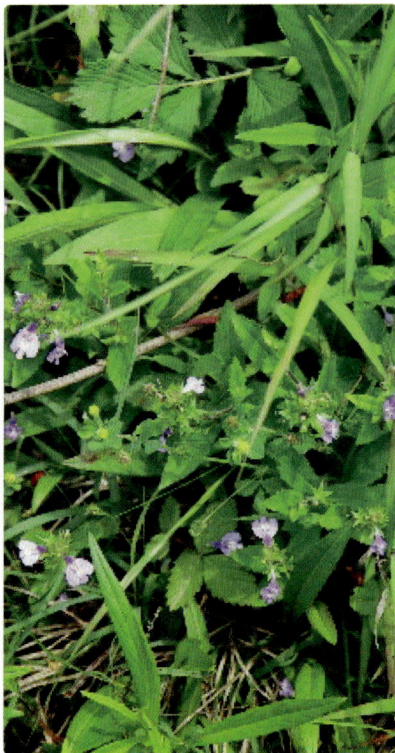

通泉草

Mazus pumilus

⚠ 有毒　🔵 株高 3~30 厘米　🌱 花期 4~10 月　🔆 果期 4~10 月

● 通泉草科通泉草属　别名 / 脓泡药、汤湿草、猪胡椒

识别特征　一年生草本。无毛或疏生短柔毛。主根伸长，垂直向下或短缩须根纤细，多数，散生或簇生。花冠白色、紫色或蓝色，长约 10 毫米，上唇裂片卵状三角形，下唇中裂片较小，稍突出，倒卵圆形，子房无毛。蒴果球形。种子小而多数，黄色。

产地与生境　分布遍布全国，在越南、朝鲜、日本等国也可见。生于海拔 2 500 米以下的湿润草坡、沟边、路旁及林缘。

趣味文化　据说有一年大旱，百姓找不到水喝，后来发现这种草周围非常潮湿，便顺着这个方向去寻找挖掘，果真就找到了它后面的水源。以后，人们就把这种草叫做"通泉草"。

用途　喜阳光充足，耐半阴，常用作花坛的镶边材料，也适合绿地丛植。

王蕊光荣树

Tibouchina semidecandra

🛡 无毒　🌿 株高 0.5~1.5 米　🌱 花期全年　🍂 果期全年

● 野牡丹科光荣树属　别名 / 紫花野牡丹、艳紫野牡丹

识别特征　常绿小灌木。枝条红褐色。叶对生，长椭圆形至披针形，两面具细茸毛，全缘，3~5 出脉。花顶生，大型，深紫蓝色。花萼 5 枚，红色。蒴果杯状球形。1 年可多次开花，以春夏季开花较为集中。

产地与生境　产于巴西，热带、亚热带地区广泛种植，在中国广东、福建、海南等地常有栽培。生于低海拔山区及平地。

趣味文化　花语是自然。

用途　巴西野牡丹是良好的花灌木，适合片植、丛植于花坛边缘、路边或草坪上，亦可与叶子花、假连翘、黄金榕等植物组合成景。

乌蔹莓

Causonis japonica

⊘ 无毒　🌿 株高 5~10 厘米　🌱 花期 3~8 月　🍂 果期 8~11 月

● 葡萄科乌蔹莓属　别名 / 虎葛、五叶梅、五爪龙

识别特征　草质藤本。枝卷须 2~3 叉分枝；叶鸟足状 5 小叶，中央小叶椭圆形至椭圆披针形，先端渐尖，基部楔形或宽圆，具疏锯齿。复二歧聚伞花序腋生，花萼碟形，花瓣二角状宽卵形，花盘发达。果近球形，熟时黑色。

产地与生境　产于我国陕西、河南、山东、安徽等地，日本、菲律宾、越南、缅甸等国家也有分布。生于山坡、路旁灌木林中，常攀缘于它物上。

趣味文化　《葛生》中记载："葛生蒙楚，蔹蔓于野。予美亡此，谁与？独处。葛生蒙棘，蔹蔓于域。予美亡此，谁与？独息。"其中"蔹"指的是乌蔹莓。

用途　全草或根可入药。

细叶美女樱

Glandularia tenera

🌿 无毒　💧 株高 20~30 厘米　🌱 花期 4~10 月　🌼 果期 5~10 月

● 马鞭草科美女樱属　别名 / 羽叶马鞭草

识别特征 多年生宿根草本。茎基部稍木质化，枝条细长四棱，微生毛。叶对生，二回羽状深裂，裂片线性，两面疏生短硬毛，端尖，全缘，叶有短柄。穗状花序顶生，开花呈穗状，花序顶生短缩呈伞房状，多数小花密集排列其上，花冠筒状，花色丰富，有白、粉红、玫瑰红、大红、紫、蓝等色。

产地 我国的华东及华南地区等地有引种栽植，适合在中国大部分地区露地栽培。

趣味文化 植株有着细细的叶片，枝条纤柔翠嫩，就像少女苗条婀娜的腰肢一般，故得名细叶美女樱。

用途 主要用于花坛、花境、点缀草坪及盆花。

续断菊

Sonchus asper

🌿 无毒　　🌱 株高 20~50 厘米　　🌼 花期 5~10 月　　🟠 果期 5~10 月

● 菊科苦苣菜属　　别名 / 苦马菜、滇苦苣菜、断续菊

识别特征 一年生草本。根倒圆锥状，褐色，垂直直伸。茎单生或少数茎成簇生，直立，有纵纹或纵棱，全部茎枝光滑无毛，上部及花梗被头状具柄的腺毛。基生叶与茎生叶同型，但较小，中下部茎叶长椭圆形、倒卵形、匙状或匙状椭圆形，上部茎叶披针形，不裂。头状花序在茎枝顶端排成稠密的伞房花序，总苞宽钟状，总苞片 3~4 层，绿色，草质。瘦果倒披针状，褐色。

产地与生境 分布于新疆、山东、江苏、安徽、江西、湖北、四川、云南、西藏，欧洲、西亚等地区和俄罗斯、哈萨克斯坦、乌兹别克斯坦、日本等国家也有分布。生于海拔 1 550~3 650 米的山坡、林缘及水边。

趣味文化 民间食用苦菜已有二千多年的历史。《尔雅》中记载，"荼，苦菜。"《诗经》有"谁谓荼苦，其甘如荠""采荼樗薪"相关描述，这些说的都是续断菊。

用途 具有较高的营养价值，可食用。可入药，有清热解毒、凉血止血的功效。

烟草

Nicotiana tabacum

⚠️ 全株有毒　💧 株高 0.7~2 米　🌱 花期夏秋季　🍂 果期夏秋季

● 茄科烟草属　别名 / 烟叶

识别特征 一年生草本。叶长圆状披针形、披针形、长圆形或卵形，先端渐尖，基部渐窄呈耳状半抱茎，叶柄不明显或成翅状。花序圆锥状，花萼筒状或筒状钟形，裂片三角状披针形，花冠漏斗状，淡黄、淡绿、红或粉红色，基部带黄色。蒴果卵圆形或椭圆形，与宿萼近等长。种子圆形或宽长圆形，褐色。

产地与生境 产于南美洲，中国南北各省广为栽培，广泛种植于从北纬 55°至南纬 40°之间的每一角落，但其最适宜的种植地带非常狭窄。

趣味文化 烟草除能制成卷烟、旱烟、斗烟、雪茄烟等供人吸食外，尚有多种医疗用途。虽然烟草给人类带了很多危害，甚至被称为"毒草"，许多国家或地区明文限制流通或抽吸，世界卫生组织成员还签署了《烟草控制框架公约》，但作为一种历史悠久的药用植物，其医疗价值不能因其危害性而被抹杀。

用途 性温味甘，有毒，具有消肿、解毒、杀虫等功效。也可用于灭"四害"（钉螺、蚊、蝇、老鼠）和杀虫等。

芫荽

Coriandrum sativum

🌿 无毒　✿ 株高 30~100 厘米　☀ 花期 4~11 月　🍂 果期 4~11 月

● 伞形科芫荽属　别名 / 胡荽、香荽、香菜

识别特征 一年生草本。茎圆柱形，多分枝。基生叶一至二回羽状全裂，裂片宽卵形或楔形，深裂或具缺刻；茎生叶二至多回羽状分裂，小裂片线形，全缘。花色为白色或带淡紫色，花瓣呈倒卵形且顶端有内凹的小舌片，通常全缘。果实呈圆球形，背面主棱及相邻的次棱明显。

产地与生境 产于欧洲地中海地区，现我国东北、安徽、浙江等多个省区均有栽培。多生于山坡路旁、旷野或田间。

趣味文化 芫荽又称香菜，古称胡荽，因张骞出使西域始得种归，故得名。广东人称芫茜。

用途 全草可入药，有发表透疹、健胃的功效，起表出体外，又可开胃消郁，还可止痛解毒。芫荽嫩茎和鲜叶有种特殊的香味，常被用作菜肴的点缀、提味之品，是人们喜欢食用的佳蔬之一。

岩白菜

Bergenia purpurascens

🛡 无毒　📏 株高 13~52 厘米　🌿 花期 5~10 月　🌰 果期 5~10 月

● 虎耳草科岩白菜属　别名/岩壁菜、石白菜、岩七

识别特征 多年生草本。根状茎粗壮，被鳞片。叶均基生，叶片革质，倒卵形至近椭圆形，稀阔倒卵形，边缘具波状齿至近全缘，基部楔形。花葶疏生腺毛。聚伞花序圆锥状，花梗与花序分枝均密被具长柄之腺毛。萼片革质，近狭卵形，背面密被具长柄之腺毛。花瓣紫红色，阔卵形，多脉。

产地与生境 产于四川西南部、云南北部及西藏南部等地。生于海拔 2 700~4 800 米的林下、灌丛、高山草甸和高山碎石隙。

趣味文化 岩白菜在中医药学中的应用历史悠久，最早可以追溯到唐代时期的《本草拾遗》。在明代，岩白菜属植物已被广泛应用于中医药学中，被李时珍的《本草纲目》列为主要的中药材之一。这些历史记载不仅证明了岩白菜的药用价值，也体现了其在中医药文化中的传承和发展。

用途 岩白菜是常见的既能观叶又能观花的宿根花卉，适合在水边、岩石间丛栽或草坪边缘栽植，也广泛用作地被植物。全草含岩白菜素等香豆精类。根状茎可入药，无毒，治虚弱头晕、劳伤咳嗽等。外感发烧体虚者慎用。

野葵

Malva verticillata

⚠ 有毒　🗡 株高 50~100 厘米　🌱 花期 3~11 月

● 锦葵科锦葵属　别名 / 马蹄菜、山榆皮

识别特征 一年生草本。茎单一或数个，无毛或上部被稀疏星状毛。叶具长柄，簇生于叶腋，有时混生极少数具柄的花，小苞片 3 枚，萼片 5 裂，裂片卵状三角形。果实略呈圆盘状，种子暗褐色。

产地与生境 我国南北各城市常见栽培，偶有逸生。南自广东、广西，北至内蒙古、辽宁，东起台湾，西至新疆和西南各省区均有分布。生于山坡、路旁、庭院及杂草地。

趣味文化 在中国古代，野葵被视为蔬菜中的上品，早在两千多年前就已经普遍栽培。北魏农学家贾思勰在《齐民要术》中对葵菜的性状描写与现在的野葵无异，表明野葵在中国农业历史中占有重要地位。

用途 多用于花境造景或种植在庭院边角等地，供观赏。春夏季采嫩叶，炒食、作汤或做馅，味美可口。老叶晒干掺入面粉蒸食。

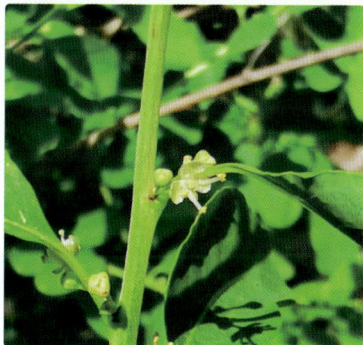

一叶萩

Flueggea suffruticosa

⚠ 全株微毒　🌱 株高 1~3 米　🌿 花期 3~8 月　🍂 果期 6~11 月

● 叶下珠科白饭树属　别名 / 山嵩树、狗梢条、白几木、叶底珠

识别特征　灌木。多分枝，小枝浅绿色，全株无毛。叶片纸质，椭圆形或长椭圆形，托叶卵状披针形宿存。花小，雌雄异株，簇生于叶腋。雄花簇生，萼片椭圆形，花药卵圆形；雌蕊圆柱形，雌花椭圆形至卵形，花盘盘状，子房卵圆形。蒴果。

产地与生境　除西北尚未发现外，我国各省区均有分布，蒙古、俄罗斯、日本、朝鲜也有分布。生于山坡灌丛中或山沟、路边，海拔 800~2 500 米。对土壤要求不严，但以肥沃疏松者为好，喜肥沃疏松的土地、向阳平地或山坡。

用途　幼嫩茎叶可以食用，营养价值高、口感好，是一种集药用和食用于一身的新型野生蔬菜。茎皮纤维坚韧，可作纺织原料。枝条可编制用具。根含鞣质。在园林中可作护坡及遮蔽污地之用，配植于山石也很合适，观赏价值很高，更是荒山绿化和园林绿化的优良树种之一。枝、叶、花可入药，具有活血通络、健脾化积、补肾强筋等功效。

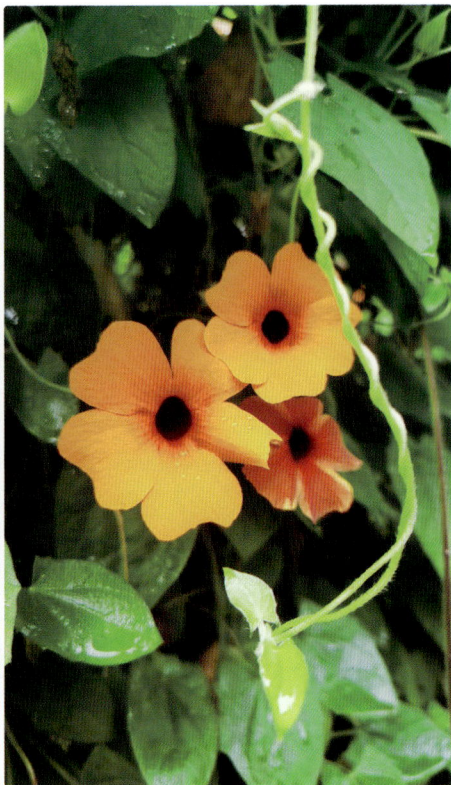

翼叶山牵牛

Thunbergia alata

⚠ 全株微毒　◉ 株高 50~200 厘米　◉ 花期 5~10 月　◉ 果期为秋季

● 爵床科山牵牛属　别名 / 翼叶老鸦嘴、黑眼花、黑眼苏珊

识别特征 一年生或多年生草本。缠绕草本。茎具 2 槽，被倒向柔毛。叶柄具翼，被疏柔毛。叶片卵状箭头形或卵状稍戟形。花单生叶腋，花梗长 2.5~3 厘米，疏被倒向柔毛。小苞片卵形，萼呈 10 个大小不等齿状。蒴果带有种子的部分直径约 10 毫米，整个果实被开展柔毛。

产地 产于非洲热带地区，在热带亚热带地区栽培，在我国广东、福建、云南也有栽培。

趣味文化 因其花心是黑色的。故得名黑眼苏珊这个俗名。

用途 适用于吊篮或攀缘藤架，生长、开花迅速。

银粉背蕨

Aleuritopteris argentea

⚠ 全株微毒　∅ 株高 15~30 厘米

● 凤尾蕨科粉背蕨属　别名 / 通经草、金丝草、铜丝草

识别特征 多年生草本。根状茎直立或斜升（偶有沿石缝横走），先端被披针形、棕色、有光泽的鳞片。叶簇生，五角形，叶柄长 10~20 厘米，粗约 7 毫米，红棕色、有光泽，上部光滑，基部疏被棕色披针形鳞片。孢子囊群较多，孢子极面观为钝三角形。

产地与生境 广泛分布于我国各省区，尼泊尔、印度北部以及俄罗斯、蒙古、朝鲜、日本均有分布。生石灰岩石缝中或墙缝中，海拔可达 3 900 米。

用途 全草可入药，主治链珠合成毒，能解乌头类中毒、愈疮，治精腑肾脏病、热性腹泻、肉食或肾虚早泄、疮疖痈毒。由于其优美的形态和较高的观赏价值，银粉背蕨常被用于水石盆景和假山的绿化点缀，为园林景观增添了一份自然和野趣。此外，它还可以作为室内盆栽植物，为人们带来一份清新的绿意和自然的韵味。

虞美人

Papaver rhoeas

⚠ 全株微毒　🌿 株高 25~90 厘米　🌸 花期 3~8 月　🌞 果期 3~8 月

● 罂粟科罂粟属　别名 / 丽春花、赛牡丹、锦被花

识别特征 一年生草本。全体被伸展的刚毛，稀无毛。茎直立，具分枝，被淡黄色刚毛。叶互生，叶片轮廓披针形或狭卵形，羽状分裂，下部全裂。花单生于茎和分枝顶端，花瓣 4 枚，圆形，全缘，紫红色，基部通常具深紫色斑点。蒴果宽倒卵形。种子多数，肾状长圆形。

产地与生境 产于欧洲，我国各地常见栽培。夜间低温有利于生长开花，在高海拔山区生长良好。耐寒，怕暑热，喜阳光充足的环境，喜排水良好、肥沃的沙壤土。不耐移栽，忌连作与积水。能自播。

趣味文化 传说秦朝末年，楚汉相争，西楚霸王项羽兵败，四面楚歌，爱妃虞姬拔剑自刎，香销玉殒。后来，虞姬血染之地长出了一种草，茎软叶长，无风自动，好像是一个美人在翩翩起舞，娇媚可爱。民间传说这花朵是虞姬所化，于是就把这种草称为"虞美人草"，其花称作"虞美人"。

用途 花和全株入药，含多种生物碱，有镇咳、止泻、镇痛、镇静等功效。种子含油 40% 以上。

圆叶锦葵

Malva pusilla

🌿 无毒 　🌱 株高 25~50 厘米 　🌸 花期 4~9 月 　🍂 果期 7~10 月

● 锦葵科锦葵属 　别名 / 野锦葵、金爬齿（山东）、托盘果（江苏）

识别特征 多年生草本。分枝多而常匍生，被粗毛。叶肾形，基部心形，边缘具细圆齿。花通常 3~4 朵簇生于叶腋，偶有单生于茎基部的，花梗不等长，疏被星状柔毛，小苞片 3 枚，披针形，萼钟形，裂片 5 枚，三角状渐尖头；花白色至浅粉红色，倒心形。果扁圆形，被短柔毛。

产地与生境 分布于欧洲和亚洲各地，生于荒野、草坡和部分麦田、棉田、果园、菜地。

趣味文化 相传在古罗马时期，有一位讽刺诗人曾经说过，用锦葵花制作的茶叶有很好的提神作用，因此人们认为锦葵是讽刺诗人的灵感源泉，因此就把锦葵花的花语定义为讽刺。

用途 根可入药，春秋采挖，洗净晒干，主要功效有益气止汗、利尿通乳、托毒排脓。

月季

Rosa chinensis

🌿 无毒　🌱 株高 1~2 米　🌸 花期 4~9 月　🍂 果期 6~11 月

● 蔷薇科蔷薇属　别名 / 月月花、月月红、玫瑰

识别特征 直立灌木。小枝近无毛，有短粗钩状皮刺或无刺小叶宽卵形或卵状长圆形，上面暗绿色，常带光泽，下面颜色较浅。花几朵集生，稀单生，花瓣重瓣至半重瓣，红、粉红或白色，倒卵形，先端有凹缺。蔷薇果卵圆形或梨形，熟时红色。

产地与生境 产于中国，各地普遍栽培，园艺品种众多。常生于荒山坡、山脚、墙边、路旁。

趣味文化 月季被誉为"花中皇后"，而且有一种坚韧不屈的精神，花香悠远。原产中国，早在汉代就有栽培，唐宋以后更是栽种不绝，历来文人也留下了不少赞美月季的诗句。

用途 花、根、叶均入药。花含挥发油、槲皮苷鞣质、没食子酸、色素等，治月经不调、痛经、痛疖肿毒。叶可治跌打损伤。鲜花或叶外用，捣烂敷患处。

中华苦荬菜

Ixeris chinensis

⚠ 全株微毒　🌿 株高 20~60 厘米　🌼 花期 1~11 月　🍂 果期 1~11 月

● 菊科苦荬菜属　别名 / 天香菜、荼苦荬、甘马菜、苦荬

识别特征 多年生草木。根垂直伸展，通常不分枝。根状茎极短缩，茎直立单生或少数茎成簇生。基生叶长椭圆形、倒披针形、线形或舌形。头状花序通常在茎枝顶端排成伞房花序，舌状小花黄色，干时带红色。瘦果褐色，长椭圆形。

产地与生境 分布于我国各个地区，俄罗斯、日本、朝鲜也有分布。生于山坡路旁、田野、河边灌丛或岩石缝隙中。

趣味文化 传闻五个孤苦伶仃的孩子想念去世的父母，天天跑到父母的坟上痛哭，五个孩子整整哭了九十九天，这时地里长出了一种苦涩的植物，他们靠着这些东西活了下来。因此，在过去人们把中华苦荬菜叫作"穷人菜""救命菜"。

用途 全草可入药，用于肠痈、肺痈高热、咳吐脓血、热毒疔疮、疮疖痈肿、胸腹疼痛、阑尾炎、肠炎、痢疾、产后腹痛、痛经等。

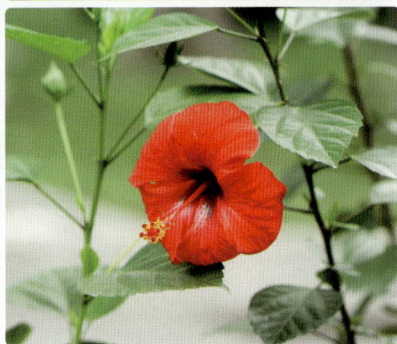

朱槿

Hibiscus rosa-sinensis

⚠ 全株微毒　🌿 株高 1~3 米　🌼 花期全年

● 锦葵科木槿属　别名 / 扶桑、赤槿、佛桑

识别特征 常绿灌木。小枝圆柱形，疏被星状柔毛。叶阔卵形或狭卵形，先端渐尖，基部圆形或楔形，边缘具粗齿或缺刻，两面除背面沿脉上有少许疏毛外均无毛，叶柄上面被长柔毛。花单生于上部叶腋间，常下垂，花萼钟形，花冠漏斗形，有玫瑰红色或淡红、淡黄等色，花瓣倒卵形，先端圆，外面疏被柔毛。蒴果卵形，长约 2.5 厘米，平滑无毛，有喙。

产地 分布于我国广东、云南、台湾、福建、广西、四川等省区。

趣味文化 唐代诗人李商隐写过多首赞美朱槿（扶桑）的诗，其中一首写得尤为传神，诗云："殷鲜一相杂，啼笑两难分。"他所描绘的深红色和鲜红色扶桑花，争先恐后地挤在一起"啼笑两难分"的画面，真让人耳目一新。

用途 盆栽朱槿是布置节日公园、花坛、宾馆、会场及家庭养花的最好花木之一。根、叶、花均可入药，有清热利水、解毒消肿的功效。

紫花地丁

Viola philippica

🌿 无毒　💧 株高 4~14 厘米　🌱 花期 4~9 月　🍂 果期 4~9 月

● 堇菜科堇菜属　别名 / 辽堇菜、野堇菜

识别特征 多年生草本。根状茎短，垂直，淡褐色。叶多数，基生，莲座状。叶片较狭长，通常呈长圆形，基部截形。花较小，距较短而细，花梗通常多数细弱，与叶片等长或高出于叶片，无毛或有短毛。蒴果长圆形，无毛。种子卵球形，淡黄色。

产地与生境 分布于黑龙江、吉林、辽宁、内蒙古、河北、山西、陕西、甘肃、山东、江苏、安徽、浙江、江西、福建、台湾等地。常见于田间、荒地、山坡草丛、林缘或灌丛中。

趣味文化 因其形状如一根铁钉，顶头开几朵紫花，就取了"紫花地丁"的名字。

用途 全草可入药，能清热解毒，凉血消肿。嫩叶可作野菜。可作早春观赏花卉。

中文学名索引

拉丁学名索引